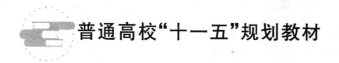 普通高校"十一五"规划教材

U0133807

计算机网络导论

刘永华　赵艳杰　编著

北京航空航天大学出版社

内容简介

本书对计算机网络学科涉及的知识进行了系统化描述,旨在希望读者通过学习本书掌握计算机网络的基础知识,为今后进一步深入学习计算机网络相关知识打下扎实的基础。

本书由 11 章组成,内容包括绪论、计算机网络体系结构、通信技术基础、TCP/IP 协议族、网络互联设备、局域网、广域网与接入网、网络安全技术、网络管理与维护、网络布线技术、网络操作系统和网络编程基础。

本书强调基础概念,内容系统、完整、丰富,适合高校网络工程、计算机科学与技术等专业作为本科教材使用,也可供网络工程技术人员学习参考。

图书在版编目(CIP)数据

计算机网络导论/刘永华,赵艳杰编著. —北京:北京
航空航天大学出版社,2009.3
ISBN 978 - 7 - 81124 - 541 - 7

Ⅰ.计⋯ Ⅱ.①刘⋯②赵⋯   Ⅲ.计算机网络   Ⅳ.TP393

中国版本图书馆 CIP 数据核字(2008)第 179161 号

计算机网络导论

刘永华　赵艳杰　编著

责任编辑　史海文　杨　波

*

北京航空航天大学出版社出版发行

北京市海淀区学院路 37 号(100191)　发行部电话:010 - 82317024　传真:010 - 82328026
http://www.buaapress.com.cn　E-mail:bhpress@263.net
北京时代华都印刷有限公司印装　各地书店经销

*

开本:787×960　1/16　印张:17.25　字数:386 千字
2009 年 3 月第 1 版　2009 年 3 月第 1 次印刷　印数:4 000 册
ISBN 978 - 7 - 81124 - 541 - 7　定价:29.80 元

前　言

　　计算机网络是信息社会的重要支柱和基础设施,许多学校都开设了网络工程专业以培养网络人才。作为网络工程专业全程教学的导引课程,《计算机网络导论》旨在对计算机网络学科涉及的知识进行系统化和科学化的描述。希望读者在学习完本教程后,可以了解计算机网络发展的概况,掌握计算机网络的基础知识,为今后进一步深入学习计算机网络相关知识打下扎实的基础。

　　本书共 11 章,每一章都涉及计算机网络学科的一个领域。第 1 章是绪论,主要介绍计算机网络的发展、概念和分类等问题,并简单地介绍了 Internet 的发展情况;第 2 章是计算机网络体系结构,阐述了网络体系结构的基础概念、OSI 及 TCP/IP 两大网络体系结构模型;第 3 章是通信技术基础,介绍了数据编码、调制,通信与交换方式,多路复用及差错控制等数据通信知识,若读者已学过通信课程,本章可略过不学;第 4 章是 TCP/IP 协议族,讲解了 TCP/IP 协议族中部分重要协议;第 5 章是网络互联设备,按设备所在的体系结构层次对互联设备运行原理进行了介绍,并对部分重要设备的接口与连接方式作了介绍;第 6 章是局域网、广域网与接入网,重点介绍了几种网络形态的基本原理,并给出了网络示例;第 7 章是网络安全技术,重点对加密与认证技术、防火墙及病毒防护的知识作了介绍;第 8 章是网络管理与维护,介绍了网络管理有关协议、计算机网络常见故障及排除等知识;第 9 章是网络布线技术,主要介绍了结构化布线系统及在不同场合的网络布线方法;第 10 章是网络操作系统,主要讲解网络操作系统的相关知识及目前流行的几种典型网络操作系统；第 11 章是网络编程基础，介绍了网络编程中客户机/服务器模式、套接字编程等基础概念。

本书内容系统完整，强调基础概念，适合高校网络工程、计算机科学与技术等专业作为本科教材使用，也可供网络工程技术人员学习参考。

本书由刘永华、赵艳杰编著，并负责全书的撰写及统稿整理；李树爱、刘芳、唐述宏、解圣庆、张淑玉、邓式阳、王梅、陈茜、孙俊香、刘贞德及杨英洁参与了部分章节的编写与讨论。

由于作者水平有限，加之时间仓促，如有疏漏之处敬请广大读者批评指正。

编　者
2008 年 11 月

目　　录

第1章 绪 论

本章学习目标

计算机网络是计算机技术与通信技术紧密结合的产物,网络技术对信息产业的发展有着深远的影响。本章的学习目标是让初学者对计算机网络有一个初步的认识。通过本章的学习,读者应该掌握以下内容:

- 计算机网络的形成与发展过程;
- 计算机网络的分类、组成及功能;
- Internet 的基本概念。

计算机网络技术是 20 世纪以来对人类社会产生最深远影响的科技成就之一。随着 Internet技术的发展和信息基础设施的完善,计算机网络技术正在改变着人们的生活、学习和工作方式,推动着社会文明的进步。概略地说,计算机网络就是通过各种通信手段相互连接起来的计算机所组成的复合系统,它是计算机技术与通信技术密切结合的综合性学科,也是计算机应用中一个空前活跃的领域。本书便从计算机网络的形成与发展过程讲起。

1.1　计算机网络的形成与发展

计算机网络的发展大致分 4 个阶段:以单台计算机为中心的远程联机系统,构成面向终端的计算机网络;多个主机互联,各主机相互独立,无主从关系的计算机网络;具有统一的网络体系结构,遵循国际标准化协议的计算机网络;网络互联与高速网络。

1.1.1　面向终端的计算机网络

计算机网络出现的历史不长,但发展很快,经历了一个从简单到复杂的演变过程。1946 年,世界上第一台电子计算机 ENIAC 在美国诞生时,计算机和通信之间并没有什么联系。早期的计算机系统是高度集中的,所有设备安装在单独的大房间中。最初,一台计算机只能供一个用户使用。随着技术的发展出现了批处理和分时系统,一台计算机虽然可同时为多个用户服务,但若不和数据通信相结合,分时系统所连接的多个终端都必须紧挨着主计算机,用户必须到计算中心的终端室去使用,显然是不方便的。后来,许多系统都将地理上分散的多个终端通过通信线路连接到一台中心计算机上。用户可以在自己办公室内的终端上键入程序,通过通信线路送入中心计算机,进行分时访问并使用其资源来进行处理,处理结果再通过通信线路送回到用户的终端上显示或打印出来。这样,就出现了第一代计算机网络。

第一代计算机网络实际上是以单台计算机为中心的远程联机系统。这样的系统除了一台中心计算机外,其余的终端都不具备自主处理功能,在系统中主要是终端和中心计算机间的通信。虽然历史上也曾称它为计算机网络,但为了更明确地与后来出现的多台计算机互联的计算机网络相区分,现在也称为面向终端的计算机网络。

在远程联机系统中,随着所连远程终端个数的增多,中心计算机要承担的与各终端间通信的任务也必然加重,使得以数据处理为主要任务的中心计算机增加了许多额外的开销,实际工作效率下降。由此,出现了数据处理和通信的分工,即在中心计算机前面增设一个前端处理机FEP(Front End Processor,有时也简称为前端机)来完成通信工作,而让中心计算机专门进行数据处理,这样可显著地提高效率。另一方面,若每台远程终端都用一条专用通信线路与中心计算机连接,则线路的利用率低,且随着终端个数的不断增多,线路费用将达到难以负担的程度。因而,后来通常在终端比较集中的点设置终端控制器 TC(Terminal Controller)。终端控制器首先通过低速线路将附近各终端连接起来,再通过高速通信线路与远程中心计算机的前端机相连。它可以利用一些终端的空闲时间来传送其他处于工作状态的终端数据,提高了远程线路的利用率,降低了通信费用。典型的结构如图 1-1 所示。图中,远程高速线路两端是调制解调器 M(Modem),它是利用模拟通信线路远程传输数字信号必须附加的设备;近程低速线路末端是终端 T(Terminal)。前端机和终端控制器也可以采用比较便宜的小型计算机或微型机来实现。这样的远程联机系统可以认为是计算机和计算机间通信的雏形。

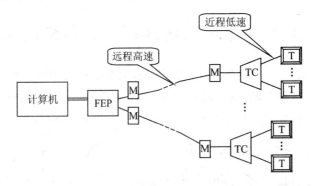

图 1-1　远程联机系统

1.1.2　计算机-计算机网络

第二代计算机网络是多台主计算机通过通信线路互联起来为用户提供服务,即所谓计算机-计算机网络。这类网络是 20 世纪 60 年代后期开始兴起的,它和以单台计算机为中心的远程联机系统的显著区别在于：这里的多台主计算机都具有自主处理能力，它们之间不存在主从关系。这样的多台主计算机互联的网络才是目前通称的计算机网络。在这种系统中，终端和中心计算机间的通信，已发展到计算机和计算机间的通信；用单台中心计算机为所有用户需求服务的模式，被分散而又互联在一起的多台主计算机共同完成的模式所替代。第二代计算机网络的典型代表是 ARPA 网（ARPAnet）。20 世纪 60 年代后期，美国国防部高级研究计划署 ARPA（目前称为 DARPA—Defense Advanced Research Projects Agency）提供经费给美国许多大学和公司，以促进对多台主计算机互联网络的研究，最终一个实验性的 4 节点网络开始运行并投入使用。ARPA 网后来扩展到连接数百台计算机，从欧洲到夏威夷，地理范围跨越了半个地球。目前有关计算机网络的许多知识都与 ARPA 网有关，ARPA 网中提出的一些概念和术语至今仍被引用。

ARPA 网中互联的运行用户应用程序的主计算机称为主机（host）。但主机之间并不是通过直接的通信线路互联，而是通过称为接口报文处理机 IMP（Interface Message Processor）的装置连接后互联的，如图 1-2 所示。当某台主机上的用户要访问网络上远地另一台主机时，主机首先将信息送至本地直接与其相连的 IMP，通过通信线路沿着适当的路径，经若干 IMP 中途转接后，最终传送至远地的目标 IMP，并送入与其直接相连的目标主机。这种方式类似于邮政信件的传送，称为存储转发（store and forward）。就远程通信而言，目前通信线路仍然是较昂贵的资源。采用存储转发方式的好处在于通信线路不为某对通信所独占，因而大大提高了通信线路的有效利用率。

图 1-2 中 IMP 和它们之间互联的通信线路一起负责完成主机之间的数据通信任务，构成了通信子网（communication subnet）。通过通信子网互联的主机负责运行用户应用程序，向网络用户提供可供共享的软、硬件资源，它们组成了资源子网。ARPA 网采用的就是这种两级子网的结构。ARPA 网中存储转发的信息基本单位叫做分组（packet）。以存储转发方式传输分组的通信子网又被称为分组交换网（packet switching network）。IMP 是 ARPA 网中使用的术语，在其他网络或文献中也称为分组交换节点（packet switch mode）。IMP 或分组交换节点通常也是由小型计算机

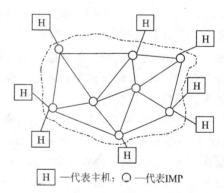

图 1-2 存储转发的计算机网络

或微型机来实现的，为了和资源子网中的主机相区别，也称为节点机，或简称节点。

比较图 1-1 和图 1-2 可见，作为第一代计算机网络的远程联机系统和第二代计算机网络的区别之一是，前者是以各终端共享的单台计算机为中心，而后者以通信子网为中心，用户共享的资源子网则在通信子网的外围。

20 世纪 70 年代和 80 年代，第二代计算机网络得到了迅猛发展。在这段时期内，各大计

算机公司都陆续推出自己的网络体系结构,以及实现这些网络体系结构的软、硬件产品。用户购买计算机公司提供的网络产品,自己提供或租用通信线路,就可组建计算机网络。IBM 公司的 SNA(System Network Architecture)和原 DEC 公司的 DNA (Digital Network Architecture)就是两个最著名的例子。凡是按 SNA 组建的网络都可称为 SNA 网,而凡是按 DNA 组建的网络都可称为 DNA 网或 DECNET。

当前世界上仍有不少第二代计算机网络在运行和提供服务。但是,第二代计算机网络有不少弊病,不能适应信息社会日益发展的需要,其中最主要的缺点是:第二代计算机网络大都是由研究单位、大学应用部门或计算机公司各自研制的,没有统一的网络体系结构,为实现更大范围内的信息交换与共享,把不同的第二代计算机网络互联起来十分困难。因而,计算机网络必然要向更新的一代发展。

1.1.3　开放式标准化网络

第三代计算机网络是开放式标准化网络,它具有统一的网络体系结构,遵循国际标准化协议。标准化使得不同的计算机能方便地互联在一起。20 世纪 70 年代后期人们认识到第二代计算机网络的不足后,提出发展新一代计算机网络。国际标准化组织 ISO (International Standards Organization)下属的计算机与信息处理标准化技术委员会 (technical committee) TC97 成立了一个专门研究此问题的委员会(sub - committee)。经过若干年卓有成效的工作,ISO 制定并在 1984 年正式颁布了一个称为开放系统互联基本参考模型 OSI/RM(Open System Interconnection basic/Reference Model)的国际标准 ISO 7498。这里,"开放系统"是相对于第二代计算机网络(如 SNA 和 DNA 等)中只能和同种计算机互联的每个厂商各自封闭的系统而言的,它可以和任何其他系统(当然要遵循同样的国际标准)通信而相互开放。该模型分为 7 个层次,有时也称为 OSI 七层模型。OSI 模型目前已被国际社会普遍接受,并公认为计算机网络体系结构的基础。

20 世纪 80 年代,以 OSI 模型为参照,ISO 以及当时的国际电话电报咨询委员会 CCITT (法文 Comite Consultatif International de Telegraphique et Telephonique 的缩写)等,为各个层次开发了一系列的协议标准,组成了一个庞大的 OSI 基本标准集。CCITT 是联合国国际电信联盟 ITU(International Telecommunication Union)下属的一个组织,目前已被撤销,该组织更名为 ITU - TSS(Telecommmunication Standardization Sector,国际标准化部)或简称为 ITU - T。由 CCITT 制定的标准都称为建议(recommendation)。虽然现在已经没有了 CCITT,但有些资料习惯上仍称其为 CCITT 建议。最著名的 CCITT 建议在公用数据网中广泛采用,它们是 X.25,X.28,X.29 和 X.75 等。

遵循公开标准组建的网络通常都是开放的。遵守上述 CCITT X 系列建议组建的公用分组交换数据网,是开放式标准化网络的一个典型例子。许多国家都有自己的公用分组交换数据网,如加拿大的 DATAPAC 和法国的 TRANSPAC,德国的 DATEX - P,日本的 DDX - P,

以及我国已于 1989 年开通并正式对外提供服务的 CHINAPAC 等。虽然这些网络内部的结构、采用信道及设备不尽相同,但它们向外部用户提供的界面是相同的,互联的界面也是相同的,因而,也易于互通。另一个开放式标准化网络的著名例子就是因特网(Internet 也译为国际互联网)。它是在原 ARPAnet 技术上经过改造而逐步发展起来的,它对任何计算机开放,只要遵循 TCP/IP 协议的标准并申请到 IP 地址,就可以通过信道接入 Internet。这里 TCP 和 IP 是 Internet 所采用的一套协议中最核心的两个,分别称传输控制协议 TCP(Transmission Control Protocol)和网际协议或互联网协议 IP(Internet Protocol)。它们虽然不是某个国际官方组织制定的标准,但由于被广泛采用,已成为事实上的国际标准。

1.1.4　网络计算的新时代

近年来,随着信息高速公路计划的提出与实施,Internet 在地域、用户、功能和应用等多方面的不断拓展,以及 Internet 技术越来越广泛的应用,计算机的发展已进入了网络计算机的新时代,即以网络为中心的时代。现在,任何一台计算机都必须以某种形式联网,以共享信息或协同工作,否则就无法充分发挥其效能。计算机网络本身的发展也进入了一个新的阶段。当前计算机网络的发展有若干引人注目的方向。首先,计算机网络向高速化发展。早期的以太网(ethernet)的数据速率只有 10 Mb/s(Bits Per Second),即每秒传送一千万位(即二进制位),目前速度高十倍的 100 Mb/s 的以太网已相当普及,而速度再提高十倍,达 Gb/s(即 1 000 Mb/s)的产品也亦很多。从远距离网络来看,早期按照 CCITT X 建议组建的公用分组交换数据网的数据速率只有 64 kb/s;后来采用了帧中继(frame relay)技术,已可提高至 2 Mb/s;近年来出现的异步传输模式 ATM(Asynchronous Transfer Mode)可达到 155 Mb/s、622 Mb/s,甚至 2.5 Gb/s 的数据速率;更新的波分多路复用 WDM(Wave Division Multiplexing)技术已开始展露其姿容,将可达到几十 Gb/s,甚至更高的数据速率。其次,早期计算机网络中传输的主要是数字、文字和程序等数据,随着应用的扩展,提出了越来越多的图形、图像、声音和影像等多媒体信息在网络中传输的需求,这不但要求网络有更高的数据速率,或者说带宽,而且对延迟时间(实时性)、时间抖动(等时性)和服务质量等方面都提出了更高的要求。目前,电话、有线电视和数据等都有各自不同的网络,随着多媒体网络的建立和日趋成熟,三网融合甚至多网融合是一个重要的发展方向。

能传输各种多媒体信息的高速宽带主干网,将在未来的计算机网络结构中处于核心地位。它外连许多汇聚点 POP(Point Of Presence)。端用户(user)可以通过电话线、电视电缆、光缆和无线信道等不同的传输媒体进入由形形色色的技术组成的不同接入网(access network),再由汇聚点集中后连入主干网。由于因特网的巨大影响及成功运行,在整个网络中,核心协议将采用 Internet 的网际协议 IP,通过它把各种各样的通信子网互联在一起,并向上支持多种多媒体应用。这就是所谓的统一的 IP 网,即 IP over everying 和 Everying on IP。网络覆盖的地理范围将不断扩大,向全球延伸,并逐步深入到每个单位、每个办公室以至于每个家庭。有人描述未来通信和网络的目标是实现 5W 的个人通信：即任何人（Whoever）在任何时间（Whenever），任何地方（Wherever）都可以和任何另一个人（Whomever）通过网络进行通信，以传送任何信息（Whatever），这是很诱人的发展前景。

1.2　计算机网络的概念

1.2.1　计算机网络的定义

计算机网络是为满足应用的需要而发展起来的。从其本质上说，它以资源共享为主要目的，籍以发挥分散的各不相连的计算机之间的协同功能。据此，对计算机网络可做如下定义：将处于不同地理位置，并具有独立计算能力的计算机系统经过传输介质和通信设备相互连接，在网络操作系统和网络通信软件的控制下，实现资源共享的计算机的集合。

一般来说，计算机网络是一个复合系统，它是由各自具有自主功能而又通过各种通信手段相互连接起来以便进行信息交换、资源共享或协同工作的计算机组成的。从这段话中可以看到三重意思：首先，一个计算机网络中包含了多台具有自主功能的计算机，所谓具有自主功能是指这些计算机离开了网络也能独立运行与工作。其次，这些计算机之间是相互连接的（有机连接），所使用的通信手段可以形式各异，距离可远可近，连接所用的媒体可以是双绞线（如电话线）、同轴电缆（如闭路有线电视所用的电缆）或光纤，甚至还可以是卫星或其他无线信道，信息在媒体上传输的方式和速率也可以不同。最后，计算机之所以要相互连接是为了进行信息交换、资源共享或协同工作。

从概念上说，计算机网络由通信子网和资源子网两部分构成，如图 1-3 所示，图中的 H 代表主机（host）。图 1-3 中通信子网（见图 1-4）负责计算机间的数据通信，也就是信息的传输。通信子网覆盖的地理范围可能只是很小的局部区域，甚至就在一幢大楼内或一个房间中，也可能是远程的，甚至跨越国界，直至洲际或全球。因为信号在传输过程中有衰减，因此要传输很远的距离时，中间要增加节点（如中继器），节点只负责通信、传递信号。通信子网中除了包括传输信息的物理媒体外，还包括诸如转发器、交换机之类的通信设备。信息在通信子网中的传输方式可以从源出发，经过若干中间设备的转发或交换，最终到达目的地。通过通信子网互联在一起的计算机则负责运行对信息进行处理的应用程序，它们是网络中信息流动的源节点与宿节点，向网络用户提供可共享的硬件、软件和信息资源，构成了资源子网。

对计算机网络的概念，不同的书上有不同的定义，但不管怎样都离不开以下 4 个基本要素：

① 两台以上的计算机；

② 连接计算机的线路和设备；

③ 实现计算机之间通信的协议；

④ 按协议制作的软件、硬件。

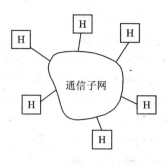

图 1-3　计算机网络的构成

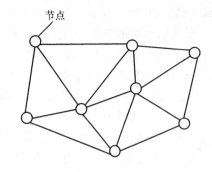

图 1-4　通信子网

1.2.2　计算机网络的特点

计算机网络具有较强的数据通信能力,成本低、效益高,易于分布处理,系统灵活性高、适应性强,各计算机既相互联系,又相互独立。

例如,用电子邮件,人们能够在计算机之间收发私人信件和公文。电子邮件系统把信息存储在磁盘上,以便于别人读取。收发信息的电子方式——电子邮件的迅猛发展,使某些人相信它将会最终取代邮政服务,这在可预见的未来似乎不太可能,但是电子邮件确实在现实生活和工作中被广泛使用。同时,随着万维网的出现,越来越多的人开始使用这一技术。

通过电子邮件,可以身处家中的某一角落,而把信息发送到远方。家里有一台 PC 和一个调制解调器,就能访问公司或因特网服务商的计算机。这样 PC 就连上了一个局域网,可以给网上的其他人发信息。同时,该局域网还连接着一个广域网,通过它可以给外地甚至外国发送信息。另一端的局域网接收到信息后,把它传送给所连的 PC。同样,只要有一台 PC 和一个调制解调器,对方就能进行接收。

据预测,今后计算机网络将具有以下几个特点:

① 开放式的网络体系结构,使具有不同硬件环境、不同网络协议的网络可以互联,真正达到资源共享、数据通信和分布处理的目标。

② 向高性能发展,追求高速、高可靠和高安全性,采用多媒体技术、提供文本、声音、图像等综合性服务。

③ 计算机网络的智能化,多方面提高网络的性能和综合的多功能服务,并更加合理地进行网络各种业务的管理,真正以分布和开放的形式向用户提供服务。

1.2.3　计算机网络的功能和应用

人类社会已进入信息化时代,社会信息量在迅猛增长,信息的计算和处理从集中化(组织计算中心)向分散化发展,单机在许多方面很难满足应用要求,这就使计算机网络成为信息革命中最先进、最理想的技术。

1. 计算机网络的功能

计算机网络的功能可归纳为资源共享，提供人际通信手段，提高可靠性，节省费用，便于扩充，分担负荷及协同处理等方面。这些方面的功能本身也是相辅相成的，下面将分别介绍。

计算机网络最早是从消除地理距离的限制以共享资源而发展起来的。在第一代面向终端的计算机网络中，多个终端通过通信线路共享中心计算机的资源。在第二代计算机网络中资源子网中的所有主机都可成为网络用户共享的资源。这里资源可以是硬件，诸如巨型计算机，具有特殊功能的处理部件(如快速傅里叶变换处理器)，高性能的输入/输出设备(如高分辨率的激光打印机，大型号绘图仪等以及大容量的外部存储器等)。在一段时间内，曾有一些局部区域网就是逻辑上以提供共享的硬盘和打印机的服务器为中心连接若干简单的 PC 构成的。共享的资源也可以是软件或数据，从而避免软件研制上的重复劳动以及数据资源的重复存储，也便于集中管理。通过 Internet 可以检索许多联机数据库，包括专利索引、文献索引、新书书目、定期期刊、读者指南以及许多著名图书馆的馆藏书目等，这都是数据资源共享的例子。

计算机网络为分布在各地的用户提供了强有力的人际通信手段。通过计算机网络传送电子邮件和发布新闻消息，已经得到了普遍应用。当生活在不同地方的许多人进行合作时，若其中一个人修改了某些文件，那么其他人通过网络立即可看到这个变化，从而大大地缩短了过去靠信件来往所需要的时间。效率的提高可以轻易地实现过去绝无可能的合作。长期以来，电子邮件是 Internet 上一项最重要的应用功能之一，现在许多人的名片上不仅有邮政地址、电话和传真号码，还有电子邮件(E-mail)地址。电子邮件的使用，极大地缩短了人际通信的时间和空间距离。Internet 上还有许多特殊兴趣组 SIG(Special Interesting Group)，加入了某一组后就能和分布在世界各地的许多人就某一共同感兴趣的主题不断交换意见，并展开讨论，既可以通过网络了解别人的看法，也可以通过网络对别人的看法进行评论与注解以及随时发表自己对有关问题的观点。网络公告牌系统 BBS(Bulletin Board System)从某种意义上也有类似的功能，其作用如其名，这个网络上的电子公告栏既可供公众阅读，也可张贴布告。

计算机网络中拥有可替代的资源提高了整个系统的可靠性。比如说，存储在某一台计算机中的文件若被偶然破坏了，在网络中其他计算机中仍可找到副本供使用。又如，某一台计算机失效了，网络中的其他计算机就可承担起它所处理的任务，有时性能会降低一些，但系统不会崩溃。这种在故障情况下仍可降格运行的性能，对某些实时控制要求可靠性高的应用场合(如军事，银行等)是非常重要的。

一般来说，小型计算机比大型计算机有更高的性能价格比。比如说，大型计算机的速度和处理能力可能是微型计算机的数十倍，但价格可能是千倍以上。一百个用户每人拥有一台微型计算机，互联成网络而共享某些资源，就比分时共享一台大型计算机的资源要合算得多，既方便又节省费用。

随着工作负荷的不断增长，计算机系统常需要不断扩充。单个计算机系统扩充达到某种极限时,就不得不以更大的计算机来取代它。计算机网络中的主机资源是通过通信线路松耦合的,不受共享存储器、内部系统总线互连等紧耦合系统所受到的能力限制,易于扩充。

计算机网络管理可以在各资源主机间分担负荷,使得在某时刻负荷特重的主机可以将任务送给远地空闲的计算机去处理。尤其对于地理跨度大的远程网,还可利用时间差来均衡日夜负荷的不均现象。

2. 计算机网络的应用

计算机网络在工业、农业、交通运输、邮电通信、文化教育、商业、国防以及科学研究等领域获得越来越广泛的应用。工厂企业可用网络来实现生产的监测、过程控制、管理和辅助决策。铁路部门可用网络来实现报表收集、运行管理和行车调度。邮电部门可利用网络来提供世界范围内快速而廉价的电子邮件、传真和 IP 电话服务。教育科研部门可利用网络的通信和资源共享来进行情报资料的检索、计算机辅助教育和计算机辅助设计、科技协作、虚拟会议以及远程教育。计划部门可利用网络来实现普查、统计、综合、平衡和预测等。国防工程能利用网络来进行情报的快速收集、跟踪、控制与指挥。商业服务系统可利用网络实现制造企业、商店、银行和顾客间的自动电子销售转账服务或更广泛意义上的电子商务。计算机网络的应用范围如此广泛,难以一一列举。下面仅举一个航空方面的例子,看一下它是如何应用计算机网络这样一个现代化的信息处理和传输工具的。

航空公司在世界范围内的主要城市都设有售票点,各地的售票员应能在旅客未到的情况下了解其所要求的航班的机座情况,这样售出的机票才不会冲突。当旅客不能直达目的地时,还需要及时了解其所在航空公司的信息以安排转机。航空公司还可能需要安排到达和离开机场的地面交通,转机旅客的旅馆和货运的调度。为了航班的正确运行,必须随时掌握气象情况,飞机燃料及其他用品的供应,机组人员的搭配和维护日程的安排。当某目标机场因气象原因而被关闭时,必须及时通知机长改变降落地点并通知机场做好相应的准备。航空公司可能还需要及时了解客流,计算盈亏,掌握营业情况,以确定增减航班及调整飞机的大小。所有这一切都需要有远程快速和精确的信息收集、传递、处理和控制,离开了计算机网络是难以完成的。

从以上所述可见,计算机网络的应用已经深入到社会的各个方面,可以举出许多例子。比如,我国在政府上网方面迈进一大步。这一方面可以将许多政务信息,政策法规,办事制度通过网络更快、更广泛地向民众宣传,向民众公开;另一方面也可以更及时地获得民众的反馈意见,进一步缩短政府和民众间的距离。而且,通过政府内部网络实现政务办公自动化,逐步向无纸办公的方向发展,也可大大提高政府部门的办事效率,从而更好、更有效地为人民服务。又如,社会保障网络的建立,将有利于住房公积金、养老保险金以及医疗保险金等的统一管理、使用与监控,进一步完善我国的社会保障体系。网络的普及与应用,也会对每个人日常生活甚至娱乐方式产生很大影响,这方面最吸引人的莫过于视频点播 VOD(Video On Demand),一旦这项应用服务得以普及,人们就不再需要按照电视台安排的时间和节目表收看电视节目了,而可以按照个人的爱好，自己安排时间随时点播大量影视数据库中的节目。新的电影或电视节目还可能是交互式的，观众可以在某一时刻选择故事情节的发展方向，以使得其结局成为悲剧或喜剧，或者留下一个悬念。

1.2.4　计算机网络的组成

计算机网络包括通信子网和资源子网。通信子网完成信息分组的传递工作，每个通信节点都具有存储转发功能。资源子网包含所有由通信子网连接的主机，向网络提供各种类型的资源。通信子网和资源子网可分别建设。计算机网络系统由网络硬件和网络软件组成。

1．网络硬件

网络硬件是指在计算机网络中所采用的物理设备，包括以下内容。

① 网络服务器——提供网络资源。

② 工作站——用户机。

③ 网络设备：

网卡（网络适配器）；

集线器——接线（HUB）；

中继器——放大信号；

网桥——两个局域网连接；

路由器——局域网与广域网的连接。

④ 传输介质：

如同轴电缆、双绞线、光缆、无线电波等。

2．网络软件

协议和软件在网络通信中扮演了极为重要的角色。网络软件可大致分为网络系统软件和网络应用软件。

网络系统软件是控制和管理网络运行、提供网络通信和网络资源分配与共享功能的网络软件，它为用户提供了访问网络和操作网络的友好界面。网络系统软件主要包括网络操作系统、网络协议软件和网络通信软件等，著名的网络操作系统 Windows Server 2003 和广泛应用的协议软件 TCP/IP 软件包以及各种类型的网卡驱动程序都是重要的网络系统软件。

网络应用软件是指为某一个应用目的而开发的网络软件，它为用户提供一些实际的应用。网络应用软件既可用于管理和维护网络本身，也可用于某一个业务领域，如网络管理监控程序、网络安全软件、分布式数据库、管理信息系统（MIS）、数字图书馆、Internet 信息服务、远程教学、远程医疗和视频点播等。网络应用的领域极为广泛，应用软件也极为丰富。

1.3　计算机网络的分类

计算机网络的分类方法可以是多样的,其中最主要的两种方法是:按照网络所使用的传输技术(transmission technology)分类;按照网络的覆盖范围与规模(scale)分类。

1.3.1　按传输技术划分

网络所采用的传输技术决定了网络的主要技术特点,因此根据网络所采用的传输技术对网络进行分类是一种很重要的方法。

在通信技术中,通信信道的类型有两类:广播通信信道与点—点通信信道。在广播通信信道中,多个节点共享一个通信信道,一个节点广播信息,其他节点必须接受信息。而在点—点通信信道中,一条通信线路只能连接一对节点,如果两个节点之间没有直接连接的线路,那么它们只能通过中间节点转接。显然,网络要通过通信信道完成数据传输任务,因此网络所采用的传输技术也只能有两类,即广播(broadcast)方式与点—点(point‐to‐point)方式。

① 广播式网络(broadcast networks):如总线形网、环形网、微波卫星网等。

② 点—点式网络(point‐to‐point networks):如星形、树形、网形等。

在广播式网络中,所有联网的计算机都共享一个公共通信信道。当一台计算机利用共享通信信道发送报文分组时,所有其他的计算机都会"收听"到这个分组。由于发送的分组中带有目的地址与源地址,接收到该分组的计算机将检查目的地址是否是与本节点地址相同。如果被接收报文分组的目的地址与本节点地址相同,则接收该分组,否则丢弃该分组。

与广播式网络相反,在点—点式网络中,每条物理线路连接一对计算机。假如两台计算机之间没有直接连接的线路,那么它们之间的分组传输就要通过中间的节点接收、存储、转发,直至目的节点。由于连接多台计算机之间的线路结构可能是复杂的,因此从源节点到目的节点可能存在多条路由。决定分组从通信子网的源节点到达目的节点的路由需要有路由选择算法。采用分组存储转发与路由选择是点—点式网络与广播式网络的重要区别之一。

1.3.2　按分布距离划分

计算机网络按照其覆盖的地理范围进行分类,可以很好地反映不同类型网络的技术特征。由于网络覆盖的地理范围不同,它们所采用的传输技术也就不同,因而形成了不同的网络技术特点与网络服务功能。按覆盖的地理范围进行分类,计算机网络可以分为 3 类:局域网、城域网与广域网。

1. 局域网

局域网 LAN(Local Area Network)的分布范围一般在几千米以内,最大距离一般不超过 10 km,它是一个部门或单位组建的网络。工作范围在几米到几千米数量级,如同一栋楼房、校园内、宿舍区内等。

2. 广域网

广域网 WAN(Wide Area Network)也称远程网,一般跨越城市、地区、国家甚至洲。它往往以连接不同地域的大型主机系统或局域网为目的。工作范围为几十 km～几千 km 数量级,如同一个国家、同一个洲、甚至全球。

3. 城域网

城域网 MAN(Metropolitan Area Network)原本指的是介于局域网和广域网之间的一种大范围的网络。因为随着局域网的广泛使用,人们逐渐要求扩大局域网的使用范围,或者要求将已经使用的局域网互相连接起来,使其成为一个规模较大的城市范围内的网络。工作范围为 1 km～几十 km 数量级,如同一个城市。

计算机网络的主要特征参数如表 1－1 所列。

表 1－1　计算机网络的主要特征参数

网络分类	缩　写	分布距离(大约)	网络中的物理设备	传输速率范围
局域网	LAN	10 m	房间	4 Mbps～2 Gbps
		100 m	建筑物	
		几 km	校园	
城域网	MAN	10 km	城市	50 kbps～100 Mbps
广域网	WAN	10～1 000 km	城市、国家和洲	9.6 kbps～45 Mbps

随着办公自动化技术的发展,各个机关、公司、企业和学校都建立了大量的局域网。各个局域网用户之间要交换信息,按照用户之间交换信息量的多少来看,局域网内部用户之间的信息交换量最大,同一个城市内局域网之间的信息交换量不断增加。为了解决同一个城市内大量局域网之间的信息高速交换问题,人们提出了城域计算机网络的概念,城域计算机网络通常被简称为城域网。人们制定了城域网的标准,并开发出城域网产品。这样就形成了计算机网络由广域网、城域网与局域网组成的格局。广域网、城域网和局域网技术的发展为 Internet 的广泛应用奠定了坚实的基础。Internet 的广泛应用也促进了局域网与局域网、局域网与城域网、局域网与广域网、广域网与广域网互联技术的发展,以及高速网络技术的快速发展。

1.3.3　其他几种分类方法

1. 按传输速率划分

低速网络:传输速率为几十至 10 kbps。

中速网络:传输速率为几万至几十 Mbps。

高速网络:传输速率为 100 兆至几个 Gbps。

注:1K＝1 024b,1M＝1 024 K,1G＝1 024M。

2．按传输媒体划分

有线计算机网：传输介质可以是双绞线、同轴电缆和光纤等。

无线计算机网：传输介质有无线电波、微波、红外线和激光等。

3．按拓扑结构划分

网络的拓扑结构是指抛开网络中的具体设备，用点和线来抽象出网络系统的逻辑结构，可分为星形、总线型、环形、树形和网状结构。

4．按交换方式划分

电路交换网：如电话系统。

报文交换：如电报。

分组交换（信元交换）：如因特网、ATM 网络。

5．按适用范围划分

公用网：如 CHINAPAC。

专用网：如微软公司的内部网络。

6．按网络中所处的位置划分

接入网：用来把用户接入到因特网的网络，由 ISP 提供的接入网只是起到让用户能够与因特网联接的"桥梁"作用。

传输网：如 X.25，ATM 等。

1.4　Internet 概述

Internet 的全称是 InterNetwork，中文称为因特网，是一个全球性的计算机互联网络。它既是一个多媒体的通信媒介，又是一个无限的信息资源。它由数量庞大的、不同规模的网络通过自愿原则，主要采用 TCP/IP 协议互相连接起来。通俗地讲，成千上万台计算机相互连接到一起，这一集合体就是 Internet。

从通信的角度来看，Internet 是一个理想的信息交流媒介，利用 Internet，E-mail 能够快捷、便宜、安全和高效地传递文字、图像、声音以及各种各样的信息；通过 Internet 可以打国际长途电话，甚至传送国际可视电话，召开在线视频会议。

从获取信息的角度来看，Internet 是一个庞大的信息资源库，网上有几百个书库，遍布全球的几千家图书馆，近万种杂志和期刊，还有政府、学校和公司企业等机构的详细信息。

从娱乐休闲的角度来看，Internet 是一个花样众多的娱乐厅，网上有很多专门的电影站点和广播站点，还可遍览全球各地的风景名胜和风俗人情。网上的 BBS 更是一个大家聊天交流的好地方。

从经商的角度来看，Internet 是一个即能省钱又能赚钱的场所。利用 Internet，足不出户，就可以得到各种免费的经济信息，还可以将生意做到海外。无论是股票证券行情，还是房地产,在网络上都有实时跟踪。通过网络还可以图文声像并茂地召开订货会、新产品发布会,做广告搞推销等。总之,在信息世界里,Internet 能够做到一切,会像想象的那样满足人们的需求。

1.4.1 Internet 的产生和发展

Internet 是全世界最大的计算机网络,它起源于美国国防部高级研究计划局(ARPA)于 1968 年主持研制的用于支持军事研究的计算机实验网 ARPANET。ARPANET 建网的初衷,旨在帮助那些为美国军方工作的研究人员通过计算机交换信息,它的设计与实现是基于这样的一种主导思想:网络要能够经得住故障的考验而维持正常工作,当网络的一部分因受攻击而失去作用时,网络的其他部分仍能维持正常通信。1985 年当时美国国家科学基金(NSF),为鼓励大学与研究机构共享他们非常昂贵的 4 台计算机主机,希望通过计算机网络把各大学与研究机构的计算机与这些巨型计算机连接起来。起初想用现成的 ARPANET,不过,发觉与美国军方打交道不是一件容易的事情后,决定利用 ARPANET 发展出来的 TCP/IP 通信协议,自己出资建立名叫 NSFNET 的广域网。由于美国国家科学资金的鼓励和资助,许多大学、政府资助的研究机构、甚至私营的研究机构纷纷把自己的局域网并入 NSFNET。这样使 NSFNET 在 1986 年建成后取代 ARPANET 成为 Internet 的主干网。

在 20 世纪 90 年代以前,Internet 由美国政府资助,主要供大学和研究机构使用,但在 20 世纪 90 年代后,该网络商业用户数量日益增加,并逐渐从研究教育网络向商业网络过渡。从 1997 年开始,随着计算机技术与网络技术的快速发展,计算机及网络设备等硬件设施价格的大幅度下降,Internet 进入非常惊人的持续增长阶段,平均每隔半个小时就有一个新的网络与 Internet 连接。1997 年,全球网民数量约 7 000 万人,而截止到 2007 年底,全球网民数量已增加到 12 亿。

如果国际互联网的发展用"迅速"一词描述,那么我国互联网的发展则可以用"神速"来形容。我国互联网起步较晚,1997 才开始普及。据 1997 年中国互联网络信息中心(CNNIC)发布的第 1 次《中国互联网络发展状况统计报告》显示:截止到 1997 年 9 月 30 日,我国上网计算机数量约为 29.9 万台,上网用户人数约为 62 万人,WWW 站点总数大约为 1 500 个,国际线路的总容量为 25.408 Mbps。而根据 2008 年 7 月发布的最新的《中国互联网络发展状况统计报告》,截止到 2008 年 6 月底,中国家庭上网计算机数量为 8 470 万台(含上网台式计算机和笔记本电脑),单位上网计算机更是数不胜数。网民数量已达到 2.53 亿,网民规模超过美国,跃居世界第一位。WWW 网站数量达 191.9 万个,国际出口带宽已经有 493 729 Mbps。

从近些年来的 Internet 发展状况可以看出,Internet 在我国的发展速度越来越快,对国家政治、经济与生活各方面的影响也越来越大。

1.4.2　Internet 提供的服务

Internet 是一个涵盖极广的信息库,它存贮的信息上至天文,下至地理,三教九流,无所不包,以商业、科技和娱乐信息为主。除此之外,Internet 还是一个覆盖全球的枢纽中心,通过它,可以了解来自世界各地的信息;收发电子邮件;和朋友聊天;进行网上购物;观看影片片断;阅读网上杂志;还可以聆听音乐会;当然,还可以做很多很多其他的事。Internet 提供的服务功能可以简单概括如下:

(1) WWW 服务

WWW(World Wide Web)的含义为"万维网",它是 Internet 网上不同网站的相关数据信息的有机集合。WWW 是一种交互式图形界面的 Internet 服务,具有强大的信息连接功能。可以利用浏览器浏览 Internet 上一切感兴趣的信息资源,从天气预报,电子刊物到大学的数据库、图书馆和教育科研信息等,遨游在 Internet 妙趣横生的信息海洋之中。

(2) 搜索引擎

Internet 中拥有数以千万计的 WWW 服务器,而 WWW 服务器提供的信息类型也非常丰富。用户如何在如此多的信息中快速有效地查找到需要的信息呢? 这就需要借助于 Internet 中的搜索引擎。搜索引擎是自动从互联网上搜集信息,经过一定整理以后,提供给用户进行查询的系统。搜索引擎是网民在互联网中获取所需信息的重要工具,是互联网中的基础应用。观察国外的情况,搜索引擎是美国的第二大网络应用。在国内,目前搜索引擎的使用率为69.2%,为我国第五大网络应用,并且其用户量处于持续增长态势。

(3) 即时通信

即时通信是指能够即时发送和接收互联网消息等的业务。自 1998 年面世以来,特别是近几年的迅速发展,即时通信的功能日益丰富,逐渐集成了电子邮件、博客、音乐、电视、游戏和搜索等多种功能。即时通信不再是一个单纯的聊天工具,它已经发展成集交流、资讯、娱乐、搜索、电子商务、办公协作和企业客户服务等为一体的综合化信息平台。现在国内典型的即时通信工具有:QQ、网易泡泡和淘宝旺旺等。

(4) 电子邮件

电子邮件(E-mail)是 Internet 中应用最广泛的服务功能。通过它可以给世界上任何一个电子邮箱发送电子邮件。E-mail 的优点是传送十分快捷、准确,给远在万里的朋友寄信,或给杂志社等投电子稿件,只需几十秒,甚至几秒就能准确传到,对降低邮件费用、环境保护等十分有利。

(5) 文件传输

文件传输服务是 Internet 最早提供的服务功能之一,它也是 Internet 中目前很流行的应用,每天都有成千上万的文件从 Internet 下载到用户的计算机中。其典型应用就是 FTP 服务,一般多用于单位内部的文件服务器与员工客户端之间的文件上传与下载。

（6）网络社区

网络社区是指以博客/个人空间、论坛/BBS 等形式存在的网上交流空间。兴趣相同的网民集中在网络社区的同一主题内,共同交流相关话题。网络社区不仅是网民获取信息的渠道之一,也是网民寄托情感的途径。

（7）电子商务

电子商务是指贸易活动各个环节的电子化,它覆盖与商务活动有关的所有方面,网上商店、银行、物流中心与认证中心共同构成了电子商务系统。在所有电子商务活动中,以网上购物与网上银行发展最为迅速。目前,淘宝网、当当网都是国内成功的网上商家,以其高效优质的服务、低廉的价格受到了广大网上买家的追捧。电子商务是计算机网络发展与应用的产物,它将金融电子化、信息网络化与管理自动化相结合,以高效率、低开销、高收益和全球性的特点,得到很多国家政府与企业的重视,它必将成为未来商业、金融的最主要形式之一。

1.4.3　Internet 的展望

Internet 创造的电脑空间正在以爆炸性的势头迅速发展。只要坐在微机前,不管对方在世界什么地方,都可以互相交换信息、购买物品、签订巨大项目合同,也可以结算国际贷款。企业领导可以通过 Internet 洞察商海风云,从而得以确保企业的发展;科研人员可以通过 Internet 检索众多国家的图书馆和数据库;医疗人员可以通过 Internet 同世界范围内的同行们共同探讨医学难题;工程人员可以通过 Internet 了解同行业发展的最新动态;商界人员可以通过 Internet 实时了解最新的股票行情、期货动态,从而能够及时抓住每一次商机,使自己永远立于不败之地;学生也可以通过 Internet 开阔眼界,并且学习到更多的有用知识。

总之,Internet 能使我们现有的生活、学习、工作以及思维模式发生根本性的变化。无论来自何方,Internet 都能把我们和世界连在一起。Internet 使我们可以坐在家中就能够和世界交流,有了 Internet,世界真的变小了,Internet 将改变我们的生活。

习题 1

1. 计算机网络的发展经历了哪几个阶段? 各阶段有什么特点?
2. 什么是计算机网络? 计算机网络由哪几部分组成?
3. 计算机网络如何分类? 常见的几种分类有哪些?
4. 解释广域网、局域网和城域网的概念,并说明它们之间的区别。
5. 计算机网络有哪些功能?
6. 什么是 Internet?
7. Internet 的主要功能有哪些?

第 2 章　计算机网络体系结构

本章学习目标

网络体系结构与网络协议是计算机网络的两个最基本的概念。本章旨在讲解网络体系结构有关的基础概念。通过本章学习,读者应该掌握以下内容:

- 了解计算机网络体系结构分层原因;
- 掌握协议、层次、服务、接口与网络体系结构的基本概念;
- 了解 OSI 参考模型、TCP/IP 参考模型及二者之间的异同点;
- 掌握具有 5 层协议的网络体系结构。

2.1　网络体系结构的形成

将多台位于不同地点的计算机设备通过各种通信信道和设备互连起来,使其能协同工作,以便于计算机的用户应用进程交换信息和共享资源,这是一个复杂的工程设计问题。将一个比较复杂的问题分解成若干个容易处理的子问题,尔后"分而治之"逐个加以解决,这种结构化设计方法是工程设计中常用的手段。分层就是系统分解的最好方法之一:

实际上,单台计算机系统的体系结构也是一种层次结构,如图 2-1(a)所示。最内层是裸机,从内向外依次为操作系统、汇编语言处理程序、高级语言处理程序和应用程序等。每一层都直接使用内层向它提供的服务,并完成其自身确定的功能,然后向外层提供"增值"后的更高级服务。n 层向 $n+1$ 层提供服务,$n+1$ 层使用 n 层提供的服务。于是,系统的功能也就逐层加强与完善了。在图 2-1(b)所示的一般分层结构中,n 层是 $n-1$ 层的用户,又是 $n+1$ 层的服务提供者。$n+1$ 层的用户虽然只直接使用了 $n+1$ 层提供的服务,实际上它通过 $n+1$ 层还间接使用了 n 层的服务,并更间接地使用了 $n-1$ 层以及以下所有各层的服务。层次结构的好处在于使每一层实现一种相对独立的功能。每一层不必知道下面一层是如何实现的,只要知道下层通过层间接口提供的服务是什么以及本层应向上层提供什么样的服务,就能独立地设计。由于系统已被分解为相对简单的若干层次,故易于实现和维护。此外,当技术或其他因素变化,某层的实现需要更新或被替代时,只要它和上、下层的接口服务关系不变,则其他层次不受其影响,具有很大的灵活性。分层结构还易于交流,易于理解和易于标准化,对于计算机网络这种涉及两个不同实体间通信的系统就更有其优越性。

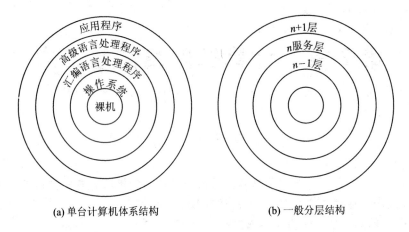

(a) 单台计算机体系结构　　　　　　(b) 一般分层结构

图 2-1　层次结构

基于上述考虑,世界上第一个网络体系结构由 IBM 公司于 1974 年提出,命名为"系统网络体系结构 SNA"。在此之后,许多公司纷纷提出了各自的网络体系结构。这些网络体系结构共同之处在于都采用了分层技术,但层次的划分、功能的分配与采用的技术术语均不相同。随着信息技术的发展,各种计算机系统联网和各种计算机网络的互联成为人们迫切需要解决的课题。

2.2　网络体系结构基本概念

计算机网络由多个互联的节点组成,节点之间要不断地交换数据和控制信息。要做到有条不紊地交换数据,每个节点都必须遵守一些事先约定好的规则。两台计算机通信时,对传送信息内容的理解,信息表示形式以及各种情况下的应答信号都必须遵循一个共同的约定规则,这些规则精确地规定了所交换数据的格式和时序。这些为网络数据交换而制定的规定、约束与标准被称为网络协议(protocol)。一个网络协议主要由以下 3 个要素组成:

① 语法　用户数据与控制信息的结构和格式。

② 语义　需要发出何种控制信息以及完成的动作和做出的响应。

③ 时序　对事件实现顺序的详细说明。

网络协议对于计算机网络是不可缺少的。一个功能完备的计算机网络,需要制定一套复杂的协议集。对于复杂的计算机网络协议,最好的组织方式就是层次结构模型。计算机网络层次结构模型和各层协议的集合,定义为计算机网络体系结构(network architecture)。网络体系结构是对计算机网络应完成的功能的精确定义,而这些功能是用什么样的硬件和软件实现的,则是具体的实现问题。体系结构是抽象的,而实现是具体的,其具体实现是通过特定的硬件和软件来完成的。

在具有层次结构的网络模型中,每一层的功能是为它的上层提供服务的。每一层的活动元素通常被称为实体(entity)。实体既可以是软件实体(如一个进程),也可以是硬件实体(如智能输入/输出芯片)。不同机器上同一层的实体叫做对等实体(peer entity)。N 层实体实现的服务为 $n+1$ 层所利用。在这种情况下,n 层被称为服务提供者(service provider),$n+1$ 层为服务用户(service user)。N 层利用 $n-1$ 层的服务来提供它自己的服务。

　　服务是在服务接入点 SAP(Service Access Point)提供给上层使用的。n 层 SAP 就是 $n+1$ 层可以访问 n 层服务的地方。每个 SAP 都有一个唯一标明的地址。相邻层之间要交换信息,对接口必须有一致同意的规则。在典型的接口上,$n+1$ 层实体通过 SAP 把一个接口数据单元 IDU(Interface Data Unit)传递给 n 层实体。IDU 由服务数据单元 SDU(Service Data Unit)和一些控制信息组成。SDU 是将要跨过网络传递给对等实体,然后向上交给 $n+1$ 层的信息。控制信息用于帮助下一层完成任务(如 SDU 中的字节数),它本身不是数据的一部分。网络体系结构上、下两层间的关系如图 2-2 所示。

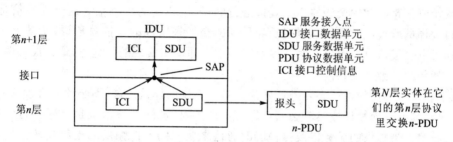

图 2-2　网络体系结构上、下两层间的关系

　　下层能向上层提供两种不同形式的服务,即面向连接的服务和无连接的服务。面向连接的服务(connection-oriented service)以电话系统为模式。要和某个人通话,先拿起电话,拨号码,谈话,然后挂断。同样,在使用面向连接的服务时,用户首先要建立连接,使用连接,然后释放连接。连接本质上像个管道:发送者在管道的一端放入物体,接收者在另一端按同样的次序取出物体。这种服务方式更为可靠,但也增加了额外的开销和延迟。无连接服务(connectionless service)以邮政系统为模式。每个报文带有完整的目的地址,并且每一个报文都独立于其他报文,经由系统选定的路线传递。这样的传递方式更加灵活,但可靠性也较差。

　　服务和协议是完全不同的两个概念,但二者又紧密相关。服务是各层向它上层提供的一组操作。尽管服务定义了该层能够代表它的上层完成的操作,但丝毫也未涉及这些操作是如何完成的。服务定义了两层之间的接口,上层是服务用户,下层是服务提供者。与之相比,协议是定义在同层对等实体之间交换的帧、分组和报文的格式及意义的一组规则。实体利用协议来实现它们的服务定义。只要不改变提供给用户的服务,实体可以任意地改变它们的协议。这样,服务和协议就被完全分离开来。

　　在 A. S. Tanenbaum 所著的 *Computer Networks* (Third Edition) (Prentice Hall. Inc.,

1996)一书中,曾经列举了一个生动的例子来说明计算机网络的层次结构。有两位不同国家的哲学家要进行对话,他们使用不同的语言。可以将他们看成是在最高层,比如说第三层。他们对所要通话的内容需要有共同的兴趣和认识,但是使用不同的语言不能直接通话。因而,每个人都请来了一个译员,将各自的语言翻译成两个译员都懂的第三国语言。这里,译员就在下面一层,比如说第二层,他们向第三层提供语言翻译服务。两个译员可以使用共同懂得的语言交流,但是由于在不同的国家,还是不能直接对话。两个译员都需要一个工程技术人员,按事先约定的方式(如电话或电报)将交谈的内容转换成电信号在物理媒体上传送至对方。这里,工程技术人员就在最下一层,即第一层,工程技术人员都知道如何按约定的方式(如电话)将语音转换成电信号,然后发送到物理媒体(比如说电话线)上传送至对方,为上一层的译员提供传输服务。这个例子中有 3 个不同的层次,从下到上不妨依次称为传输层、语言层和认识层。在认识层上对话的两个实体,即两个哲学家,只意识到他们之间在进行通信,这种通信能够进行的前提是他们对所交谈的内容有共同的兴趣和认识,如果抽象地说,就是遵循着共同的认识层的协议。两个哲学家之间的交谈并不是直接进行的,所以称这为虚通信。这个虚通信是通过语言层接口处译员所提供的语言翻译以及译员间的交谈来实现的。抽象地说,就是上一层的虚通信是通过下一层接口处提供的服务以及下一层的通信来实现的。这里,语言层的两个译员,都必须将通信内容翻译成共同懂得的第三国语言,这个第三国语言就可看成是语言层的协议。抽象地说,就是对等层的通信必须遵循协议。对语言层的译员来说,不必关心哲学家的交谈内容,而只是将其准确地翻译成第三国语言即可。此外,译员间的通信也是虚通信,这是通过传输层工程技术人员提供的服务以及传输层的通信来实现的。传输层的工程技术人员,只负责按共同的约定将语言转换为电信号,既不要管使用的是什么语言,更不用管交谈的是什么哲学问题。传输层工程技术人员之间仍然是遵循它们之间的协议进行虚通信。真正的实通信是由电信号在物理媒体即电话线上进行的。

上述例子能够很好地帮助我们理解图 2-3 所示的层次体系结构以及对等层的虚通信、协议、相邻层间的接口和提供的服务这些抽象概念。其要点归纳如下:

图 2-3　计算机网络的层次模型

① 除了在物理媒体上进行实通信外，其余各对等层实体间都是进行虚通信。

② 对等层的虚通信必须遵循该层的协议。

③ n 层的虚通信是通过 $n-1/n$ 层间接口处 $n-1$ 层提供的服务以及 $n-1$ 层的通信（通常也是虚通信）来实现的。

分层遵守以下几个主要原则：

① 每层功能应是明确的并且相互独立。当某一层具体实现方法更新时，只要保持层间接口不变，就不会对邻层造成影响。

② 接口层清晰，跨越接口的信息量应尽可能少。

层数应当适中。若太少，则层间功能划分不明确，多种功能混杂在一层中，造成每一层的协议太复杂；若太多，则体系结构过于复杂，各层组装时的任务会困难得多。

计算机网络中采用层次结构，有以下好处：

① 各层之间相互独立。高层并不需要知道底层是如何实现的，而仅需要知道该层通过层间的接口所提供的服务。

② 灵活性好。当任何一层发生变化时，例如由于技术的进步促进实现技术的变化，只要接口保持不变，则在这层以上或以下各层均不受影响。另外，当某层提供的服务不再需要时，甚至可将这层取消。

③ 各层都可以采取最合适的技术来实现，各层实现技术的改变不影响其他层。

④ 易于实现和维护。整个系统已被分解为若干个易于处理的部分，使得一个庞大而又复杂系统的实现和维护变得容易控制。

⑤ 有利于促进标准化。这主要是因为每一层的功能和所提供的服务都已经有了明确的说明。

2.3　OSI 参考模型与 TCP/IP 参考模型

2.3.1　OSI 参考模型

现代计算机网络都采用了层次化的结构，但第二代计算机网络中各种不同体系结构划分的层次数不尽相同，层与层之间的功能划分也不一样，相互之间不兼容，不能实现开放互联。为层次的划分建立了一个标准的框架是国际化标准组织 ISO(International Standardization Organization) 的开放系统互联参考模型 OSIRM(Open System Interconnection Reference Model) 的主要贡献。OSI 参考模型分层时还考虑了已有网络的经验以及有助于制定各层标准的协议。OSI 参考模型共分为 7 层，从下到上依次为物理层(physical layer)、数据链路(data link)层、网络(network)层、传输(transport)层、会话(session)层、表示(presentation)层和应用(application)层。

开放系统互连基本参考模型是一个标准化开放式的计算机网络层次结构模型，又称为 ISO's OSI 模型，如图 2-4 所示。该图中从下到上分别是物理层、数据链路层、网络层、传输层、会话层、表示层和应用层 7 个层次。由图可见，整个开放系统环境由作为信息源和宿的端开放系统及若干中继开放系统通过物理媒体连接构成。这里，端开放系统和中继开放系统都是国际标准 ISO 7498 中使用的术语。若用通俗一点的语言来解释，它们就相当于前面介绍过的主机和 IMP（即通信子网中的节点机）。在主机中要有 7 层，但通信子网中的 IMP 却不一定要有 7 层，通常只有下 3 层，甚至可以只有下 2 层。

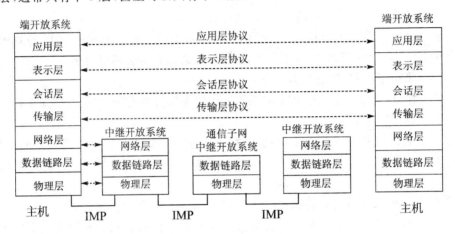

图 2-4 ISO/OSI 层次模型

不同开放系统对等层之间的虚通信，必须遵循相应层的协议，如有传输层协议（即图中 T 层协议）、会话层协议（即图中 S 层协议）等。在该模型中仅规定了各层的功能，而没有规定每层的具体协议，每层的协议，由 OSI 基本标准集中的其他国际标准给出。在同一开放系统中，相邻层次间的界面称为接口，在接口处由低层向高层提供服务。比如说，在会话层和表示层的接口处，由会话层向表示层提供会话服务。具体每层应向高层提供怎样的服务，也由 OSI 基本标准集中的其他国际标准给出。在相邻层提供服务过程中以及对等层虚通信过程中，都涉及信息的交换。信息的基本单位在 OSI 中统称为数据单元（data unit）。

协议模型的 7 个层次中，每一个层次都定义了各自的计算机网络通信协议，使上层与下层的实现细节相隔离。它们一起将用户和数据通信的具体细节隔离开来。如果充分实现的话，它们将允许不兼容的设备互相通信。

较低的 3 个层次，主要处理网络通信的具体问题。物理层负责发送和接收比特流，而不管其具体含义。它不知道这些数据代表着什么，甚至不知道它们是否正确。物理层也包含连接策略。电路交换在节点间建立和保持专有线路。报文交换经由网络传送报文，没有专有的线路连接特定的节点。分组交换把报文划分为多个分组，然后分别进行传送。

数据链路层为物理层提供错误检测。错误检测技术包括奇偶校验位和其他检错码或纠错码。有些只能检验出单个比特错；有些就能检验出由于噪音而导致的多个比特错。数据链路层也包括竞争策略。冲突检测让多个同时发起传输的设备能够检测到冲突的存在，于是每个设备都等待一段随机时间后重新进行传输。

底部 3 个层次的最高层就是网络层。它包含路由策略，路由算法负责在两节点间寻找最便宜的路径，路径上的每一个节点都知道它的后继节点。最便宜的路径可能随网络情况的变化而变化，因此可以使用适当的路由策略来检测网络发生的变化，并相应地做出改动。

顶部的 4 个层次为用户服务。其中的最低层是传输层。它提供缓冲、多路复用和连接管理等功能。连接管理确保被延迟的报文不会给正常的连接建立或释放请求带来影响。

会话层负责管理用户间的会话。在半双工通信中，会话层决定谁可以说话，谁必须收听。同时它还允许定义同步点，以应付在高层出现的故障。在主同步点间的数据必须缓存起来，以备恢复。当一系列请求要么不被处理，要么就必须一起处理时，会话层也允许将这些请求加以封装。

表示层解决数据表示中存在的差异问题，它允许两个信息存储方式不同的系统交换信息。表示层也提供数据压缩功能，以减少传输量。另外它还实现加密和解密。

最后，也是最高层，即应用层，它包括许多用户服务，比如电子邮件、文件传输和虚拟终端等。它直接与用户或应用程序通信。

OSI 参考模型各层功能总结如表 2－1 所列。

表 2－1　OSI 各层功能总结

层　次	功　能
7. 应用层	提供电子邮件、文件传输等用户服务
6. 表示层	转换数据格式，数据加密和解密
5. 会话层	通信同步错误恢复和事务操作
4. 传输层	网络决策实现分组和重新组装
3. 网络层	路由选择计费信息管理
2. 数据链路层	错误检测和校正，组帧
1. 物理层	数据的物理传输

2.3.2　TCP/IP 参考模型

TCP/IP 是美国政府资助的高级研究计划署（ARPA）在 20 世纪 70 年代的一个研究成果，用来使全球的研究网络联在一起形成一个虚拟网络，这也就是国际互联网。原始的 Internet 通过将已有的网络如 ARPAnet 转换到 TCP/IP 上来而形成，而这个 Internet 最终成为如今的国际互联网的骨干网。1975 年，TCP/IP（传输控制/网间互联，Transmission Control Protocol/Internet Protocol)协议产生 ，1983 年 1 月 1 日成为 Internet 的标准协议，现在该标准协议已融入 UNIX,Linux,Windows 等操作系统中。

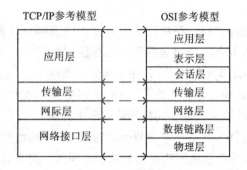

图 2-5 TCP/IP 参考模型及与
OSI 参考模型的层次对应关系

协议分层模型包括两方面的内容：一是层次结构，二是各层功能的描述。在如何用分层模型来描述 TCP/IP 的问题上争论很多，但共同的观点是 TCP/IP 的层次数比 OSI 参考模型的 7 层要少。TCP/IP 网络体系结构中，共分 4 层，分别是应用层、传输层、网际层与网络接口层。图 2-5 给出了 TCP/IP 参考模型及与 OSI 参考模型的层次对应关系。

TCP/IP 是同 ISO/OSI 模型等价的。当一个数据单元从网络应用程序下传到网络接口卡，它通过了一系列的 TCP/IP 模块。这其中的每一步,数据单元都会同网络另一端对等 TCP/IP 模块所需的信息一起打成包。这样当数据最终传到网卡时,它成了一个标准的以太帧(假设物理网络是以太网)。而接收端的 TCP/IP 软件通过剥去以太网帧并将数据向上传输，通过 TCP/IP 栈来为处于接收状态的应用程序重新恢复原始数据(一种最好的了解 TCP/IP 工作实质的方法,是使用探测程序来观察网络中到处流动的帧中被不同 TCP/IP 模块所加上的信息)。

TCP/IP(传输控制/网间互联)协议其实是许多网络通信协议的代名词,它规范了网络上的所有通信设备,尤其是一个主机与另一个主机之间的数据往来格式以及传送方式。TCP 协议即传输控制协议,是一种面向连接的传输层协议。通过使用序列号和确认信息,TCP 协议能够向发送方提供到达接收方的数据包的传送信息。IP 协议位于 Internet 协议栈的第三层(互联层),除了可以提供网络路由之外,IP 协议还具有错误控制以及网络分段等众多功能,是整个 Internet 协议栈的核心。由于 TCP 与 IP 协议在整个协议族中所处的重要位置,所以该协议族以 TCP/IP 命名。对于 TCP/IP 协议族,本书将在第 3 章中详细阐述。

网际层,又叫互联网层(internet layer)相当于 OSI 参考模型中的网络层,它是整个体系结构的关键部分。它的功能是使主机可以把分组发往任何网络并使分组独立地传向目标(可能经由不同的网络)。这些分组到达的顺序和发送的顺序可能不同,因此如果需要按顺序发送及接收时,高层必须对分组排序。

传输层位于网际层之上,它的功能是使源端和目标端主机上的对等实体进行会话,这与 OSI 的传输层是一样的。

应用层位于体系结构的最上层。TCP/IP 模型没有会话层和表示层,它认为这两层的大部分功能并不需要,所以把它们排除在外,而将部分功能汇总到了应用层之内。它包含众多的高层协议,直接为用户提供服务。

网络接口层其实并没有什么内容,TCP/IP 参考模型并没有真正描述这一部分,只是指出主机必须使用某种协议与网络连接,以便能在其上传递 IP 分组。这个协议未被定义,并且随主机和网络的不同而不同。有关 TCP/IP 参考模型的资料很少谈及它。

对于 TCP/IP,有许多技术值得讨论,但这里仅讲 3 个关键点:

① TCP/IP 是一族用来把不同的物理网络联在一起构成网际网的协议。TCP/IP 联接独立的网络形成一个虚拟的网,在网内用来确认各种独立的网络地址(IP 地址)。

② TCP/IP 使用多层体系结构,该结构清晰地定义了每个协议的责任。TCP 和 UDP 向网络应用程序提供了高层的数据传输服务,并都需要 IP 来传输数据包。IP 有责任为数据包到达目的地选择合适的路由。

③ 在 Internet 主机上,两个运行着的应用程序之间传送,要通过主机的 TCP/IP 堆栈上下移动。在发送端 TCP/IP 模块加在数据上的信息,将在接收端对应的 TCP/IP 模块上滤掉,并将最终恢复原始数据。

2.3.3　OSI 参考模型与 TCP/IP 参考模型的比较

OSI 参考模型与 TCP/IP 参考模型的共同之处是它们都采用了层次结构的概念,在传输层中二者定义了相似的功能。但是二者在层次划分、使用的协议上是有很大区别的。

无论是 OSI 参考模型与协议,还是 TCP/IP 参考模型与协议,都不是完美的,对二者的评论都很多。在 20 世纪 80 年代,几乎所有专家都认为 OSI 参考模型与协议将风靡世界,但事实却与人们预想的相反。

造成 OSI 协议不能流行的原因之一是模型与协议自身的缺陷。大多数人都认为 OSI 参考模型的层次数量与内容可能是最佳的选择,其实并不是这样的。会话层在大多数应用中很少用到,表示层几乎是空的。数据链路层与网络层有很多的子层插入,每个子层都有不同的功能。OSI 参考模型对"服务"与"协议"的定义结合起来,使得参考模型变得格外复杂,将它实现起来是困难的。同时,寻址、流控与差错控制,在每一层里都有重复出现,必然要降低系统效率。虚拟终端协议最初安排在表示层,现在安排在应用层。关于数据安全性、加密与网络管理等方面的问题也在参考模型的设计初期被忽略了。有人批评参考模型的设计更多是被通信的思想所支配,很多选择不适合于计算机与软件的工作方式。很多"原语"用软件的高级语言实现起来很容易,但严格按照层次模型编程的软件效率很低。尽管 OSI 参考模型与协议存在一些问题,但至今仍然有不少组织对它感兴趣,尤其是欧洲的通信管理部门。

TCP/IP 参考模型与协议也有它自身的缺陷:

首先,它在服务、接口与协议的区别上就不清楚。一个好的软件工程,应该将功能与实现方法区分开来,TCP/IP 恰恰没有很好地做到这一点,这就使得 TCP/IP 参考模型对于使用新技术的指导意义是不够的。TCP/IP 参考模型不适合于其他非 TCP/IP 协议族。

其次,TCP/IP 的网络接口层本身并不是实际的一层,它定义了网络层与数据链路层的接口。物理层与数据链路层的划分是必要和合理的,一个好的参考模型应该将它们区分开来,而 TCP/IP 参考模型却没有做到这一点。

但是,自从 TCP/IP 协议在 20 世纪 70 年代诞生以来,已经经历了 30 多年的实践检验,其成功应用已经赢得了大量的用户和投资。TCP/IP 协议的成功促进了 Internet 的发展,Internet 的发展又进一步扩大了 TCP/IP 协议的影响。TCP/IP 首先在学术界争取了一大批用户,同时也越来越受到计算机产业界的青睐。IBM,DEC 等大公司纷纷宣布支持 TCP/IP 协议,局域网操作系统 NetWare,LANManager 竞相将 TCP/IP 纳入自己的体系结构,数据库 Oracle 支持 TCP/IP 协议,UNIX,POSIX 操作系统也一如既往地支持 TCP/IP 协议。相比之下,OSI 参考模型与协议显得有些势单力薄。人们普遍希望网络标准化,但 OSI 迟迟没有成熟的产品推出,妨碍了第三方厂家开发相应的硬件和软件,从而影响了 OSI 产品的市场占有率与今后的发展。

无论是 OSI 或 TCP/IP 参考模型与协议都有它成功的一面和不足的一面。国际标准化组织 ISO 本来计划通过推动 OSI 参考模型与协议的研究来促进网络的标准化,但事实上它的目标没有达到。TCP/IP 利用正确的策略,抓住了有利的时机,伴随着 Internet 的发展而成为目前公认的工业标准。在网络标准化的进程中,人们面对的就是这样一个事实。OSI 参考模型由于要照顾各方面的因素,变得大而全,效率很低。尽管这样,它的很多研究结果、方法以及提出的概念对今后网络发展还是有很重要的指导意义的,但是它没有流行起来。TCP/IP 协议应用广泛,但它的参考模型的研究却很薄弱。

2.4　具有 5 层协议的网络体系结构

通过在 2.3 节中对 OSI 参考模型与 TCP/IP 参考模型的学习,可以知道,OSI 的 7 层协议体系结构复杂且不实用,但其概念清楚,理论完善。TCP/IP 协议应用广泛,但没有一个明确的体系结构,网络接口层并没有什么具体内容,实际上就只有 3 层:应用层、传输层和网际层。因此,在学习计算机网络原理时往往采取折中的方法,即综合 OSI 和 TCP/IP 的优点,采用一种只有 5 层协议的体系结构(见图 2-6),以便简洁、清楚地阐述概念。

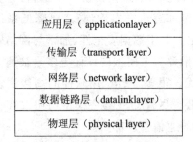

图 2-6　具有 5 层协议的网络体系结构

2.4.1　物理层

1. 概　念

物理层是所有网络的基础。物理层考虑的是怎样才能在连接各种计算机的传输媒体上传输数据比特流,而不是指连接计算机的具体物理设备或具体传输媒体。现有的计算机网络中的物理设备和传输媒体的种类非常繁多,而通信手段也有许多不同方式。物理层的作用正是要尽可能地屏蔽掉这些差异,使物理层上面的数据链路层感觉不到这些差异,这样就可以使数据链路层只需要考虑如何完成本层的协议和服务,而不必考虑网络具体的传输媒体是什么。用于物理层的协议也常称为物理层规程(procedure),物理层规程也就是物理层协议。

物理层的主要任务描述为确定与传输媒体的接口的一些特性。

① 机械特性　指明接口接线器的形状和尺寸、引线数目和排列、固定和锁定装置等。

② 电气特性　指明在接口电缆的各条线上出现的电压的范围。

③ 功能特性　指明某条线上出现的某一电平的电压表示何种意义。

④ 规程特性　指明对于不同功能的各种可能事件的出现顺序。

物理层最小的数据传输单位为比特(bit)。在物理连接的传输方式上一般都是串行传输,即一个一个比特按照时间先后顺序传输,但是,有时也可以采用多个位的并行传输方式。出于经济上的考虑,远距离传输通常都是串行传输。

具体的物理层协议是相当复杂的,这是因为物理连接的方式很多(例如,可以是点对点的,也可以是点对多点的连接或广播连接),而传输媒体的种类也非常多(例如,可以是架空明线、双绞线、对称电缆、同轴电缆、光缆以及各种波段的无线信道等)。

2. 物理层标准举例

下面介绍一种最常用的物理层标准,希望读者能通过这个例子来了解物理层标准的特点。

EIA-232,就是众所周知的 RS-232,它定义了数据终端设备(DTE)和数据通信设备(DCE)之间的串行连接。这个标准被广泛采用。图 2-7 所示的就是 EIA-232 标准接口。

DTE(Data Terminal Equipment)是数据终端设备,是具有一定的数据处理能力和发送、接收数据能力的设备。DCE(Data Circuit-terminating Equipment)是数据电路端接设备,它在 DTE 和传输线路之间提供信号变换和编码的功能,并且负责建立、保持和释放数据链路的连接。大多数数据处理设备的数据传输能力是很有限的,直接将相隔很远的两个数据处理设备连接起来是不能进行通信的,必须在数据处理设备和传输线路之间加上一个中间设备,这个中间设备就是数据电路端接设备 DCE。

DTE 可以是一台计算机或一个终端,也可以是各种 I/

图 2-7　EIA-232 标准接口

O 设备。典型的 DCE 则是一个与模拟电话线路相连接的调制解调器。DTE 与 DCE 之间的接口一般都有许多条并行线,包括多种信号线和控制线。DCE 将 DTE 传过来的数据,按比特顺序发往传输线路,或反过来,从传输线路收下来串行的比特流,然后再交给 DTE。这里需要高度协调地工作。为了减轻数据处理设备用户的负担,就必须对 DTE 和 DCE 的接口进行标准化。这种接口标准也就是所谓的物理层协议。多数物理层协议使用如图 2-8 所示的模型。

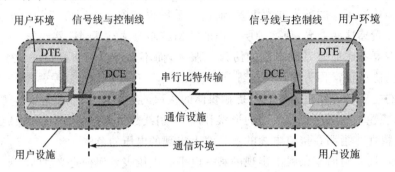

图 2-8 物理层协议使用环境模型

EIA-232 标准主要特点如下:

● 机械特性 EIA-232 接口一端有 DB-25 针状连接头,另一端有 DB-25 孔状连接头的 25 线电缆。电缆长度不超过 25 m。

● 电气特性 所有数据以逻辑 0 和 1 的形式传输。编码采用非归零电平编码,0 对应正电平,1 对应负电平。

● 功能特性 EIA-232 对 DB-25 连接头上每一个引脚的功能都进行了定义(见图 2-9)。

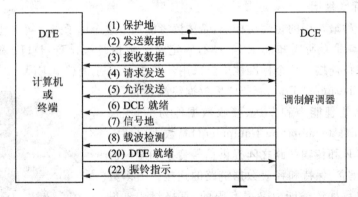

图 2-9 DB-25 连接头上的引脚功能定义

● 规程特性 EIA-232 的功能特性规定了在 DTE 与 DCE 之间所发生事件的合法序列。下面通过图 2-10 所示的例子,说明 DTE-A 要向 DTE-B 发送数据所要经过的几个步骤。

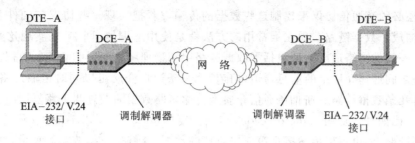

图 2 - 10　DTE - A 向 DTE - B 发送数据示意图

① 当 DTE - A 要和 DTE - B 进行通信时,就将引脚 20"DTE 就绪"置为 ON,同时通过引脚 2"发送数据"向 DCE - A 传送电话号码信号。

② DCE - B 将引脚 22"振铃指示"置为 ON,表示通知 DTE - B 有呼叫信号到达(在振铃的间隙以及其他时间,振铃指示均为 OFF 状态)。DTE - B 则将其引脚 20"DTE 就绪"置为 ON,DCE - B 接着产生载波信号,并将引脚 6"DCE 就绪"置为 ON,表示已准备好接收数据。

③ 当 DCE - A 检测到载波信号时,将引脚 8"载波检测"和引脚 6"DCE 就绪"都置为 ON,以便使 DTE - A 知道通信电路已经建立。DCE - A 还可通过引脚 3"接收数据"向 DTE - A 发送在其屏幕上显示的信息。

④ DCE - A 接着向 DCE - B 发送其载波信号,DCE - B 将其引脚 8"载波检测"置为 ON。

⑤ 当 DTE - A 要发送数据时,将其引脚 4"请求发送"置为 ON,DCE - A 作为响应将引脚 5"允许发送"置为 ON。然后 DTE - A 通过引脚 2"发送数据"来发送其数据。DCE - A 将数字信号转换为模拟信号向 DCE - B 发送过去。

⑥ DCE - B 将收到的模拟信号转换为数字信号,经过引脚 3"接收数据"向 DTE - B 发送。

2.4.2　数据链路层

1. 概　念

数据链路层的主要用途是为在相邻网络实体之间建立、维持和释放数据链路连接,并传输数据链路服务数据单元。亦即数据链路层的主要职责是控制相邻系统之间的物理链路,它在物理层传送"位"信息的基础上,在相邻节点间传送被称为"帧"的数据信息,数据链路层也需进行检错、纠错,从而向网络层提供无错的透明传送。数据链路层软件是计算机中网络最基本的软件,该层是任何网络都必须有的层次,相对于高层来说,所用的服务和协议比较成熟。

在计算机网络中,人们经常提到"链路(link)"和"数据链路(data link)"这两个术语,事实上"链路"和"数据链路"并非一回事。所谓链路是一条无源的点到点的物理线路段,中间没有任何其他的交换节点。在进行数据通信时,两个计算机之间的通路往往是由许多链路串接而成的。可见,一条链路只是一条通路的组成部分。

数据链路则是另一个概念,这是因为当需要在一条线路上传送数据时,除了必须有一条物理线路外,还必须有通信协议来控制这些数据的传输。若把实现这些协议的硬件和软件加到链路上,就构成了数据链路。现在最常用的方法就是使用适配器(网卡)来实现这些协议的硬件和软件。一般的网络适配器都包括了数据链路层和物理层这两层的功能。数据链路其实就是两个设备之间通信介质上的信息通道(信道)。一条通信介质可以同时传输几路数据,那么它就包含了几条数据链路。在一条通信介质上传输多路数据的做法叫多路复用。多路复用存在多种形式,比如时分复用(time division)和频分复用(frequency division)。同样地,一条第二层的数据链路上,也可以传输多个第三层协议的数据,这就是数据链路的复用。数据链路是逻辑存在的,有数据发送时它才产生,数据发送完毕它就被撤掉。

常常在两个对等的数据链路层之间画出一个数字管道,而在这条数字管道上传输的数据单位是帧。如图 2-11 所示。

图 2-11　数字管道

虽然在物理层之间传送的是比特流,而在物理媒体上传送的是信号(电信号或光信号),但有时为了方便,也常说"在某条链路上(而没有说数据链路)上传送数据帧"。其实这已经隐含地假定了是在数据链路层上来观察问题。如果没有数据链路层的协议,在物理层上就只能看到链路上传送的比特串,根本不能找出一个帧的起止比特,当然更无法识别帧的结构。有时候人们也会不太严格地说"在某条链路上传送分组或比特流",这显然是在网络层和物理层上讨论问题。

有时候将链路划分为物理链路和逻辑链路。所谓物理链路就是上面所说的链路,而逻辑链路就是上面的数据链路,是物理链路加上必要的通信协议。这两种划分实质上是一样的。

早期的数据通信协议曾叫做通信规程(procedure)。因此在数据链路层上,规程和协议是同义语。

数据链路层的设计应围绕以下主要功能来进行:

① 链路管理　当网络中的两个节点要进行通信时,数据的发方必须确知收方是否已经做好准备。为此,通信的双方必须先要交换一些必要的信息,或者说是必须先建立一条数据链路。同样地,在传输数据时要维持数据链路,而在通信完毕时要释放链路。数据链路的建立、维持和释放就叫做链路管理。

② 帧定界　在数据链路层,数据的传输单位是帧。数据一帧一帧地传送,就可以在出现差错时将有差错的帧再重传一次,而避免了将全部数据都进行重传。帧定界是指收方应

当能从收到的比特流中准确地区分出一帧的开始和结束在什么地方。帧定界也可称为帧同步。

③ 流量控制　发方发送数据的速率必须使得收方来得及接收。当收方来不及接收时,就必须及时控制发方发送数据的速率。这种功能称为流量控制(flow control)。采用接收方的接收能力来控制发送方的发送能力是计算机网络流量控制中采用的一般方法。

④ 差错控制　在计算机通信中,一般都要求有极低的比特差错率。为此,广泛采用了编码技术,编码技术有两大类。一类是前向纠错,也就是收方收到有差错的数据帧时,能够自动将差错改正过来。这种方法的开销较大,不大适合于计算机通信。另一类是差错检测,也就是收方可以检测出收到的数据帧有差错(但并不知道出错的确切位置)。当检测出有差错的数据帧就立即将它丢弃,但接下去有两种选择:一种方法是不进行任何处理(要处理也是由高层进行),另一种方法则是由数据链路层负责重传丢弃的帧。

⑤ 将数据和控制信息区分开　在许多情况下,数据和控制信息处在同一帧中。为此一定要有相应的措施使得收方能够将它们区分开来。

⑥ 透明传输　所谓透明传输就是不管所传数据是什么样的比特组合,都应当能够在链路上传送,当所传数据中的比特组合恰好出现了与某一控制信息完全一样时,必须有可靠的措施,使得接收方不会将这种比特组合的数据误认为是某种控制信息。只要能够做到这一点。数据链路层的传输就被称为是透明传输。在面向比特的同步规程和面向字符的同步规程中都会遇到这个问题。

⑦ 寻址　必须保证每一帧都能送到正确的目的站,接收方也应知道发送方是哪个站。

2. 数据链路层协议

由于数据链路层在 TCP/IP 网络体系结构中并没有明确定义,并不存在一种适用于所有网络的数据链路层协议,所以在不同场合下可根据需求选择适当的数据链路层协议。例如,在传统以太局域网中,由于网络主机采用共享信道,能很好协调各主机信道使用的载波监听多点接入/碰撞检测,CSMA/CD 协议便是一种较好的选择。

再比如,目前全世界使用最多的数据链路层协议——点对点 PPP 协议(Point - to - Point Protocol),其主要作用是在两个节点设备的数据链路层实体之间传送网络层协议数据单元 PDU(例如 IP 数据报)。在应用 PPP 协议时,要求这两个节点设备之间必须没有其他中间设备。常见的 PPP 应用场合(见图 2 - 12)是调制解调器通过拨号或专线方式将用户计算机接入 ISP 网络,即用户计算机与 ISP 服务器连接。另一个 PPP 应用领域是局域网之间的互联。

3. 数据链路层地址

在所有计算机系统的设计中,标识系统是一个核心问题。在计算机网络体系结构中,数据链路层、网络层及传输层都有自己的地址,分别在数据通信的不同环节起到重要的作用。数据链路层地址(data link layer address)标识了网络设备上的每个物理网络连接。该地址也称为物理地址或硬件地址。根据数据链路层协议的不同,地址标识也有所区别。比如,对于像

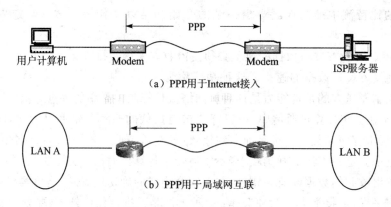

（a）PPP用于Internet接入

（b）PPP用于局域网互联

图 2-12　PPP 的使用场合

PPP 协议这样的点到点协议来说,数据的发送方与接收方是固定的,链路地址一般是默认的,并没有特别重要的意义,但在多节点线路的场合特别重要,可用来区别各个不同节点。

　　以太网就是这样一种具有多个节点的网络。在以太网中,数据链路层地址又称为 MAC 地址(因为这种地址用在 MAC 帧中)。它由 MAC 帧进行传送。IEEE 为每个主机都规定了一个 48 位的全局地址,也就是指主机所插入的网卡的地址。当一个主机转移到另一个局域网时,并不改变其全局地址。802 标准为局域网规定了一种 48 位的全球地址(如 44-45-53-54-00-00),是指局域网上的每一台计算机所插入的网卡的地址。现在 IEEE 的注册管理委员会 RAC(Registration Authority Committee)是局域网全球地址的法定管理机构,它负责分配地址字段的前 3 个字节(即高位 24 位),这 3 个字节构成一个号。这个号的正式名称是机构唯一标识符 OUI(Organizationally Unique Identifier)。世界上凡是生产局域网网卡的厂家都必须向 IEEE 购买由这 3 个字节构成的一个号(即地址块)。地址字段中的后 3 个字节(即低位 24 位)则是由厂家自行指定,称为扩展标识符(extended identifier),只要保证生产的网卡没有重复地址即可。可见用一个地址块可以生成 224 个不同的地址。用这种方式得到的 48 位地址称为 MAC-48。但注意:24 位的 OUI 不能够单独使用标识一个公司,因为一个公司可能有几个 OUI,也可能几个小公司合起来购买一个 OUI。在生产网卡时这种 6 字节的 MAC 地址已被固化在网卡的只读存储器(ROM)中。

　　IEEE 规定地址字段的最低第 1 位 I/G 位。当 I/G 位为 0 时,地址字段表示一个单个的站地址。当 I/G 位为 1 时表示组地址,用来进行多播。因此 IEEE 只分配地址字段的前 3 个字节中的 23 位。当 I/G 位分别为 0 或 1 时,一个地址块可分别生成 224 个单个站地址和 224 个组地址。

　　由于网卡插在计算机中,因此网卡上的硬件地址就可用来标识插有该网卡的计算机。网卡从网络上每收到一个 MAC 帧,就首先用硬件检查 MAC 帧中的 MAC 地址。如果是发往本站的帧,则收下,然后再进行其他处理。否则就将此帧丢弃,不再进行其他处理。这样就不浪费主机的处理机和内存资源。这里"发往本站的帧"包括以下 3 种帧：

- 单播帧(一对一)，即收到的帧的 MAC 地址与本站的硬件地址相同。
- 广播帧(一对全体)，即发送给所有站点的帧(全 1 地址)。
- 多播帧(一对多)，即发送给一部分站点的帧。

所有网卡都至少应当能够识别前两种帧，即能够识别单播和广播地址。有的网卡可用编程方法识别多播地址。当操作系统启动时，它就将网卡初始化，使网卡能够识别某些多播地址。

2.4.3 网络层

1. 概　念

网络层，有时也称为网际层或 IP 层，负责为网络上的不同主机提供通信。在 IP 网络中，网络层的数据传输单位为 IP 数据报，一般简称为分组。网络层的根本任务是将源主机发出的分组经各种途径送到目的主机。从源主机到目的主机可能要经过许多中间节点。这一功能与数据链路层形成鲜明的对比，数据链路层仅将数据帧从导线的一端送到其另一端，而网络层是处理点到点数据传输的最低层。

当源主机与目的主机不处于同一网络中时，应由网络层来处理这些差异(如表 2-2 中所列)，并解决由此而带来的问题，这是网络层关心的一个重要问题：异种网络互联。因特网在

表 2-2　网络的不同性质

不同的方面	可能的取值
提供的服务	面向连接的和无连接的
网络层协议	IP,IPX,CLNP,AppleTalk，DECnet 等
服务质量	支持服务质量或不支持，许多不同的方法
多点广播	存在多点广播或不存在
分组大小	各个网络分组长度的最大值不一致
寻址方式	分层的(如 IP)，平面的(如 IEEE 802)
流量控制	速率控制，滑动窗口，其他方法或不支持流量控制
拥塞控制	漏桶、抑制分组等
差错控制	可靠的,有序的和无序的提交
安全性	使用规则、加密等
参数	不同的超时值、流说明等
计费方式	按连接时间计费,按分组数计费,按字节数计费或不计费

网络层采用了标准化协议,使得参加互联的网络都使用相同的网际协议 IP(Internet Protocol),因此可以将互联以后的计算机看成一个虚拟互联网络,互联起来的各种物理网络的异构性本来是客观存在的,但是利用 IP 协议就可以使这些性能各异的网络从用户看起来好像是一个统一的网络。这种使用 IP 协议的虚拟互联网络可简称为 IP 网。使用虚拟互联网络的好处是:当互联网上的主机进行通信时,就好像在一个网络上通信一样,它们看不见互联的各具体网络的异构细节(如具体的编址方案、路由选择协议)。

网络层必须知道通信子网的拓扑结构(即所有路由器的位置),并选择通过子网的合适路径,这是网络层要解决的另一个重要问题:路由选择。实现路由选择要借助于路由选择协议,主要的路由选择协议有以下 3 种:内部网关路由协议(RIP 和 OSPF)和外部网关路由协议(BGP)。另外,选择路径时要注意到,不要使一些通信线路超负荷工作,而另一些通信线路却处于空闲状态,这是另一方面的问题:拥塞控制。

2. 网络地址

网络地址是网络层的标识地址。在 TCP/IP 网络体系结构中,网络地址指的是 IP 地址,它唯一标识网络上主机的确切位置。每个因特网上的主机和路由器都有一个 IP 地址,包括类别、网络标识和主机标识。所有的 IP 地址都是 32 位,并且在整个因特网中是唯一的。为了避免冲突,因特网中所有的 IP 地址都是由一个中央权威机构 SRI 的网络信息中心 NIC(Network Information Center)分配。

IP 地址的一般格式为类别 + Netid + Hostid。

① 类别:用来区分 IP 地址的类型,通常将因特网 IP 地址分成 5 种类型:(A 类、B 类、C 类、D 类、E 类)。

② 网络标识(Netid):表示入网主机所在的网络。

③ 主机标识(Hostid):表示入网主机在本网段中的标识。

如表 2-3 中所列,给出一个 IP 地址,可以根据前面几位确定它的类型。A 类地址格式用 8 位作为网络标识,其中最前面的一位是"0",24 位主机标识最多允许 126 个有 1 600 万主机的网络。B 类地址格式用 14 位作为网络标识,其中前面两位是"10",16 位主机标识最多允许 16 382 个有 254~64 000 范围主机的网络。C 类地址格式用 21 位作为网络标识,其中前三位是"110",8 位主机标识最多允许 200 万个有 254 台主机的网络。D 类地址多用于多点广播;E 类地址的前四位恒为 1,是被保留供将来使用的。NIC 在分配 IP 地址时只指定地址类型(A、B,C)和网络标识,而网络上各台主机的地址由申请者自己分配。

IP 地址通常用带点十进制标记法(dotted decimal notation)来书写,这时的 IP 地址写成 4 个十进制数,相互之间用小数点隔开,每个十进制数(0~255)表示 IP 地址的一个字节。例如,32 位的十六进制地址 C0260813 被记为 192.38.8.19,这是一个 C 类地址。

表 2 – 3　IP 地址结构

地　址	网络部分		主机部分	
A 类	0XXXXXXX	XXXXXXXX	XXXXXXXX	XXXXXXXX
B 类	10XXXXXX	XXXXXXXX	XXXXXXXX	XXXXXXXX
C 类	110XXXXX	XXXXXXXX	XXXXXXXX	XXXXXXXX
D 类	1110XXXX	XXXXXXXX	XXXXXXXX	XXXXXXXX
E 类	1111XXXX	XXXXXXXX	XXXXXXXX	XXXXXXXX

值得注意的是,因特网还规定了一些特殊地址:

① Hostid 为全 '0' 的 IP 地址　不分配给任何主机,仅用于表示某个网络的网络地址,如 202.119.2.0。

② Hostid 为全 '1' 的 IP 地址　不分配给任何主机,用作广播地址,对应分组传递给该网络中的所有节点(能否执行广播,则依赖于支撑的物理网络是否具有广播的功能),如 202.119.2.255。

③ 32 位为全 '1' 的 IP 地址(255.255.255.255)　称为有限广播地址,通常由无盘工作站启动时使用,希望从网络 IP 地址服务器处获得一个 IP 地址。

④ 32 位为全 '0' 的 IP 地址(0.0.0.0)　表示本身本机地址。

⑤ 127.0.0.1　为回送地址,常用于本机上软件测试和本机上网络应用程序之间的通信地址。一般在系统中都有一个文件,即 hosts(Windows 98/NT/2000 操作系统为/Windows/hosts 文件,Unix/Linux 系统为/etc/hosts 文件)文件中有一行:127.0.0.1 localhost。

3. 两种数据传输服务

在网络层主要提供两种数据传输服务:面向连接的虚电路方式和无连接的数据报方式(见图 2 – 13)。

(1)面向联接的虚电路方式

在面向连接的互联方式中,假定每个子网都提供一种面向连接形式的服务,这样连在整个互联的网中任意两台主机之间都可以建立一条逻辑的网络连接。当一个本地主机要和远程网络中的主机建立一条连接时,它发现其目的地在远端,于是选择一个离目的地最近的路由器,并且与之建立一条虚电路,然后该路由器再继续通过路由选择算法选择一个离目的地近的路由器,直到最后到达目的端主机。这样,从源端到目的端的虚电路是由一系列的虚电路连接起来的,这些虚电路间通过路由器隔开,路由器记录下有关这条虚电路的信息,以便以后转发这条虚电路上的数据分组。

数据分组沿着这条路径发送时,每个路由器负责转发输入分组,并按要求转换分组格式和虚电路号。显然,所有的数据分组都必须按顺序沿着这条路径经过各个路由器,最后按序到达目的端主机。这种方式中的路由器主要完成转发和路由选择功能,在建立端到端的连接时,通过路由选择来确定该连接上的下一个跳段的路由器节点,在数据传输时,把输入分组沿着已经建立好的路径向另一个子网转发。

对于这种面向连接的互联方式,如果所有子网都具有大致相同的特性,这种方式就能够正常工作。考虑所有子网都提供可靠或者不可靠的发送保障,这时从源端到目的端的数据流就也会是可靠的或者不可靠的。但是,如果源端和大多数子网可以保证可靠发送,而其中有一个子网可能丢失分组,这时使用面向连接的互联方式就不那么简单。这种方式假设所有子网提供面向连接方式的服务,并且提供的服务质量相差不多。如果某些通信子网不能满足这个要求,就必须对该通信子网的服务予以加强。

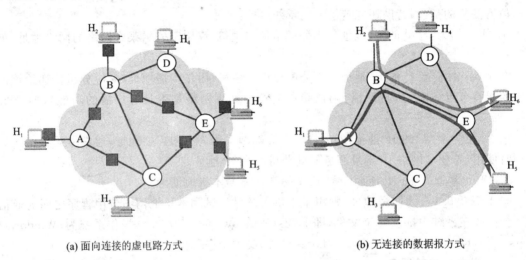

(a) 面向连接的虚电路方式　　　　　　(b) 无连接的数据报方式

图 2 - 13　两种数据传输服务

(2) 无连接的数据报方式

在无连接的数据报方式中,每个网络层分组不是按顺序沿着到达目的地的同一条路径发送,它们被分别进行处理,经过多个路由器和子网后到达目的端。一个主机如果要向远端的另一个目的端发送分组,源端会根据路由信息决定转发该分组的路由器地址,收到该分组的路由器根据分组中包含的目的地信息以及当前的路由情况选择下一个路由器,这样该分组会经过多个路由器最后到达目的端。由于每个分组可以根据发送分组时的网络状况动态地选择最合适的路由,故与面向连接的虚电路方式相比可以更好地利用网络的带宽。但是,由于分组会走不同的路径,最后到达目的端时没法保证正确的顺序。

不同通信子网可能采用不同的分组格式,并且路由器在转发分组时一般根据目的地的地址信息来进行路由选择,这就带来了一个严重的问题。考虑一个 Internet 上的主机要给连在网络中的一个 OSI 主机发送一个 IP 分组,由于这两种网络层协议所使用的地址格式完全不同,这样就可能需要进行地址映射,同时可能要进行分组格式的转换。这个问题的一个解决方法是设计一个通用的互联网分组,并让每个路由器都能识别。这实际上是 Internet 中广泛使用的 IP 协议的目标:一个可在许多网络中传送的分组。

2.4.4　传输层

1. 概　念

传输层主要为两台主机上的应用程序提供端到端的通信。在 TCP/IP 协议中,有两个互不相同的传输层协议:TCP(Transfer Control Protocol,传输控制协议)和 UDP(User Datagram Protocol,用户数据报协议)。TCP 为两台主机提供高可靠性的数据通信。它提供面向连接的服务,在传输之前,双方首先建立连接,然后传输有序的字节流,传输完毕后再关闭连接,当利用 TCP 进行数据传输时,传输层的数据传输单位是报文段(segment)。UDP 提供了一种非常简单的服务。它只是把称作数据报的分组从一台主机发送到另一台主机,但并不保证该数据报能到达另一端。UDP 传输的数据单位是报文,且不需要双方建立连接。任何必需的可靠性必须由应用层来提供。虽然 UDP 不保证提供可靠的交付,它只是"尽最大努力",但在某些场合却是最合适的。

传输层的最高目标是向其用户(一般是指应用层的进程,即运行着的应用程序)提供有效、可靠且价格合理的服务。为了达到这一目标,传输层利用了网络层所提供的服务。传输层完成这一工作的硬件和软件称为传输实体(transport entity)。传输实体可能在操作系统内核中,或在一个单独的用户进程内,也可能是包含在网络应用的程序库中,或是位于网络接口卡上。网络层、传输层和应用层的逻辑关系如图 2-14 所示。

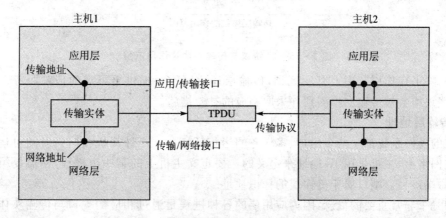

图 2-14　网络层、传输层和应用层的逻辑关系

传输层协议通常具有几种责任。一种责任就是创建进程到进程的通信,通常使用端口号来完成这种功能。另一种责任是在传输层提供控制机制,比如差错控制、流量控制及拥塞控制等,UDP 协议提供很简单的控制机制,而 TCP 却要复杂很多,如使用确认分组、超时和重传来完成差错控制,使用滑动窗口协议完成流量控制等。另外,传输层还应当负责为进程建立连接机制,这些进程应当能够向传输层发送数据流。传输层在发送站的责任应当是和接收站建立连接,把数据流分割成可传输的单元,把它们编号,然后逐个发送它们。传输层在接收端的责任应当是等待属于同一个进程的所有不同单元的到达,检查并传递那些没有差错的单元,并把它们作为一个流,交付给接收进程。当整个流发送完毕后,传输层应当关闭这个连接。

传输层的任务是为两个主机中的应用进程提供通信服务。这与网络层中的 IP 协议有什么区别呢? IP 协议是负责计算机级的通信,换句话说,是提供主机到主机的通信服务。作为网络层协议,IP 协议只能将报文交付给目的计算机。但是,这是一种不完整的交付。这个报文还必须送交到正确的进程。这正是传输层协议所要做的事。图 2 - 15 给出了 IP 协议与传输层协议作用范围的区别。

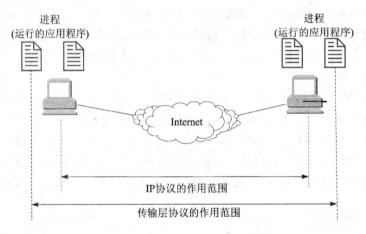

图 2 – 15　IP 协议与传输层协议作用范围

另外,除了在作用范围上有所区别,传输层还比网络层提供更可靠的传输服务。分组丢失、数据残缺均会被传输层检测到并采取相应的补救措施。

2. 传输层地址

现在的操作系统都支持多用户、多任务的运行环境。一个计算机在同一时间可运行多个进程。在网络上,主机是用 IP 地址来定义的。要定义主机上的某一个进程,便需要第二个标识符,叫做端口号。端口属于传输层的标识地址。

端口是个非常重要的概念,因为应用层的各种进程是通过相应的端口与传输实体进行交互的。因此在传输协议数据单元的首部中都要写入源端口号和目的端口号。当传输层收到 IP 层交上来的数据时,就要根据其目的端口号来决定应当通过哪一个端口上交给目的应用进程。

在 TCP/IP 协议族中,端口号由 16 位二进制数表示,换算为十进制,则是 0～65 536 之间的整数。端口号只有本地意义,即端口号只是为标志本计算机应用层中的各进程,不同计算机的相同端口号是没有联系的。

端口号分为两类。一类是由因特网指派名字和号码公司 ICANN 负责分配给一些常用的应用层程序固定使用的熟知端口（well-known port），其数据一般为 0～1 023，表 2-4 中便列出了部分常见的熟知端口。"熟知"就表示这些端口号是 TCP/IP 体系确定并公布的，因而是所有用户进程都知道的。当一种新的应用程序出现时，必须为它指派一个熟知端口，否则其他应用进程都无法和它进行交互。在应用层中的各种不同的服务器进程不断地检测分配给它们的熟知端口，以便发现是否有某个客户进程要和它通信。另一类是一般端口，用来随时分配给请求通信的客户进程，一般来说，客户进程所使用的端口号都是临时产生的，通信完成后便释放，所以又称短暂端口号。

表 2-4　常见的熟知端口

协　议	端　口	说　明
FTP	21	文件传输协议
TELNET	23	远程登录协议
SMTP	25	简单邮件传输协议
DNS	53	域名解析协议
DHCP	67	动态主机配置协议
TFTP	69	快速文件传输协议
HTTP	80	超文本传输协议
SNMP	161	简单网络管理协议

2.4.5　应用层

应用层是网络体系结构的最高层。应用层的任务是为最终用户提供服务。应用层不仅要提供应用进程所需的信息交换和远地操作，而且还要作为互相作用的应用进程的用户代理（user agent），来完成一些为进行语义上有意义的信息交换所必须的功能。每一种应用层协议都为了解决某一类问题，而每一个问题都对应一个应用程序，在应用层中运行的每一个应用程序称为一个应用进程。而应用层的具体内容就是规定应用进程在通信时所遵循的协议。

应用层中协议很多，主要可分为以下几类：

文件传输类：如 HTTP（超文本传输协议）、FTP（文件传输协议）、TFTP（简单文件传输协议）。

远程登录类：如 Telnet。

电子邮件类：如 SMTP（简单邮件传输协议）、POP（邮局协议）。

网络管理类：如 SNMP（简单网络管理协议）、DHCP（动态主机配置协议）。

域名解析类：如 DNS（域名解析协议）。

应用层协议虽然种类繁多，但它们有一个共同的特点，都采用客户-服务器方式。客户（client）和服务器（server）都是指通信中所涉及的两个应用进程。客户-服务器方式都是指通信中所涉及的两个应用进程。客户-服务器方式描述的是进程之间服务和被服务的关系。客户是服务请求方，服务器是服务提供方。

习题 2

1. 什么是网络协议？协议的三要素是什么？

2. 什么是网络体系结构？网络体系结构中为什么要分层？

3. 简述开放系统互连参考模型及各层的主要功能。

4. 比较数据链路层与网络层功能的主要不同点。

5. 简述传输层的主要作用。

6. 简述计算机网络层次划分的原则。

7. TCP/IP 协议有哪些？分别起什么作用？

8. 比较 OSI 参考模型和 Internet 参考模型的异同点。

9. 数据链路层、网络层、传输层各有自己的地址，请分别指出是哪几种地址，每种地址有何特点？

10. 简述网络层两种数据传输服务的特点。

第 3 章　通信技术基础

本章学习目标

数据通信技术是计算机网络产生与存在的基础。本章主要讲解数据通信的基本知识和数据通信的基本分析方法。通过本章的学习,读者应该掌握以下内容:

- 数据通信的理论基础;
- 数字通信系统;
- 数据编码;
- 数字调制技术;
- 脉冲编码技术;
- 数据的通信方式和交换方式;
- 多路复用技术;
- 差错控制技术。

3.1　数据通信的理论基础

3.1.1　傅里叶分析

通信线路上传送的数据是以电信号的形式传送的,如果在传输介质上直接传送数字信号,则形成电压脉冲序列。这些电压脉冲序列都是时间的单值函数,它们包含的谐波分量可以用傅里叶级数表示并进行分析,以便了解信道包含的带宽以及对信号提出的要求。

一般来说,基频为 f 的任意周期函数 $g(t)$ 都可表示为无限个正弦函数和余弦函数之和,即

$$g(t) = \frac{1}{2}c + \sum_{n=1}^{\infty} a_n \sin(2\pi n f t) + \sum_{n=1}^{\infty} b_n \cos(2\pi n f t)$$

$$a_n = \frac{2}{T}\int_0^T g(t)\sin(2\pi n f t)\,\mathrm{d}t, \qquad b_n = \frac{2}{T}\int_0^T g(t)\cos(2\pi n f t)\,\mathrm{d}t$$

式中,C 是一个常数,f 为基频,周期 $T=1/f$,a_n,b_n 分别是 n 次正弦和余弦函数值。

如果单个矩形脉冲的幅度为 A,宽度为 τ,在时间轴两边对称,这样的矩形脉冲通过傅里

叶变换,将时间函数变为频率函数,经推导可得出如下关系:

$$C = \frac{2}{T}\int_0^T g(t)\,\mathrm{d}t, \qquad S(\omega) = A\tau\,\frac{\sin(\omega\tau/2)}{\omega\tau/2}$$

式中,τ 为脉冲宽度,A 为振幅。根据对该脉冲的频谱分析,当 $\omega = 4\pi/\tau$ 时,$\sin 2\pi = 0$,$S(\omega) = 0$,近似地,如果把 $S(\omega)$ 的第一个零点处的 $\omega = 2\pi/\tau$(或 $f = 1/\tau$)看作传输宽度为 τ 的矩形脉冲所需要的频带宽度,即带宽为

$$B = f = 1/\tau$$

因此,带宽和脉冲宽度成反比。数字传输频率愈高,脉冲宽度就愈窄,要求的信道带宽就愈高。

3.1.2　有限带宽信号

信道上传输的信号,可以看作为不同字符编码脉冲的二进制位流。现在以传输 ASCII 字符 b 编码脉冲信号为例,说明信道的通过能力。图 3-1(a)左边示出了该编码的电压脉冲波形,该信号的傅里叶分析系数计算如下:

$$a_n = \frac{1}{\pi n}\big[\cos(\pi n/4) - \cos(3\pi n/4) + \cos(6\pi n/4) - \cos(7\pi n/4)\big]$$

$$b_n = \frac{1}{\pi n}\big[\sin(3\pi n/4) - \sin(\pi n/4) + \sin(7\pi n/4) - \sin(6\pi n/4)\big]$$

$$c_n = 3/8$$

各次谐波振幅可用 $\sqrt{a_n^2 + b_n^2}$)求得,此值的最小几次谐波振幅如图 3-1(a)右边所示。各次谐波的能量与该次谐波的振幅成正比。

传输信号的信道不是理想的,它对所传信号所含的各次谐波分量通过的能力不同:有些谐振波分量通过了;有些衰减了,或衰减很大;还有些谐振波分量甚至不能通过。另外,不同谐波相位延迟也不同。也就是说,信道对所传信号各次谐波的振幅作了不等量的衰减传送及相位延迟不同,引起了信号波形的失真。因此要能保证信号传送的质量,信道的频带要适应或高于信号本身的频带。

现在考察传输图 3-1(a)所示的脉冲电压信号。如果信道只能 1 次谐波通过,则如图 3-1(b)所示。如果信道的频带增大,允许 2 次、4 次和 8 次内的谐波分量通过,相应传输的电信号波形如图 3-1(c)、(d)和(e)所示。由此看出,随信道带宽的增高,各谐波分量合成的波就愈接近原始待传输的波形。当信道为理想时(带宽无限宽),各次谐波全通过,则波形不会失真。电话线是传送语音信号的,其带宽通常从 0 到 f_c。f_c 应取语音信号中最高频率分量的频率,一般取 3 400 Hz 就可以顺利传送话音而不引起严重的不等幅衰减压缩。现用语音信道传送脉冲编码的数据,采用二进制电平,码元速率(波特)和信息速率(位)就是一致的。现每个字符 8 位,数据传输速率为 C,传送一个字符的时间为 $8/C$,该值为一次谐波频率 $C/8$,则语音信道能通过的最大谐波数为 $3\,400/(C/8)$ 即 $27\,200/C$。表 3-1 列出了信道不同波特率时一次谐

波频率和所能通过的最大谐波数。可以看出，用 300～38 400 Hz 带宽的电话线接收端，要能辨认传送信号，信道必须允许信号的 10 次谐波通过，这样该信道极限传输率为 2 400。

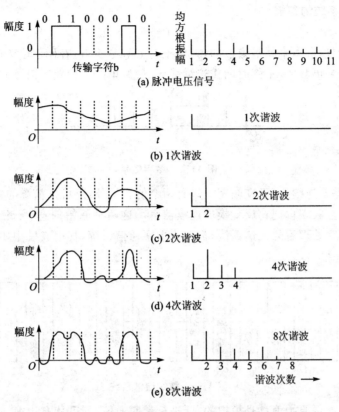

图 3-1　一个二进制信号和它的均方根傅里叶振幅

表 3-1　信道波特率与通过谐波数的关系

波特率	周期/ms	1 次谐波频率/Hz	通过的谐波数
300	26.67	37.5	90
600	13.33	75.0	45
1 200	6.67	150.0	22
2 400	3.33	300.0	11
4 800	1.67	600.0	5
9 600	0.83	1 200.0	2
1 200	0.42	2 400.0	1
38 400	0.21	4 800.0	0

3.1.3 数字通信系统

1. 数字通信系统的组成

（1）组　成

有一些信源的信息本来就是离散的，如电报符号和数据等。所谓离散消息也称为数字信息，其信息的状态是可数的，不随时间作连续变化，最简单的一种数字信号如图3-2所示。

图3-2　数字信号

它在时间上是不连续的，而在幅度上只有两个值。另外，还可把信源的连续信息变为离散信息进行传输，到接收端再把它反变换成连续信息。这两种原始信息（无论是离散的，还是连续的）进行各种数字处理后的通信系统，都称为数字通信系统，其构成模型如图3-3所示。

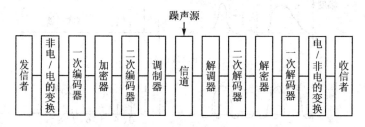

图3-3　数字通信系统

在该系统中，如果原始消息是模拟的，要进行数字通信，则需从左边第一个方框开始；如果原始信号已经是数字信号如数据信号等，则它相当于一次编码器的输出。一次编码器输出的信号在数字系统中称为基带信号。假设发信者发的是语音信号，经过"非电/电"变换器（此时即为发话器）变成模拟的电信号，然后经一次编码器，把模拟信号转换为数字信号，这种变换通常称为模拟/数字变换。有时通信需要保密，则上面的数字信号可经过加密器，按照内定的规律加上一些密码，对一次信号进行"扰乱"。有时为了控制由于信道噪声使传输的数字信号所造成的差错，可以在数字信号内再附加上一定数量的数字码，形成新的数字信号，使其内部数码间的关系形成一定的规律性，一旦新的数字信号发生差错，接收端就会按照一定的规律自动检查出来或进行自动纠正。这种功能叫做自动差错控制。它由二次编码器（差错控制编码器）完成。为了使这一级输出信号能适应信道传输的要求，有时还需要再加一级调制器，使信号能较好地通过信道到达接收端。接收端的几个方框的功能是进行与发送端的几个方框一一对应的反变换。具体的通信系统需要哪些变换器，要视应用系统而定。

（2）数字通信的特点

1）优　点

● 抗干扰能力强,尤其是数字信号通过中继再生后可消除噪声积累,理论上数字信号可以传送无限远。

● 数字通信可以通过差错控制编码,提高通信的可靠性。

● 数字信号传输一般采用二进制码,使用计算机对数字信号进行处理。数字通信可以完成计算机之间的通信,实现复杂的距离控制,例如由雷达、数字通信、计算机及导弹系统组成的自动化防空系统。

● 数字通信系统可以传送各种消息(模拟的和离散的),使通信系统灵活、通用,因而可以构成信号处理、传送、交换的现代数字通信网。

● 数字信号易于加密处理,所以数字通信保密性强。

另外,数字通信系统还具有集成化、体积小、质量轻和可靠性高等优点。

2）缺　点

数字通信较突出的缺点是比模拟通信占带宽,如一路模拟电话占 4 kHz 带宽,而一路数字电话约占 20～64 kHz 带宽。由于卫星通信和光纤通信的工作频率带宽可达几十兆赫、几百兆赫,甚至更高,所以数字通信占用频带宽的矛盾可以得到解决。

2. 数字通信系统的主要技术指标

（1）信道最大数据传输率

早在 1924 年,奈奎斯特(H·Nyquest)推导出非理想有限带宽无噪声信道的最大数据传输率(奈奎斯特定理)的表达式。一个任意信号通过带宽为 H 的低通滤波器时,如果对被通过的信号每秒采样 $2H$ 次,将采样值经过量化、编码,然后变为矩形脉冲传送,在接收端依据接收的采样脉冲的编码值,就可完整地重现这个滤波的信号,取更高的采样频率,对恢复原波形已无意义,因为信号的高频分量已被滤波器滤掉,无法再恢复了。如果被传信号电平分为 V 级,奈奎斯特定理限定的最高数据率 R_b（单位：bps）为

$$R_b = 2H \mathrm{lb}\, V$$

这个定理为估算已知带宽的信道最高速率提供了依据,尽管实际传送数据的速率远达不到这个极限值。

（2）香农(Shannon)定理

实际的信道总是有噪声的,噪声影响信号的正常传送。相对于信号大小的噪声大小,经常用信噪比来度量。用 S 表示信号功率,N 表示噪声功率,则信噪比为 S/N,信噪比的单位常用 dB 表示,即 $10\lg S/N$,当 $S/N=10$ 时,则 S/N 为 10 dB;当 $S/N=100$ 时,则 S/N 为 20 dB。1984 年,香农关于有噪声信道的主要结论是:对于带宽为 H,信噪比为 S/N 的信道,最大数据传输速率为 R_b,有

$$R_b = H \mathrm{lb}(1 + S/N)$$

例如,信道带宽 H 为 3 000 Hz,信噪比为 30 dB,即 S/N 为 1 000,则极限数据率 R_b 大约

为 3 000 bps,香农公式提供了估计有噪声信道的最高极限速率的依据。

（3）码元传输速率 R_B

码元传输速率 R_B 又称传码率,是单位时间（每秒）内传送码元的数目,单位为"波特（Baud）"。

（4）信息传输速率 R_b

信息传输速率 R_b 又称为传信率,是单位时间（每秒）内传送的信息量,单位为比特/秒（bit/s）。

码元传输速率 R_B 和信息传输速率 R_b 统称为系统的传输速率。在二进制码元的传输中,每个码元代表一个比特的信息量,所以这时码元传输速率 R_B 和信息传输速率 R_b 在数值上是相等的,即 $R_B = R_b$,只是单位不同。而在多进制脉冲传输中,码元传输速率 R_B 和信息传输速率 R_b 不相等。如在 M 进制中,每个码元脉冲代表 $\text{lb } M$ 个比特的信息量。这时传码率和传信率的关系是 $R_b = R_B \text{lb } M$。

例如,在四进制中（$M = 4$）,已知码元传输速率 $R_B = 1\ 200$,则信息传输速率 $R_b = 1\ 200$ bit/s。

（5）误码率 p_e

是指通信过程中系统传错码元的数目与所传输的总码元的数目之比,也就是传错码元的概率,即

$$p_e = \frac{传错码元的个数}{传输码元的总数}$$

（6）误比特率 p_b

又称误信率,是指传错信息的比特数目与所传输的信息总比特数之比,即

$$p_b = \frac{传错信息的比特数}{传输信息的总比特数}$$

3.1.4 数据编码

为适应信道的传输特性及在接收端再生恢复数字信号、基带信号,应考虑以下 6 个原则:
- 有利于提高系统的频带利用率。
- 基带数字信号应具有尽量少的直流、甚低频及高频分量。
- 基带数字信号中应具有足够大的供提取码元同步用的信号分量。
- 基带数字信号传输的码型应基本上不受信号源统计特性的影响。
- 基带数字信号传输的码型对噪声和码间串扰具有较强的抵抗力和自检能力。
- 尽量降低译码过程引起的误码扩散,提高传输性能。

码型及其编码方法主要应掌握码型构成、波形及其特点。

1. 二电平码

二电平码是最基本的一种码型,它采用两种不同的电平来分别表示二进制中的"0"和"1"。

例如,用恒定的正电平表示"1",用无电平的状态表示"0"。下面主要介绍非归零电平码(NRZ-L),它是一种负逻辑的码型。

(1) 码型构成

用正电平表示 0,用负电平表示 1。

(2) 波　形

非归零电平码如图 3-4 所示。

(3) 特　点

优点:码型简单,易于实现。

缺点:具有直流成分,不适于使用变压器和交流耦合的情况。连续的 1 bit 和 0 bit 难以实现同步。

2. 差分码

差分码是一种以电平跳变来表示数据信息的码型。以差分码传输数据时,在 1 位传输的持续时间内信号电平不会出现跳变,而且这段时间内的电平值与数据无关。差分码主要介绍非归零反相码 NRZ-I(Not Return to Zero-Invert on ones)

(1) 码型构成

传输 1 bit 的起始电平发生跳转,这个位表示二进制的 1;如果此刻电平没有发生跳转,这个位表示二进制的 0。

(2) 波　形

如图 3-5 所示。

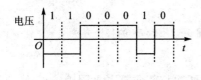

图 3-4　非归零电平码

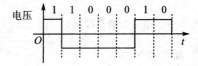

图 3-5　差分非归零反相码

(3) 特　点

优点:抗干扰能力强,在传输连续的位 1 时,每个位开始时刻都将发生电平的转换,此时信号具备了同步信息。

缺点:在传输连续的位 0 时,却不具备同步能力。

3. 双极性码

用三电平表示二进制数的码型。常用的双极性码有信号交替反转码(AMI)、8 零替换码(B8ZS)和高密度双极性 3 零码(HDB3)。其中,8 零替换码(B8ZS)和高密度双极性 3 零码(HDB3)均是信号交替反转码(AMI)的变种,主要解决在数据序列中传输连续的位 0 时,信号的同步问题。

（1）信号交替反转码

① 码型构成

信号交替反转码（AMI）用无电压的状态表示二进制的 0，用交替的正、负电平表示 1。

② 波　　形

信号交替反转码如图 3-6 所示。

③ 特　　点

优点：信号交替反转码用交替变换的正、负电平表示位 1，使其所含的直流分量为 0。能取得同步信号。

缺点：对于较长的位 0 序列，无法取得同步信号。

（2）双极性 8 零替换码

8 零替换码是北美地区使用的一种 AMI 的变形码，用于解决长 0 串提供同步信息的问题。

1）替换方法

B8ZS 通过对连续 8 个位 0 进行替换来实现上述功能，具体的替换方法如图 3-7 所示。两种模式的选择取决于待转换序列的前导位 1 所采用的极性。

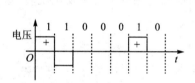

图 3-6　信号交替反转码

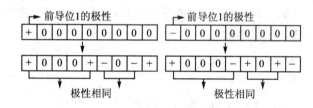

图 3-7　B8ZS 的替换方法

2）接收端解码

无论选择哪种模式，在替换后的序列中，均会出现两次相邻非零电平同极的现象。接收端正是通过检测这个特征来确定被替换序列的位置，以便把它还原成连续的 8 个位 0。

波形如图 3-8 所示。

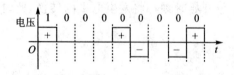

图 3-8　双极性 8 零替换码

（3）高密度双极性 3 零码

为了克服传输波形中出现长连"0"的情况，人们在 AMI 码的基础上设计了改进型的 HDB3 码。在它的码字中最长连"0"数不超过 3 个。

HDB3 码的编码规则：

① 在传输的二进制序列中，当连"0"码不大于 3 个时，HDB3 码的编码规律与 AMI 码相同，即"1"码变为"+1"、"-1"的交替脉冲，"0"码保持不变。

② 当代码序列中出现 4 个连"0"码或超过 4 个连"0"码时,把连"0"码按 4 个"0"分节,并使第 4 个"0"码变为"1"码,用 V 脉冲表示,即将"0000"变为"000V"。为了便于识别 V 脉冲,要使 V 脉冲的极性与前一个"1"码脉冲极性相同。由于连"0"节的这种安排破坏了 AMI 码的极性交替变化规律,故称 V 脉冲为破坏点脉冲。"000V"称为破坏节。

③ 为使代码序列不含直流分量,要使相邻破坏点 V 脉冲的极性交替变化。

④ 要使两个相邻的破坏点 V 脉冲之间有奇数个"1"码,如果原序列中两个相邻的破坏点之间"1"码的个数为偶数个,则必须补为奇数。这就要使破坏节中的第一个"0"变为"1"码,并用 B 脉冲表示。这时破坏节变为"B00V"的形式。B 脉冲的极性要求与前一个"1"脉冲相反,而保持 V 脉冲极性相同。

例如,将二进制信息 10110000000110000001 编为 HDB3 码

二进制码:1 0 1 1 0 0 0 0 0 0 0 1 1 0 0　0 0 0 1

HDB3 码①:$+10-1+1$ 0 $00V_{+1}$ 表 0 0 0 $-1+1B_{-1}$ $00V_{-1}$ $0+1$

HDB3 码②:$+10-1+1B_{-1}$ $00V_{-1}$ 000 $+1-1B_{+1}$ $00V_{-1}$ $0-1$

上例中,HDB3 码①是指左边一个破坏点到假设破坏点 V0 脉冲之间有奇数个"1"脉冲的情况。

而 HDB3 码②指左边一个破坏点到假设破坏点 V0 脉冲之间有偶数个"1"脉冲的情况。所以第②种情况的第一个破坏节用 B_{-1} $00V_{-1}$ 表示。

需要指出的是:B_{+1},B_{-1} 和 V_{+1},V_{-1} 脉冲代表 $+1$,-1 脉冲。其波形是相同的。另外,HDB3 码的波形不是唯一的,它与出现 4 个连"0"码元前的状态有关。

HDB3 码的特点:

① 正负脉冲平衡,无直流分量,便于直接传输。

② 克服了出现长连"0"的缺点,也避免了因失去定时信息而造成的问题。

③ HDB3 码具有检错能力,当传输过程出现单个误码时,破坏点序列的极性交替规律将受到破坏,在接收端通过检查相邻的破坏点脉冲的极性是否符合极性交替规律时便可进行差错检查,而且检查设备比较简单。正因为如此,HDB3 码在 PCM 基带传输和高次群传输中得到了广泛的应用。

波形如图 3-9 所示。

4. 裂相码

裂相码是一种在位中点位置上电平跳转为相反极的码型。常用的两种裂相码是:曼彻斯特码和差分曼彻斯特码。

(1)曼彻斯特码

码型构成:

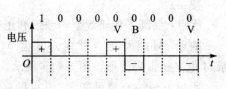

图 3-9　高密度双极性 3 零码

在位中点位置上电平的跳变既作为数据信息,又作为同步信息。在位中点位置上出现的从负电平到正电平的跳变表示二进制的"1"码,将此刻出现从正电平到负电平的跳变表示二进制的"0"码。

波形如图 3-10 所示。

（2）差分曼彻斯特码

码型构成:

以位中点位置上电平的跳变作为同步信息。以位开始时刻是否出现电平跳变作为数据信息,位开始时刻出现电平跳变,则该位表示 0,否则表示 1。

波形如图 3-11 所示。

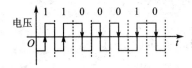

图 3-10 曼彻斯特码波形图

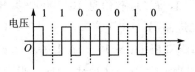

图 3-11 差分曼彻斯特码

裂相码的特点:

裂相码通过位于位中点电平跳变使数据信号自身夹带了时钟节拍,从而确保收发双方能够同步工作。但传输裂相码时需要更大的带宽。

表 3-2 $M=4$ 时自然码和格雷码的定义表

自然码		格雷码	
电 平	码 元	电 平	码 元
$-3a$	00	$-3a$	00
$-a$	01	$-a$	01
a	10	a	11
$3a$	11	$3a$	10

5. 多电平码

多电平码是一种以 M 个电平状态表示由 n 个位组成的码元的编码(其中 n 与 M 的关系是 $n=\mathrm{lb}\,M$)。常用多电平码有自然码、格雷码。多电平码所需的 M 个电平是以 0 电平为中心,对称、等距离设置的。例如,当 $M=4$ 时多电平码所选用的 4 个电平为 $3a,a,-a$ 和 $-3a$。表 3-2 列出了在 4 电平自然码和 4 电平格雷码中电平与码元的对应关系。

特 点

优点:提高了传输效率和频带利用率。

缺点:M 越大,抗干扰能力越低,M 一般不易超过 16。4 电平自然码波形如图 3-12 所示,4 电平格雷码波形如图 3-13 所示。

通过上面的介绍可知,常用的码型很多,每种码型都各有其特点,在选择码型过程中应根据实际情况从差错检测能力、信号自同步能力、抗干扰能力、实现费用等因素进行综合考虑。

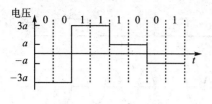

图 3-12　4 电平自然码

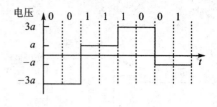

图 3-13　4 电平格雷码

3.1.5　数字调制技术

数据通信中数字信号的传输方式,分为基带传输和频带传输。

基带传输:当二进制编码的"0"和"1"的符号用电脉冲的"正""负"表示时,形成的是基带信号,将基带信号直接在信道上传输的方式称为基带传输方式。

频带传输:将数字基带信号变换成适合信道传输的数字频带信号,用载波调制方式进行传输,这种传输方式称为频带传输。频带传输系统的基本结构如图 3-14 所示。

图 3-14　频带传输系统的基本结构

数字信号的载波调制有 3 种方法:即以数字基带信号控制正弦载波的振幅、频率和相位,实现幅度键控(ASK)、频率键控(FSK)、相位键控(PSK)。

1. 数字幅度调制

用数字基带信号控制正弦载波的振幅,使载波信号振幅随基带信号的变化而变化。

(1) 2ASK 信号的表示

在幅度键控调制(ASK)方式下,用载波的两个不同的振幅来表示两个二进制的值。假设用载波振幅等于 0 表示二进制数字信号的 0,用载波振幅等于 A 表示二进制数字信号的 1。即用振幅恒定载波的有无来表示二进制数字信号的 1,0,如图 3-15 所示。

(2) 2ASK 的特点

2ASK 含有较大的载波分量,而载波分量不携带基带信号的任何内容,所以 2ASK 系统的频带利用率和功率利用率较低。

2. 数字频率调制

数字频率调制是用数字基带信号控制正弦载波的频率,使载波信号的频率随基带信号的变化而变化,载波振幅保持不变。

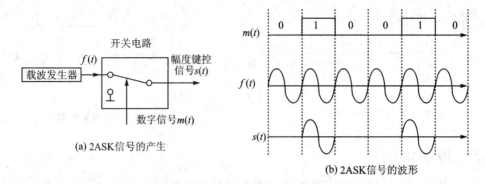

(a) 2ASK信号的产生

(b) 2ASK信号的波形

图 3-15　2ASK 信号的产生及波形

（1）2FSK 信号的产生

设基带信号为"1"码时，用载频 ω_1 传输；为"0"码时，用载频 ω_2 传输。产生的 2FSK 信号，波形如图 3-16 所示。

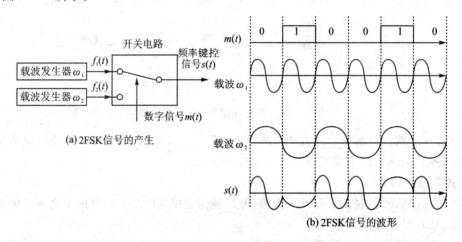

(a) 2FSK信号的产生

(b) 2FSK信号的波形

图 3-16　2FSK 信号的产生及波形

（2）特　点

这种调制技术抗干扰能力强，适用于数字电路，但这种方法产生的 2FSK 信号的相位是不连续的，而且占用带宽较大。

相位不连续的 2FSK 信号可看成两个 2ASK 信号的叠加，在频域 2FSK 调制就是将两个基带信号的频谱分别搬移到两个载波频率 $\pm f_1$ 和 $\pm f_2$ 的位置上，并对称于标称频率 f_0。

$$f_0 = \frac{1}{2}(f_1 + f_2)$$

两个载频频差 $\Delta f = (f_2 - f_1)$。

相对于标称频率 f_0 频率偏移

$$\Delta f_d = \frac{1}{2}(f_2 - f_1),\ \text{即}\ \Delta f = 2\Delta f_d.$$

若定义 h 为调频指数，用来表示调频波的频率偏移，则：

$$h = \frac{f_2 - f_1}{f_s},\ f_s = \Delta f * T_s = 2\Delta f_d * T_s$$

2FSK 所占的带宽为 $B = |f_2 - f_1| + 2f_s$。$f_s = \dfrac{1}{T_s}$ 为码元速率。

3. 数字相位调制

数字相位调制是用数字基带信号控制正弦载波的相位，使载波信号的相位随基带信号的变化而变化。它有两种形式。绝对移相调制和相对移相调制。

（1）二相绝对移相调制（2PSK）

绝对移相调制用载波相位的不同值表示不同的数字信号，例如，用 0 相表示"1"码、用 π 相表示"0"码。它们相对于固定不变的参考电位 0°，因此称为绝对移相。

2PSK 信号的产生及波形如图 3-17 所示。

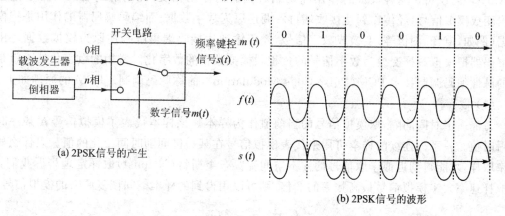

图 3-17　2PSK 信号的产生及波形

绝对移相调制的特点：

在绝对移相解调中会产生"相位模糊"，所以必须采用相对移相调制方法。

（2）二相相对移相 2DPSK 信号的产生

相对移相可以看成是数字基带信号（绝对码）经过变换形成相对码后对载波的绝对移相。

2DPSK 信号的产生原理图如图 3-18 所示。

绝对码：a_n

相对码：$b_n = b_{n-1} \oplus a_n$

原因：这是因为相对移相利用的是相位的相对变化，而不是相位的绝对值。

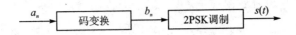

图 3-18　2DPSK 信号的产生原理图

相对移相相位变化的参考基准是前一个相邻码元的相位,而不是固定为载波 0 相位。若码元取值为"1"时,其载波相位相对于前一个相邻码元的相位移动 π;若码元取值为"0"时,其载波相位相对于前一个相邻码元的相位移动 0。

码元的值要由前后码元相对相位差决定。相对移相调制是利用前后码元载波相位的相对变化来传递信息的。在解调时只要前后码元的相对相位关系不破坏,鉴别这个相对关系就可以恢复数字信息。从而避免了绝对移相中的相位模糊。

3.1.6　脉冲编码调制

模拟数据通过数字信道传输有效率高、失真小的优点,而且可以开发新的通信业务,例如,数字电话系统可提供语音信箱的功能。把模拟数据转化成数字信号,要使用一种叫编码解码器(Codec)的设备。这种设备的作用和调制解调器的作用相反,调制解调器的作用是把数字数据变成模拟信号,经传输到达接收端再解调还原为数字数据;而编码解码器的作用是把模拟数据(例如,声音、图像等)变换成数字信号,经传输到达接收端再解码还原为模拟数据。用编码解码器把模拟数据变换为数字信号的过程叫模拟数据的数字化。常用的数字化技术就是所谓的脉冲编码调制技术 PCM(Pulse Code Modulation),简称脉码调制。PCM 的原理如下。

(1) 取　样

每隔一定时间间隔,取模拟信号的当前值作为样本。该样本代表了模拟信号在某一时刻的瞬时值。一系列连续的样本可用来代表模拟信号在某一区间随时间变化的值。以什么样的频率取样,才能得到近似于原信号的样本空间呢?奈奎斯特(Nyquist)取样定理告诉我们:如果取样速率大于模拟信号最高频率的 2 倍,则可以用得到的样本空间恢复原来的模拟信号,即

$$f_1 = \frac{1}{T_1} > 2f_{\max}$$

式中:f_1 为取样的频率,T_1 为取样的周期(即两次取样之间的时间间隔),$f_{\max}$ 为信号的最高频率。

(2) 量　化

取样后得到的样本是连续值,这些样本必须量化为离散值,离散值的个数决定了量化的精度。图 3-19 中把量化的等级分为 16 级。每个样本都量化为它附近的等级值(见图 3-19)。

(3) 编　码

把量化后的样本值变成相应的二进制代码。按表 3

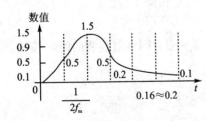

图 3-19　模拟信号采样

-3 的方案,得到相应的二进制代码序列,其中每个二进制代码都可用一个脉冲串(4 位)来表示。这 4 位一组的脉冲序列就代表了经 PCM 编码的原模拟信号。脉冲编码如表 3-3 所列。

由上述脉码调制的原理可看出,取样的速率是由模拟信号的最高频率决定的,而量化级的多少则决定了取样的精度。在实际使用中,通常希望取样的速率不要太高,以免 Codec 的工作频率太快。同时也希望量化的等级不要太多,能满足需要就行了,以免得到的数据量太大。所以这些参数都取下限值。例如,对声音数字化时,由于语音的最高频率是 4 kHz,所以取样速率是 8 kHz,对话音样本的量化则用 128 个等级,因而每个样本用 7 位二进制数字表示。在数字信道上传输这种数字化的语音速率是 $7 \times 8\,000 = 56$ kb/s。如果对电视信号数字化,由于视频信号的带宽更大(46 MHz),取样速率就要求更高。假若量化等级更多(例如 10 级),对数据速率的要求也就更高了。

表 3-3　脉冲编码

数　字	等效的二进制数	数　字	等效的二进制数
0	0000	8	1000
1	0001	9	1001
2	0010	10	1010
3	0011	11	1011
4	0100	12	1100
5	0101	13	1101
6	0110	14	1110
7	0111	15	1111

3.2　通信方式与交换方式

3.2.1　数据通信方式

串行通信中,数据通常是在两个站(如终端和微机)之间进行传送,按照同一时刻数据流的方向可分成 3 种基本传送模式,这就是全双工、半双工和单工传送,如图 3-20 所示。

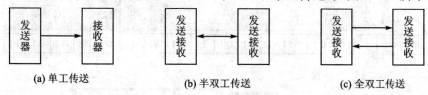

图 3-20　3 种传送方式

1. 单工传送

当数据的发送和接收方向固定,采用单工(simplex)传送方式,即发送方只管发送,接收方只管接收。图 3 - 20(a)所示,数据从发送器传送到接收器,为单方向传送。

2. 半双工传送

当使用同一根传输线既作输入又作输出时,虽然数据可以在两个方向上传送,但通信双方不能同时收发数据,这样的传送方式就是半双工(half duplex)方式,如图 3 - 20(b)所示,采用半双工时,通信系统每一端的发送器和接收器,通过收/发开关接到通信线上,进行方向的切换,因此,会产生时间延迟。收/发开关实际上是由软件控制的电子开关。

3. 全双工

当数据的发送和接收分流,分别由两根不同的传输线传输时,通信双方都能同时进行发送和接收操作,此传送方式就是全双工(full duplex)模式,如图 3 - 20(c)所示。在全双工方式下,通信系统的每一端都设置了发送器和接收器,因此,能控制数据同时在两个方向上传送,即向对方发送数据的同时,可以接收对方送来的数据。全双工方式无需进行方向的切换,因此,这对那些不能有时间延误的交互式应用(例如远程监测和控制系统)十分有利。

3.2.2　异步传输和同步传输

在传送数字信号时,接收端必须有与数据位脉冲相同的频率的时钟来逐位将数据读入寄存器。这种在接收端使数据位与时钟在频率和相位上保持一致的机制成为同步。实现这种同步的技术称为同步方式。根据在接收端获取同步信号的方法不同,同步方式分为字符同步方式和位同步方式,也称异步传输方式和同步传输方式。

1. 异步传输方式

异步传输方式特点是一个字符一个字符传输,每个字符由 4 个部分组成:起始位(占 1 位),数据位(占 5~8 位),奇偶校验位(占 1 位,也可以没有校检位),停止位(占 1 位或 1 位半或 2 位),每传送一个字符都是以起始位开始,以停止位结束,字符之间没有固定的时间间隔要求。一帧数据的格式如图 3 - 21 所示。

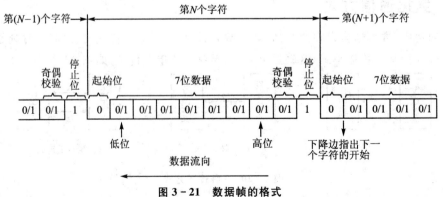

图 3 - 21　数据帧的格式

在没有通信时,通信线路处于逻辑 1(Mark)状态,当需要发送字符时,首先向通信线路上发送一起始信号,这时起始位用逻辑 0(Space)表示。它的出现,告诉收方传送开始。然后,收发双方依次发送和接收信息的其余各个部分。

传送开始之前,发收双方要把所采用的信息格式(包括字符的数据位长度,停止位长度,有无奇偶校验位以及采用奇校验还是偶校验等)和数据传输速率即波特率统一的约定,即规定传输协议。如果要改变格式和传输速率,则只能双方同时修改,否则会出错。

从图 2 - 21 中可以看出,这种格式是靠起始位和停止位来实现字符的界定或同步的,故又称为起止式协议。传送时,数据的低位在前,高位在后。比如要传送一个字符"C",C 的 ASCII 码为 43H(1000011),要求 1 位停止位,采用偶校验,数据有效位 7 位,则 1 帧信息为 0110000111。

实际上,起始位是作为联络信号而附加进来的,数据传输线上的电平由高电平变为低电平时,通知接收方传送开始,后面就是数据位。而停止位用来标志一个字符传输结束。这样就为通信双方提供了何时开始收发,何时结束的标志。传送开始,接收设备不断地检测传输线,看是否有起始位到来。当收到一系列的"1"(停止位或空闲)之后,检测到一个下跳沿,说明起始位出现,起始位经确认后,就开始接收所规定的数据位和奇偶校验位以及停止位后。经过处理将停止位去掉,把数据位拼结成一个并行字节,并且经校验无奇偶错才算正确的接收一个字符。一个字符接收完毕,接收设备一直测试传输线,监视"0"电平的到来和下一字符的开始,直到全部数据传送完毕。

由上述工作过程可以看到,异步通信是按字符传输时,每传送一个字符是用起始位来通知收方,以此来重新核对收发双方同步。若接收设备和发送设备两者的时钟频率略有偏差,这也不会因偏差的累积而导致错位,加之字符之间的空闲位也为这种偏差提供一种缓冲,所以异步串行通信的可靠性高。但由于要在每个字符的前后加上起始位和停止位这样一些附加位,降低了传输效率,大约只有 80%。因此,异步通信一般用在数据速率较慢的场合(小于19.2 kbit/s)。在高速传送时,一般要采用同步协议。

2. 同步传输方式

同步通信不像异步通信那样一次传送一个字符,而是一次传送一个字符块(如 200 个字符)。当然这个数据块的前后也有同步字符和数据校验字符。这种通信方式要求发送和接收设备要保持完全的同步,因此硬件复杂。

(1)面向字符的同步协议

这种协议的典型代表是 IBM 公司的二进制同步通信协议(BSC)。它的特点是一次传送由若干个字符组成的数据块,而不是每次只传送一个字符,并规定了 10 个特殊字符作为这个数据块的开头与结束标志以及整个传输过程的控制信息,它们也叫做通信控制字。由于被传送的数据块是由字符组成,故被称作面向字符的协议。协议的 1 帧数据格式如图 3 - 22 所示。

由图 3 - 22 可以看出,数据块的前、后都加了几个特定字符。SYN 是同步字符(Synchro-

SYN	SYN	SOH	标 题	STX	数据块	ETB/EXT	块校验

图 3－22　面向字符同步协议的帧格式

nous Character)，每一个帧开始处都加有同步字符，加一个 SYN 同步字符的称单同步，加两个 SYN 同步字符的称双同步。设置同步字符的目的是起联络作用，传送数据时，接收端不断检测，一旦出现同步字符，就知道是 1 帧开始了。后接的 SOH 是序始字符(Start Of Header)，它表示标题的开始，标题中包括源地址、目标地址和路由指示等信息。STX 是文始字符(Start Of Text)，它标志着传送的正文(数据块)开始。数据块就是被传送的正文内容，由多个字符组成。数据块后面是组终字符 ETB(End of Transmission Block)或文终字符 ETX，其中 ETB 用在正文很长，需要分成若干个数据块，分别在不同帧中发送的场合，这时在每个分数据块后面用组终字符 ETB，而在最后一个分数据块后面用文终字符 ETX。1 帧的最后是校验码，它对从 SOH 开始直到 ETX(或 ETB)字段进行校验，校验方式可以是纵横奇偶校验或 CRC 校验。

　　面向字符的同步协议，不像异步起止协议那样，需在每个字符前后附加起始和停止位，因此，传输效率大大提高了。同时，由于采用了一些传输控制字，增强了通信控制能力和校验功能。但也存在一些问题，例如，如何区别数据字符代码和特定字符代码的问题，因为在数据块中完全有可能出现与特定字符代码相同的数据字符，这就会发生误解。比如正文中正好有个与文终字符 ETX 的代码相同的数据字符，接收端就不会把它作数据字符处理，而误认为是正文结束，因而产生差错。因此，协议应具有将特定字符作为普通数据处理的能力，这种能力叫做"数据透明"。为此，协议中设置了转义字符 DLE(Data Link Escape)。当把一个特定字符看成数据时，在它前面要加一个 DLE，这样接收器收到了一个 DLE 就可预知下一个字符是数据字符，而不会把它当作控制字符来处理了。DLE 本身也是特定字符，当它出现在数据块中时，也要在它前面再加上另一个 DLE，这种方法叫字符填充。字符填充实现起来相当麻烦，且依赖于字符的编码。正是由于以上的缺点，故又产生了新的面向位的同步协议。

　　(2) 面向位的同步协议

　　面向位的协议中最有代表性的是 IBM 的同步数据链路控制规程 SDLC(Synchronous Data Control)，国际标准化组织 ISO 的高级数据链路控制规程 HDLC(High level Data Link Control)，美国国家标准协会 ACI(American Control Institute)的先进数据通信规程 ADCCP(Advanced Data Communications Control Procedure)。这些协议的特点是所传输的 1 帧数据可以是任意位，而且它是靠约定的位组合模式，而不是靠特定字符来标志帧的开始和结束，故称"面向位"的协议。这种协议的一般帧格式如图 3－23 所示。

8位	8位	8位	≥0位	16位	8位
01111110	A	C	I	FC	01111110
开始标志	地址场	控制场	信息场	校验场	结束标志

图 3－23　面向位同步协议的帧格式

由图可见,SDLC/HDLC 的 1 帧信息包括以下几个场(field),所有场都是从最低有效位开始传送。

1) SDLC/HDLC 标志字符

SDLC/HDLC 协议规定,所有信息传输必须以一标志字符开始,且以同一个字符结束。这个标志字符是 01111110,称标志场(F)。从开始标志到结束标志之间构成一个完整的信息单位,称为 1 帧。所有信息是以帧的形式传输的,而标志字符提供了每 1 帧的边界。接收端可以通过搜索"01111110"来探知帧的开头和结束,以此建立帧同步。

2) 地址场和控制场

在标志场之后,可以有一个地址场 A(Address)和一个控制场 C(Control)。地址场用来规定与之通信的次站的地址。控制场可规定若干个命令。SDLC 规定 A 场和 C 场的宽度为 8 位或 16 位。接收方必须检查每个地址字节的第一位,如果为"0",则后边跟着另一个地址字节;若为"1",则该字节就是最后一个地址字节。同样,如果控制场第一个字节的第一位为"0",则还有第二个控制场字节,否则就只有一个字节。

3) 信息场

跟在控制场之后的是信息场 I(Information)。I 场包含有要传送的数据,并不是每 1 帧都必须有信息场。即数据场可以为 0,当它为 0 时,则这 1 帧主要是控制命令。

4) 校验场

紧跟在信息场之后是两字节的帧校验场,帧校验场称为 FC(Frame Check)场或称为帧校验序列 FCS(Frame Check Sequence)。SDLC/HDLC 均采用 16 位循环冗余校验码 CRC(Cylic Redundancy Code),其生成多项式为 CCITT 多项式 $X^{16}+X^{12}+X^5+1$。除了标志场和自动插入的"0"位外,所有的信息都参加 CRC 计算。如上所述,SDLC/HDLC 协议规定以 01111110 为标志字节,但在信息场中也完全有可能有同标志字节相同的字符,为了把它与标志区分开来,所以采用了"0"位插入和删除技术。具体作法是发送端在发送所有信息(除标志字节外)时,只要遇到连续 5 个"1",就自动插入一个"0";当接收端在接收数据时(除标志字节外),如果连续接收到 5 个"1",就自动将其后的一个"0"删除,以恢复信息的原有形式。这种"0"位的插入和删除过程是由硬件自动完成的。若在发送过程中出现错误,则 SDLC/HDLC 协议是用异常结束(abort)字符,或称失效序列使本帧作废。在 HDLC 规程中,7 个连续的"1"被作为失效字符,而在 SDLC 中失效字符是 8 个连续的"1"。当然在失效序列中不使用"0"位插入/删除技术。

SDLC/HDLC 协议规定,在 1 帧之内不允许出现数据间隔。在两帧信息之间,发送器可以连续输出标志字符序列,也可以输出连续的高电平,它被称为空闲(idle)信号。

3.2.3 交换方式

一个通信网络由许多交换节点互联而成。信息在这样的网络中传输,就像火车在铁路网络中运行一样,经过一系列交换节点(车站),从一条线路换到另一条线路,最后才能到达目的地。交换节点转发信息的方式就是所谓交换方式。线路交换、报文交换和分组交换是 3 种最基本的交换方式。

1. 线路交换

线路交换方式把发送方和接受方用一系列链路直接连通。电话交换系统就是采用这种交换方式。当交换机收到一个呼叫后,就在网络中寻找一条临时通路,供两端的用户通话。这条临时通路,可能要经过若干个交换局的转换,并且一旦建立,就成为这一对用户之间的临时专用通路,别的用户不能打断,直到通话结束才拆除联接。

电路交换的特点是建立连接需要等待较长的时间。由于连接建立后通路是专用的,因而不会有别的用户干扰,不再有传输延迟。这种交换方式适合于传输大量的数据。在传输少量信息时效率不高。

2. 报文交换

这种方式不要求在两个通信结点之间建立专用通路。当一个节点发送信息时,它把要发送的信息组织成一个数据包——报文,该数据包中某个约定的位置含有目标节点的地址。完整的报文在网络中一站一站地传送。每一个节点接收整个报文,检查目标节点地址,然后根据网络中的交通情况,在适当的时候转发到下一个节点。经过多次的存储—转发,最后到达目标节点,因而这样的网络叫存储—转发网络。其中的交换节点要有足够大的存储空间(一般是磁盘),用以缓冲收到的长报文。交换节点对各个方向上收到的报文排队,寻找下一个转发节点,然后再转发出去,这些都带来了传输时间上的延迟。报文交换的优点是不建立专用链路,线路利用率较高,这是由通信中的传输时延换来的。电子邮件系统(例如 E-mail),适合于采用报文交换方式(因为传统的邮政本来就是这种交换方式)。

3. 分组交换

按照这种交换方式,数据包有固定的长度。因而交换节点只要在内存中开辟一个小的缓冲区就可以了。进行分组交换时,发节点先要对传送的信息分组,对各个分组编号,加上源和宿地址以及约定的头和尾信息,这个过程也叫信息的打包。一次通信中的所有分组在网络中传播又有两种方式,一种叫数据报(datagram),另一种叫虚电路(virtual circuit),下面分别叙述。

(1) 数据报

类似于报文交换,每个分组在网络中的传播路径完全是由网络当时的状况随机决定的,因为每个分组都有完整的地址信息,所以都可以到达目的地(如果不出意外的话)。但是到达目的地的顺序可能和发送的顺序不一致。有些早发的分组可能在中间某段交通拥挤的线路上耽搁了,比后发的分组到得迟,目标主机必须对收到的分组重新排序,才能恢复原来的信息。一般来说,在发送端要有一个设备对信息进行分组和编号,在接收端也要有一个设备对收到的分组拆去头尾,重新排序,具有这些功能的设备叫分组拆装设备 PAD(Packet Assembly and Disassembly device),通信双方各有一个。

（2）虚电路

类似于电路交换，这种方式要求在发送端和接收端之间建立一个所谓的逻辑连接。在会话开始时，发送端先发送一个要求建立连接的请求消息，这个请求消息在网络中传播，途中的各个交换结点，根据当时的交通状况决定取哪条线路来响应这一请求，最后到达目的端。如果目的端给予肯定回答，则逻辑连接就建立了。以后由发送端发出的一系列分组，都走这同一条通路，直到会话结束，拆除连接。和线路交换不同的是，逻辑连接的建立并不意味着别的通信不能使用这条线路。它仍然具有线路共享的优点。

按虚电路方式通信，接收方要对正确收到的分组给予回答确认，通信双方要进行流量控制和差错控制，以保证按顺序正确接收，所以虚电路意味着可靠的通信。当然它涉及更多的技术，需要更大的开销。这就是说，它没有数据报方式灵活，效率不如数据报方式高。

虚电路可以是暂时的，即会话开始建立，会话结束拆除，这叫做虚呼叫；也可以是永久的，即通信双方一开机就自动建立，直到一方（或同时）关机才拆除。这叫做永久虚电路。虚电路适合于交互式通信，这是它从线路交换那里继承来的。数据报方式更适合于单向地传送信息。

采用固定的、短的分组，相对于报文交换是一个重要的优点。除了交换节点的存储缓冲区可以小些外，也带来了传播时延的减小（见图 3 - 24）。分组交换也意味着按分组纠错：发现错误只需重发出错的分组，使通信效率提高。广域网络一般都采用分组交换方式，按交换的分组数收费（而不是像电话网那样按通话时间收费，这当然更合理），而且同时提供数据报和虚电路两种服务，用户可根据需要选用。

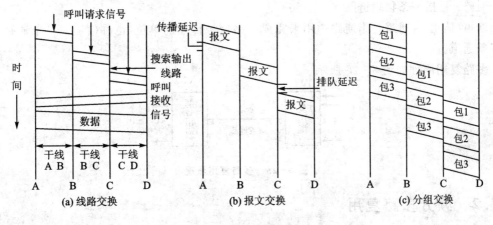

图 3 - 24　交换方式

3.3　多路复用技术

多路复用技术解决的主要问题是在两地之间同时传送多路信号，最简单的办法是：使用多条线路,在每一条线路上传送一路信号。这个方法将大量浪费传输系统的效率和宝贵的资源。

传输介质的带宽与一路信号所用带宽相比,传输介质的带宽很宽,所以传输介质的能力远远超过传输单一信号的能力。多路复用就是在一条线路上同时携带多个信号来高效地使用传输介质。

复用技术广泛使用有以下原因:

① 数据传输率越高,传输系统的性能价格比越高;

② 大多数通信设备要求达到的数据传输率并不高。

根据信号分割技术的不同,多路复用分为频分多路复用和时分多路复用,时分多路复用又可分为同步时分多路复用和统计时分多路复用。

3.3.1 多路复用的基本概念

1. 多路复用技术的概念

多路复用就是一种将一些彼此无关的低速信号按照一定的方法和规则合并成一路复用信号,并在一条公用信道上进行数据传输,到达接收端后再进行分离的方法。

2. 多路复用技术组成原理

复用器:复用器将 n 个输入信号组合成一个单独的传输流。

解复用器:在接收端,传输流被解复用器接收,并分解成原来的几个独立数据流,并导向所期望的接收设备。

通路:是指一条物理链路。

通道(信道):通道是指通路中用来完成一路信号传输的单位,也称信道。一条通路可以有多条通道。

多路复用原理如图 3-25 所示。

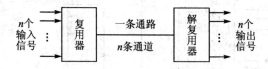

图 3-25 多路复用原理

3.3.2 频分多路复用

当传输介质的带宽大于要传输的所有信号的带宽之和时,就可以使用频分多路复用(FDM)技术。原理如图 3-26 所示。

1. FDM 处理过程

(1)复用过程

在复用器中,这些相似的信号被调制到不同的载波频率(f_1,f_2,$\cdots$,f_n)上,将调制后的信号合成一个复用信号并通过宽频带的传输媒介传送出去。

通道之间要有相应的保护频带,所以调制后的复用信号带宽要大于每个输入信号带宽的 n 倍。

（2）解复用过程

解复用器采用滤波器将复合信号分解成各个独立信号,然后每个信号再被送往解调器,将它们与载波信号分离,最后将传输信号送给接收方处理。

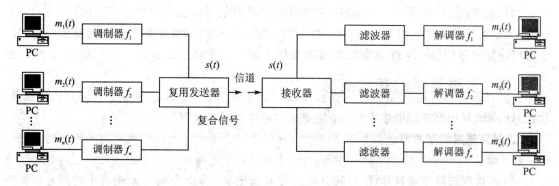

图 3-26 频分多路复用原理

2. FDM 标准化

为了适应各种传输系统的不同容量,AT&T 设计了一种分级结构 FDM 机制。

群:分级结构的第一级标准是 12 路带宽为 4 000 Hz 的音频通道(信号占 3 000 Hz,附加两个 500 Hz 的保护频带),其带宽为 12×4 kHz 被复用到 60～108 kHz 的频带上,这个单位叫做群。

超群:5 个群涵盖了 60 个话音通道,即被复用成一个超群。超群的频带范围为 312～552 kHz。

主群:10 个超群输入组成主群组。任何带宽为 240 kHz 且频率范围为 312～552 kHz 内的信号都可以作为主群复用器的输入。主群的带宽为 2.52 MHz,并能支持 600 路音频信号。

巨群:6 个主群组合成一个巨群。一个巨群必须有 6×2.52 MHz 的带宽。加上保护频带,调整为 16.984 MHz。

3. FDM 的性能评价

（1）优 点

① 系统效率较高,充分利用传输媒介的带宽。

② 技术比较成熟,实现起来相对比较容易。

（2）缺 点

① 对于信道的失真具有较高的要求,非线性失真会造成严重的串音和交叉调制的干扰。

② FDM 系统所需的载波量大,所需设备随着输入信号的增多而增多。设备繁杂,不宜小

型化。

③ FDM 技术本身不提供差错控制功能,不便于性能检测。

频分复用技术逐渐被时分多路复用技术所取代。

3.3.3　同步时分多路复用

1. 原　理

抽样定理:一个带限于 $(0, f_m)$ 赫兹内的连续时间信号 $f(t)$,如果以 T_s 小于或等于 $1/(2f_m)$ 秒的时间间隔进行抽样,则 $f(t)$ 将由得到抽样值 $f(kT_s)$ 完全确定。这就是说,$f(t)$ 完全可以用样值点代替。这就是带限波形信号的均匀抽样定理。该定理是模拟信号数字化的基础。

当抽样脉冲占据较短的时间时,在抽样脉冲之间就留有了空隙,利用这些空隙可以传输其他信号的抽样值。因此,就可以在一条信道上同时传递多个基带信号。

2. 时分复用的基本概念

(1) 帧

TNM 在传送信号时,将通信时间分成一定长度的帧,每 1 个帧又分成若干时间片,每个时间片被分配来传输一条特定输入线路的数据。如果所有设备以相同的速率发送数据,每个设备就在每帧内获得一个时间片。1 帧正是由时间片的完整循环组成的。

同步时分复用:每一个时间片是预先分配给数据源的,而且是固定的。各个帧的某一个时间片组成了某个设备的传输通道。如图 3-27 所示,每 1 个帧的第一个时间片组成了输入信号 1 和输出信号 1 的传输通道。

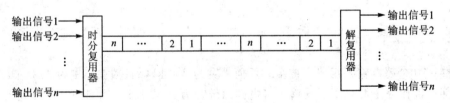

图 3-27　同步时分复用帧的传输

(2) 帧位定位

在同步时分复用技术中,每一帧内时间片的顺序是固定的。复用器接收数据的信息就告诉了解复用器如何对每个时间片进行传输定向。因此帧中可以不需要地址信息。

在每一帧的开始附加一个或多个同步位,以便于解复用器根据复用信息进行同步,从而正确地分离各时间片。

3. 北美和国际的同步时分多路复用(TDM)传输标准

在时分复用技术中,模拟信号被端局的编码解码器数字化,生成一个 8 位的数字,编码解码器每秒采样 8 000 次(125 μs/次)。

在北美和日本使用 T1 线路,技术上的传输格式为 DS1。T1 线路由 24 个多路复用的话音信道组成,模拟信号被轮流采样,其样值被送到编码解码器。24 路合用一个编码解码器,输出数字码流为 1.544 Mbit/s。(1.544 Mb/s 的计算:每帧由 24×8 bit=192 bit,再加上 1 bit 用于分帧,即 125 μs 产生 193 bit,193 bit×8 000=1.544 Mbit/s。)

帧同步的模式:同步为 01010101,接收端不断地检测该位以保持同步,23 个信道用于数据,第 24 个信道完全用于同步模式。

在西欧和中国采用 E1 线路,由 30/32 个多路复用的信道组成,输出数字码流为 2.048 Mbit/s。它是国际(ITU‐T)标准。

3.3.4　统计时分多路复用

同步时分复用系统存在固定分配时隙,浪费系统资源的问题,如图 3‐28 所示。

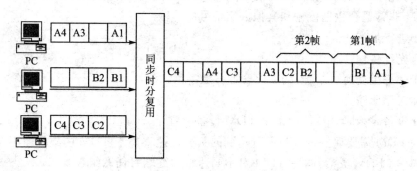

图 3‐28　同步时分复用

为提高时隙利用率,采用按需分配时隙技术,即动态分配所需时隙技术,称为统计时分复用技术,也称异步 TDM 或智能 TDM,如图 3‐29 所示。

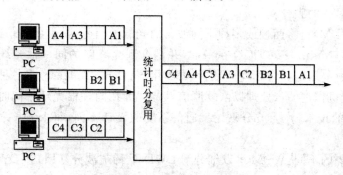

图 3‐29　统计时分复用

复用器扫描各个输入信号,只要有数据传送,就分配时间片;没有数据传送,则继续扫描下一条线路而不分配时间片。循环往复,直到扫描完所有的输入线路。

统计时分多路复用(STDM)帧的时隙数 k,通常总小于各条低速线路的总和 n。STDM 利用同样速率的数据链路,比 TDM 可复接更多的低速线路。

STDM 帧的长度可以不固定,同时时间片的位置也不是固定不变的。接收端要正确分离各路数据,就必须使每一路时隙带有地址信息。STDM 的每个时隙存在额外开销。

3.3.5　两种多路复用技术的比较

选择合适的复用方式适应不同的数据传送。

1. 时分复用技术和频分多路复用技术的比较

① 抗干扰能力强。

② 信号可以再生。

③ 由于大量采用数字电路,因而便于大规模集成,有利于小型化和降低成本。

④ TDM 非常适合数据传输和其他数字信号的传输。

⑤ 便于进行加密。

⑥ 适合光纤传输。

⑦ 易于和程控交换机结合,构成综合业务数字网。

2. 具体应用比较

① 低速设备较少时,FDM 设备比 TDM 设备便宜。

② 因为 FDM 需要保护带,FDM 可达到的集合位速率小于 TDM 的集合速率。

③ TDM 比 FDM 灵活,同一 TDM 对不同速率的终端可任意组合复用。

④ TDM 使用先进的监控系统和诊断系统,便于维护管理。

3.3.6　波分复用技术

波分复用就是光的频分复用。

波分复用(WDM)是将两种或多种不同波长的光载波信号(携带各种信息)在发送端经复用器(亦称合波器,Multiplexer)汇合在一起,并耦合到光线路的同一根光纤中进行传输的技术;在接收端,经解复用器(亦称分波器或称去复用器,Demultiplexer)将各种波长的光载波分离,然后由光接收机作进一步处理以恢复原信号。这种在同一根光纤中同时传输两个或众多不同波长光信号的技术,称为波分复用。通信系统的设计不同,每个波长之间的间隔宽度也不同。

按照通道间隔的不同,WDM 可以细分为 CWDM(稀疏波分复用)和 DWDM(密集波分复用)。CWDM 的信道间隔为 20 nm,而 DWDM 的信道间隔为 0.2～1.2 nm,所以相对于 DWDM,CWDM 称为稀疏波分复用技术。CWDM 和 DWDM 的区别主要有两点:一是 CWDM 载波通道间距较宽,因此,同一根光纤上只能复用 5～6 个波长的光波,"稀疏"与"密集"称谓的差别就由此而来;二是 CWDM 调制激光采用非冷却激光,而 DWDM 采用的是冷却激光。冷却激光采用温度调谐,非冷却激光采用电子调谐。由于在一个很宽的波长区段内温度分布很不均匀,因此温度调谐实现起来难度很大,成本也很高。CWDM 避开了这一难点,因而大幅降低了成本,整个 CWDM 系统成本只有 DWDM 的 30%。CWDM 是通过利用光复用器将在不同光纤中传输的波长结合到一根光纤中传输来实现。在链路的接收端,利用解复用器将分解后的波长分别送到不同的光纤,接到不同的接收机。

3.3.7　码分复用

　　码分多址系统为每个用户分配了各自特定的地址码,利用公共信道来传输信息。码分复用(CDM)系统的地址码相互具有准正交性以区别地址,而在频率、时间和空间上都可能重叠。也就是说,每一个用户有自己的地址码,这个地址码用于区别每一个用户。地址码彼此之间是互相独立的,也就是互相不影响的,但是由于技术等种种原因,采用的地址码不可能做到完全正交,即完全独立,相互不影响,所以称为准正交。由于用地址码区分用户,所以对频率、时间和空间没有限制,在这些方面它们可以重叠。系统的接收端必须有完全一致的本地地址码用来对接收的信号进行相关检测。其他使用不同码型的信号,因为和接收机本地产生的码型不同而不能被解调。它们的存在类似于在信道中引入了噪声或干扰,通常称之为多址干扰。

　　在码分多址 CDMA(Code Division Multiple Access)蜂窝通信系统中,用户之间的信息传输也是由基站进行转发和控制的。为了实现双工通信,正向传输和反向传输各使用一个频率,即通常所谓的频分双工。无论正向传输或反向传输,除了传输业务信息外,还必须传送相应的控制信息。为了传送不同的信息,需要设置相应的信道。但是,CDMA 通信系统既不分频道又不分时隙,无论传送何种信息的信道,都靠采用不同的码型来区分。类似的信道属于逻辑信道。这些逻辑信道无论从频域或时域来看都是相互重叠的,或者说它们均占有相同的频段和时间。

　　常用的名词是码分多址 CDMA。各用户使用经过特殊挑选的不同码型,因此彼此不会造成干扰。这种系统发送的信号有很强的抗干扰能力,其频谱类似于白噪声,不易被敌人发现。

　　每一个位时间划分为 m 个短的间隔,称为码片(chip)。每个站被指派一个唯一的 m 位码片序列。如发送位 1,则发送自己的 m 位码片序列;如发送位 0,则发送该码片序列的二进制反码。

　　例如,S 站的 8 位码片序列是 00011011。发送位 1 时,就发送序列 00011011;发送位 0 时,就发送序列 11100100。S 站的码片序列:($-1-1-1+1+1-1+1+1$)。

　　每个站分配的码片序列,不仅必须各不相同,并且还必须互相正交(orthogonal)。在实用的系统中是使用伪随机码序列。

　　(1) 码片序列的正交关系

　　令向量 S 表示站 S 的码片向量,令 T 表示其他任何站的码片向量。

两个不同站的码片序列正交,就是向量 S 和 T 的规格化内积(inner product)都是 0:

$$S \cdot T \equiv \frac{1}{m}\sum_{i=1}^{m}S_i T_i = 0$$

(2) 码片序列的正交关系举例

令向量 S 为(-1 -1 -1 $+1$ $+1$ -1 $+1$ $+1$),向量 T 为(-1 -1 $+1$ -1 $+1$ $+1$ $+1$ -1)。

把向量 S 和 T 的各分量值代入上式就可看出这两个码片序列是正交的。

(3) 正交关系的另一个重要特性

任何一个码片向量和该码片向量自己的规格化内积都是 1。

$$S \cdot S = \frac{1}{m}\sum_{i=1}^{m}S_i S_i = \frac{1}{m}\sum_{i=1}^{m}S_i^2 = \frac{1}{m}\sum_{i=1}^{m}(\pm 1)^2 = 1$$

一个码片向量和该码片反码的向量的规格化内积值是-1。

3.4 差错控制技术

在数据通信过程中,衰耗、失真和噪声会使通信线路上的信号发生错误。为了减少错误,提高通信质量,一是改善传输信道的电气特性,更重要的是采取检错、纠错技术,即差错控制。差错控制的核心是抗干扰编码,一类是检错码、另一类是纠错码。

3.4.1 差错控制原理

1. 差错控制的基本原理

差错控制是在发送端对信源送出的二进制序列附加多余数字,使得这些数字与信息数字建立某种相关性。在接收端检查这种相关性,来确定信息在传输过程中是否发生错误,以检测传输差错。

例如信息序列有 100 位,分成 10 组。每一组增加 1 位,这一位是每一组奇偶校验得到的。在接收端检查这一位是否正确,来判断信息在传输过程中是否发生错误。

新加入的码元愈多,冗余度愈大,纠错能力愈强,但效率越低。

分组码:将信息码分组,并为每个组附加若干监督的编码,称为"分组码"。在分组码中,监督码元仅监督本码组中的信息码元。

分组码一般可用符号 (n,k) 表示,n 是码组中的总位数,k 是每组码二进制信息码元的数目。

$n-k=r$ 是监督码元的数目。

2. 差错控制编码的特性和能力

主要介绍差错控制编码的距离特性和抗干扰能力。

（1）海明距离

海明（Hamming）距离是两个不同的码组对应的码位的不同码元的个数。

例如，码组（01）和（00）的海明距离是 1，码组（110）和（101）的海明距离是 2。

（2）最小距离

一个码组中，任何两个码组中海明（Hamming）距离的最小值称为该码组的最小值。

例如，在 $\{(000),(011),(101),(110)\}$ 4 个码组中，最小距离 $d_0 = 2$；而码组集合 $\{(000),(111)\}$ 中，最小距离 $d_0 = 3$。

（3）最小码距 d_0 与编码的检错和纠错能力的关系

定理 3.1：若一种码的最小距离为 d_0，则它能检查传输差错个数（称为检错能力）e 应满足 $d_0 \geqslant e+1$。

该定理说明要想使传输的码组具有检错能力，该码组集合的最小距离必须是 $d_0 \geqslant 2$。

定理 3.2：若一种码的最小距离为 d_0，则它能纠正传输差错个数（称为检错能力）t 应满足 $d_0 \geqslant 2t+1$。

定理 3.3：若一种码的最小距离为 d_0，则它能检查 e 个错误，同时又能纠正 t 个以下错误的条件是 $d_0 \geqslant t+e+1$。

【例 3.1】求码组集合 $\{(000),(011),(101),(110)\}$ 和 $\{(000),(111)\}$。

由于码组 $\{(000),(011),(101),(110)\}$ 的最小距离为 2，则 $e = d_0 - 1 = 2 - 1 = 1$，则可检测出一个错。

$\{(000),(111)\}$ 的最小的距离为 3，则 $e = d_0 - 1 = 3 - 1 = 2$，则可检测出两个错。当用于纠错时，由定理 3.2 可得 $t = 1$，能纠正一个错。由定理 3.3 可得 $t = 1$，$e = 1$，能纠正、检错各一个。

3.4.2　流量控制

当发送端传送速率高于接收端处理速度时，即使传送无差错，也可能引起帧的丢失。流量控制就是为了确保发送端发送的数据不会超出接收端接收数据能力的一种技术。

1. 停等流量控制

停止等待流量控制是在停等协议中规定的。

（1）数据处理方式

在发送端把大块的数据分割成较小的数据块，并用很多帧来传送这些数据。

这是因为接收方的缓冲空间可能有限，如果整帧传送，出现差错的概率增大，重传整个帧的可能性越大。使用较小的帧，就能更快地检测到差错，而且重传数量也较小。

（2）停等协议

发送方每发送 1 帧后，就等待一个应答帧，只有当收到确认应答信号后，才发送下 1 帧；如果收到否定确认应答帧，则重发该帧；如果在规定的时间内还没有收到应答帧，则超时重发该帧。这种发送和等待的过程不断重复。直到发送端发送一个结束帧(EOT)为止。

(3) 停等协议的特点

优点：简单,在发送下 1 帧以前,每 1 个帧都校验并进行应答。

缺点：效率低。

2．滑动窗口流量控制

滑动窗口流量控制的方法,在滑动窗口控制协议中规定。

(1) 窗　　口

是指创建额外的缓冲区,这个窗口可以在收发两方存储数据帧。并且对收到应答之前可以传输的数据帧的数目进行限制。可以不等待窗口被添满而在任何一点对数据帧进行应答,并且只要窗口未满,就可以继续传输。

(2) 数据处理

为记录哪一帧已经被传送及接收了哪一帧,滑动窗口协议将窗口中的每 1 帧编一个序号。帧以模 n 方式编号,即从 $0 \sim n-1$ 编号。窗口的大小为 $n-1$。

例如,$n=8$,帧的标号为：$0 \sim 7$,窗口的大小为 $8-1=7$。

当发送方收到含有编号为 5 的应答帧(ACK)时,就知道了直到编号 4 为止的所有数据帧均已经被接收到了,也是期望接收帧的序号。

(3) 发送窗口(以 $n=8$ 为例)

发送窗口如图 3-30 所示。

上沿边界：窗口内有 $n-1$ 个帧,如果发送端每发送 1 个帧,则上边界就移动 1 个帧。

下沿边界：当收到应答帧时,下边界一次移动若干帧,移动的距离是最后一次 ACK 帧中的编号和现在收到的 ACK 帧的编号的差值。如果差值是负数,则再加上模 n。

发送端从出错帧开始重发,窗口的尺寸设计为 $n-1$。

(4) 接收窗口(以 $n=8$ 为例)

接收窗口如图 3-31 所示。

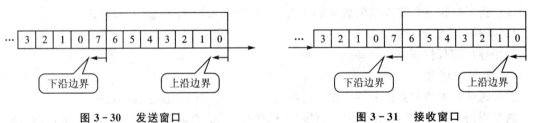

图 3-30　发送窗口　　　　　　　图 3-31　接收窗口

传输开始时,接收方窗口包含 $n-1$ 个空间来接收数据帧。随着新数据帧的到来,接收端将每 1 个帧校验后并递交给其上的网络层。

工作过程如下。

上沿边界：窗口内能容纳 $n-1$ 个帧，如果接收端每接收 1 个帧，则上边界就移动 1 个帧。

下沿边界：当发送应答帧时，下边界一次移动若干帧，移动的距离是最后一次 ACK 帧中的编号和现在发送的 ACK 帧的编号的差值。如果差值是负数，则再加上模 n。

例如在接收窗口中，接收端收到 0，1，2，3，4，5 数据帧。校验后未出错，则接收端发送（ACK6）的确认信号，其含义是一次性确认 0，1，2，3，4，5 数据帧的到达。或期望接收下一个数据帧的序号值。如果这次发送（ACK1）的确认信号，则下沿边界扩展 $1-6+8=3$ 个帧。

（5）双工传送

双工传送是指 AB 两个站点各有发送窗口和接收窗口，同时进行发送和接收。

3.4.3　差错控制编码

循环冗余校验码

在计算机通信中广泛应用的是循环冗余校验码（CRC）。CRC 的基本思想是利用线性编码理论，利用代数的方法可以把它设计成各种有用的且有很大纠错能力的编码。

背景知识：任何一个由二进制数位串组成的代码，都可以和一个只含有"0"和"1"两个系数的多项式建立一一对应的关系。这个多项式称为码多项式。

一个 n 位的二进制序列的码多项式为 X^{n-1} 到 X^0 n 次多项式的系数系列。

例如 110110 的码多项式

$$A(X)=1\times X^5+1\times X^4+0\times X^3+1\times X^2+1\times X^1+0\times X^0=X^5+X^4+X^2+X^1$$

循环码的定义：如果分组码各码字中的码元循环左移位（或右移位）所形成的码字仍然是码组中的一个码字（除全零码外），则这种码称为循环码。例如，n 长循环码中的一个码为 $[C]=C_{n-1}C_{n-2}\cdots C_1C_0$，依次循环移位后得

$C_{n-2}C_{n-3}\cdots C_0C_1$

$C_0C_{n-1}\cdots C_2C_1$

码多项式的运算：

二进制码多项式的加减运算：$A_1(X)+A_2(X)=A_1(X)-A_2(X)=-A_2(X)-A_1(X)$

二进制码多项式的加减运算实际上是逻辑上的"异或"运算。

循环码的性质：在循环码中，$n-k$ 次码多项式有一个而且仅有一个，称这个多项式为生成多项式 $G(X)$。在循环码中，所有的码多项式能被生成多项式 $G(X)$ 整除。

（1）编码方法

由信息码元和监督码元一起构成循环码，首先把信息序列分为等长的 k 位序列段，每一个信息段附加 r 位监督码元，构成长度为 $n=k+r$ 的循环码。循环码用 (n,k) 表示，也可以用一个 $n-1$ 次多项式来表示。n 位循环码的格式如图 3-32 所示。

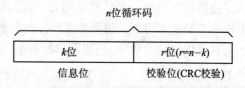

图 3-32　n 位循环码的格式

一个 n 位的循环码是由 k 位信息位加上 r 位校验位组成的。其中 $r=n-k$。这样新组成的二进制序列叫做循环码(CRC)。标征 CRC 的多项式叫生成多项式 $G(x)$。k 位二进制加上 r 位 CRC 校验位后,信息位要向左移($r=n-k$),这相当于 $A(X)$ 乘上 X^r。$X^r A(X)$ 被生成多项式 $G(X)$ 除,得整数多项式 $Q(X)$ 加上余数多项式 $R(X)$,即

$$\frac{X^r A(X)}{G(X)} = Q(X) + \frac{R(X)}{G(X)}$$

移项得

$$X^r A(X) - R(X) = Q(X)G(X)$$

$X^r A(X) + R(X) = Q(X)G(X) = C(X)$ 说明信息多项式 $A(X)$ 和余数多项式 $R(X)$ 可以合并成一个新的多项式 $C(X)$,称为循环码多项式,该多项式是生成多项式 $G(X)$ 的整数倍,能被 $G(X)$ 整除。根据这一原理,在发送端用信息码多项式乘上 X^r 再除以生成多项式 $G(X)$ 所得余数多项式 $R(X)$ 就是所要加的监督位。在接收端将循环码多项式 $C(X)$ 除以生成多项式 $G(X)$,若能整除,则说明传送正确,否则说明传送出现差错。

(2)举例分析

如信息码元为 1101,生成多项式 $G(X) = X^3 + X^1 + 1$,编一个(7,4)循环码。

$A(X) = 1101$ 向左移 3 位的 1101000 除 1011 的余为 1,则余数多项式 $R(X) = 001$。

在做除法过程中,被除数减除数是做"异或"运算。

(3)产生校验码

在串行通信中通常使用的 3 种生成多项式 $G(X)$ 来产生校验码。

CRC - 16:$G(X) = X^{16} + X^{15} + X^2 + 1$

CRC - CCITT:$G(X) = X^{16} + X^{12} + X^5 + 1$

CRC - 32:$G(X) = X^{32} + X^{26} + X^{23} + X^{22} + X^{16} + X^{12} + X^{11} + X^{10} + X^8 + X^7 + X^5 + X^4 + X^2 + X + 1$

(4)编码特点

由于码的循环性,它的编解码的设备比较简单。

纠错能力强,特别适合检测突发性的错误,除了正好数据块的比特值是按除数变化外,CRC 将检测出所有错误,所以在计算机通信中得到广泛的应用。

3.4.4 差错控制方式

差错控制编码一类是检错码、另一类是纠错码。根据检错码和纠错码的结构不同,形成了不同的差错控制方式:利用检错码控制和利用纠错码控制。

在数据通信过程中,利用差错控制编码进行系统传输的差错控制基本工作方式分成 4 类:自动请求重发 ARQ(Automatic Repeat Request),前向纠错 FEC(Forword Error Correction),混合纠错 HEC(Hybrid Error Correction),信息反馈 IRQ(Information Repeat Request)。

1. 自动请求重发

利用检错编码,使得在系统的接收端译码器能发现错误,但不知道差错的确切位置,无法自动纠正。所以使用自动请求重发工作方式。

接收端根据校验序列的编码规则判断是否传错,并把判断结果通过反馈通道传送给发送端。判断结果有 3 种情况:

① 肯定确认　接收端对收到的帧校验后,未发现错误,则回送一个肯定确认信号,用 ACK 表示。发送端收到 ACK 信号后,即知道该帧成功传送。

② 否定确认　接收端收到 1 个帧后,经校验发现有错误,则回送一个否定确认信号,用 NAK 表示。发送端收到 NAK 信号后,必须重发该帧。

③ 超时重发　发送端在发出 1 个帧后开始计时,如果在规定的时间内没有收到该帧的确认信号(ACK 或 NAK),则认为发生信息帧丢失或确认信息丢失,必须重新发送。

(1) 停等 ARQ

① 发送过程　在发送端,每次只能处理数据链路层发送缓冲区中的一个数据帧,将缓冲区中的该帧发送出去,同时启动定时器,接着等待接收端回送的确认帧。

② 定时器的作用　在发送端每发送 1 帧,都启动定时器,在规定的时间内还没有应答信号,则超时重发,解决信息帧丢失的问题。

③ 确认帧丢失　如果发送的信息无差错,而确认帧丢失。超时后发送端重发,接收端收到两份以至多份同样的数据帧,则出现重复帧。

④ 解决重复帧的问题　在每一个数据帧的头部增加发送序号,当收到重复帧,把该帧丢弃。然后必须发送一个确认帧。出现这种情况的原因是确认帧丢失,或确认帧本身出错,造成发送端超时。

为了正确记录链路上等待接收到帧的序号,收发两端都需要保持一个本地的状态序号。

⑤ 操作要点　停止等待式 ARQ 数据帧在链路上传输的情况如图 3-33 所示。

为了提高传输效率,人们提出了连续重发的请求(Continuous ARQ)。连续重发不等待前帧确认便发下 1 帧。

出现的问题:在发送端尚未发现已经出错之前,很多后续帧就会到达接收端。显然,接收端丢弃此帧。

接收端对待其后所有正确的数据帧有两种方法:返回 N 帧 ARQ、选择性重发 ARQ。

(2) 返回 N 帧 ARQ

返回 N 帧 ARQ 如图 3-34 所示。

数据帧和确认帧都不发生差错和丢失的情况:

① 发送端连续发送,直到收到第 1 帧的返回帧为止。

② 发送端存有重发表中数据的备份。

③ 发送端重发表中数据先进先出。

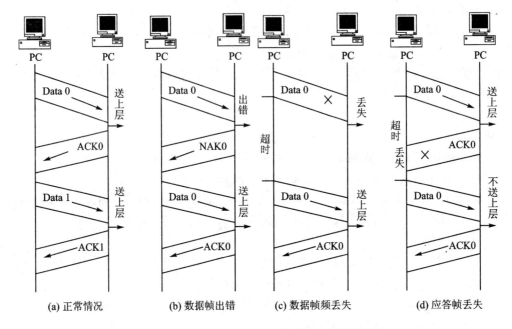

图 3-33　停止等待式 ARQ 数据帧在链路上传输的情况

④ 接收端对每一个正确收到的数据帧返回一个 ACK 帧。

⑤ 每一个数据帧包含一个唯一序号,该序号在相应的 ACK 帧中返回。

⑥ 接收端保存一个接收序列表,它包含最后正确收到的数据帧的序号。

⑦ 当收到相应数据帧的 ACK,发送端从重发表中删除该数据帧。

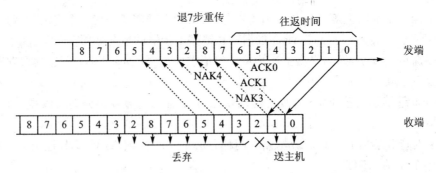

图 3-34　返回 N 帧 ARQ

数据帧出现差错情况的操作:

① 假设发送的第 $N+1$ 帧发生差错。

② 接收端立即返回一个相应的未正确接收的否定确认 NAK$(N+1)$,指出最后正确收到的是第 N 帧。

③ 接收端清除所有出错后的第 $N+2$ 帧和后继的第 $N+3$ 帧、第 $N+4$ 帧……直到收到下一个正确的第 $N+1$ 帧。

④ 对每一个出错的数据帧,接收端都产生相应的 NAK 帧,否则若正好 NAK($N+1$)丢失或出错,将产生死锁,即发送端不停地发送新的帧,同时等待对第 $N+1$ 帧的确认,而接收端不停地清除后继的帧。

⑤ 收到第 $N+1$ 帧,接收端就继续正常工作。

⑥ 发送端收到否定确认,立即执行回退重发,从重发表中尚未确认的第 1 帧开始重新发送。

数据帧正确,确认帧出现差错:

① 后继收到的确认帧为 ACK。假设此时 ACK(N),ACK($N+1$)发生错误,发送端收到确认帧为 ACK($N+2$)。由于这是一个 ACK 而不是 NAK 帧,所以发送端得知第 N 帧和 $N+1$ 帧的确认帧发生错误。这两个帧肯定已被成功接收。因而发送端接收到 ACK($N+2$)作为对第 N 帧和 $N+1$ 帧的确认。这种肯定确认具有"累积效应"。

② 如果应该确认第 N 帧,但收到的确认帧为 NAK($N+1$),这时 N 帧的确认帧可能是 ACK(N)也可能是 NAK(N)已经丢失。如果是 NAK(N),则回退 N 帧重发;如果丢失的数据帧是 ACK(N),这样可能使接收端收到重复的数据帧。必须用帧序号,收发两端都需要保持一个本地的状态序号来解决重复帧的问题。

回退 N 帧的特点:

回退 N 帧的 ARQ 方案中,因连续发送数据帧而提高了传输效率。由于这些数据帧之前的某个数据帧或确认帧发生差错,使这些原来已经传送正确的数据帧再次发送,这样又使传输效率下降,所以当线路传输质量很差,误码率较大时,回退 N 帧 ARQ 方案不一定优于停等式 ARQ。在长传播延时链路上回退 N 帧 ARQ 的传输效率也较低。

(3) 选择性重发 ARQ

当发送端收到包含出错帧序号的 NAK,据此序号从重发表中选出响应的帧的备份,插入到发送帧队列前面给予重发(见图 3 - 35)。

发送端收到 NAK(2)时正好发送完第 8 帧,立即从重发表中取出第 2 号帧的备份,插入到发送帧队列的最前面进行重发。这就是对重发帧有个选择。在接收端,发出 NAK(3)帧后,应将后继到达的正确的数据帧存储到缓冲区中,待收到正确的 2 号帧后,才迅速将缓存的数据帧紧跟其后顺序提取出来,一次性地顺序处理并上交网络层。

自动请求重发的特点:

① 只需少量的冗余码元,就能获得较低的传输误码率。

② 与 FEC 方式相比,复杂性和成本低得多。

③ ARQ 方式要求有反馈回路,因此不能用于单向传输系统和同步系统。

④ 控制规程和过程比较复杂。

⑤ 采用 ARQ 方式,整个系统可能长期处于重传状态,因而通信效率较低。

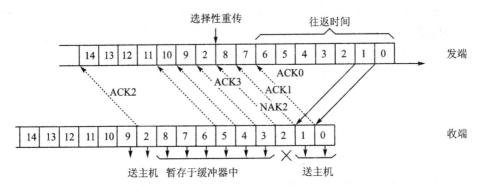

图 3 - 35 选择性重发 ARQ

⑥ 由于反馈重传的随机性,因此用户接收的信息也是随机到达的,ARQ 不适合于实时传输系统。

2. 前向纠错

(1) 工作过程

利用纠错编码,使得在系统的接收端译码器能发现错误,并能准确地判断差错的位置,从而自动纠正它们。所以使用前向纠错 FEC(Forword Error Correction)。

(2) FEC 方式的特点

① 接收端自动纠错,实时性好。

② 无需反馈通道,特别适用于单点向多点同时传送的方式。

③ 纠错码需要较大的冗余度,传输效率下降。

④ 控制规程简单,译码设备复杂。

⑤ 纠错码应与信道特性相配合,对信道的适应性差。

3. 混合纠错

(1) 工作过程

混合纠错 HEC(Hybrid Error Correction)方式是 FEC 方式和 ARQ 方式的结合。发送端发送不仅能检测错误,而且能够在一定程度内纠正错误的编码。接收端译码器收到码组后,首先检验传输差错的情况。如果差错在纠错能力以内,则自动进行纠错;如果错误超过了纠错能力,但能检测出错误来,通过反馈信道给发送端发送一个反馈信息,请求重发出错的码组。混合纠错(HEC)的方式是能纠则纠,不能纠就重发。

(2) HEC 方式的特点

① 可以降低 FEC 的复杂性。

② 改善 ARQ 的信息连贯性差,通信效率低的缺点。

③ HEC 方式可以使误码率达到很低,在卫星通信中得到较多的应用。

4. 信息反馈

信息反馈 IRQ(Information Repeat Request)方式也称为回程校验方式。它是在发送端检测错误。

（1）工作过程

发送端不对信息进行差错编码，而是直接将用户信息传送给接收端。接收端收到信息后，将它们存储起来，再将其通过反馈通道送回发送端。

（2）IRQ 方式特点

① 不采用差错编码，设备简单，控制规程简单。

② 需要反馈通道。

③ 采用发送端检错，相当于信息传输距离增大一倍，可能导致额外的差错和重传。

④ 发、收端需要较大容量的存储器来存储传输信息，以备检错和输出。

⑤ 效率低，此方法一般在使用差错控制以前使用。

习题 3

1. 傅里叶分析对脉冲数字信号的传输有何意义？

2. 电视信道的带宽为 6 MHz，如果全使用 4 个电平的数字信号，每秒钟能发送多少位？

3. 一个二进制信号经过信噪比为 20 dB 的 3 kHz 信道传送，问最大可达到的数据传输率是多少？

4. 什么是码元速率 R_B？什么是信息速率 R_b？两者的关系如何？

5. 简述数字通信系统的组成，并说明各部分的意义。

6. 什么是基带传输？什么是频带传输？两者的区别是什么？

7. 字符同步有哪几种？各有什么优点？

8. 试比较 FDM 和 TDM 的异同点。

9. 什么是交换？什么是线路交换、报文交换、分组交换，各有什么优缺点？

10. 差错控制方法有几种？各有什么优缺点？

11. 什么是流量控制？在数据传输中为什么使用流量控制？

12. 已知信息码元为 1010001101，设生成多项式是 $G(X)=X^5+X^4+X^2+1$，求循环校验码。

第4章 TCP/IP 协议族

本章学习目标

TCP/IP 协议是互联网中的基本通信语言或协议。本章的学习目标是让读者掌握 TCP/IP 协议族中部分重要协议,对互联网运行原理有一个更深入的认识。通过本章的学习,读者应该掌握以下内容:

- TCP/IP 协议族的组成;
- 网络层协议:IP,ARP,RARP,ICMP,IGMP;
- 运输层协议:TCP,UDP;
- 应用层协议:DNS,HTTP,FTP,SMTP,POP3,DHCP。

自从信息高速公路提出之后,以 Internet 为代表的信息革命席卷全球,短短数年,Internet 取得了巨大成功并得到飞速发展。其原因就在于 Internet 技术的先进性和适应性。在此,TCP/IP 扮演了极其重要角色。在计算机联网时,人们最关心的是互联问题。信息传输和网络互联是根据协议进行的,而 Internet 使用的就是 TCP/IP 协议。

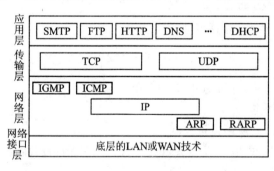

图 4-1 TCP/IP 协议族

TCP/IP 是不基于任何特定硬件平台的网络协议,既可用于局域网(LAN),又可用于广域网(WAN)。TCP/IP 本身就是在物理(X.25,PDN,LAN,WAN 等)上的一组完整的网络协议。从字面上看,TCP/IP 包括两个协议,传输控制协议(TCP)和网际协议(IP),但 TCP/IP 实际上是一组协议,它包括上百个具有不同功能且互为关联的协议,而 TCP 和 IP 是保证数据完整传输的两个基本的重要协议。通常 TCP/IP 是指 Internet 协议族(见图 4-1),而不单单是 TCP 协议和 IP 协议。本章便详细讲解 TCP/IP 协议族中的部分重要协议,这对掌握网络运行原理很有帮助。

4.1　网络层协议

4.1.1　IP 协议

1. 概　述

因特网协议 IP (Internet Protocol)是因特网中的基础协议,由 IP 协议控制传输的协议单元称为 IP 数据报。从图 4-2 所示的漏斗形结构中可以看出,IP 协议在整个协议族中处于核心地位:IP 协议可以为各式各样的应用提供服务(everything over IP),同时也可以连接到各式各样的网络上(IP over everything)。IP 将多个网络连成一个互联网,可以把高层的数据以多个数据报的形式通过互联网分发出,它的基本任务是屏蔽下层各种物理网络的差异,向上层(主要是 TCP 层或 UDP 层)提供统一的 IP 数据报,各个 IP 数据报之间是相互独立的。

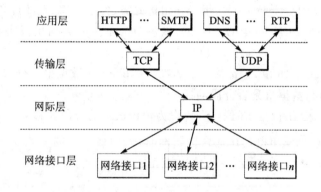

图 4-2　IP 协议在协议族中的核心地位

IP 协议屏蔽下层各种物理网络的差异,向上层(主要是 TCP 层或 UDP 层)提供统一的 IP 数据报。相反,上层的数据经 IP 协议形成 IP 数据报。IP 数据报的投递利用了物理网络的传输能力,网络接口模块负责将 IP 数据报封装到具体网络的帧(LAN)或者分组(X.25 网络)中的信息字段。如图 4-3 所示,将 IP 数据报封装到以太网的 MAC 数据帧。

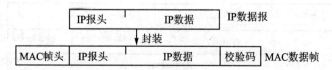

图 4-3　IP 数据报封装到以太网的 MAC 数据帧

IP 协议提供不可靠的、无连接的、尽力的数据报投递服务。所谓不可靠的投递服务是指 IP 协议无法保证数据报投递的结果。在传输过程中,IP 数据报可能会丢失、重复传输、延迟、乱序,IP服务本身不关心这些结果,也不将结果通知收发双方。

所谓无连接的投递服务是指每一个IP数据报是独立处理和传输的,由一台主机发出的数据报,在网络中可能会经过不同的路径,到达接收方的顺序可能会乱,甚至其中一部分数据还会在传输过程中丢失;而尽力的数据报投递服务是指IP数据报的投递利用了物理网络的传输能力,网络接口模块负责将IP数据报封装到具体网络的帧(LAN)或者分组(X25网络)中的信息字段。

2. IPv4 与 IPv6

目前因特网上广泛使用的IP协议为IPv4,IPv4的IP地址是由32位的二进制数组成的。IPv4协议的设计目标是提供无连接的数据报尽力投递服务。图4-4所示为IPv4的数据报结构。其中:

版本号(version):4位,说明对应IP协议的版本号,(此处取值为4)。

IP头长度(IP Header Length):4位,以32位为单位的IP数据报的报头长度。

服务类型(type of service):8位,用于规定优先级、传送速率、吞吐量和可靠性等参数。

IP数据报总长度(total length):16位,以字节为单位的数据报报头和数据两部分的总长度。

标识符(identifier):16位,它是数据报的唯一标识,用于数据报的分段和重装。

标志(flag):3位,数据报是否分段的标志。

段偏移(fragment offest):13位,以64位为单位表示的分段偏移。

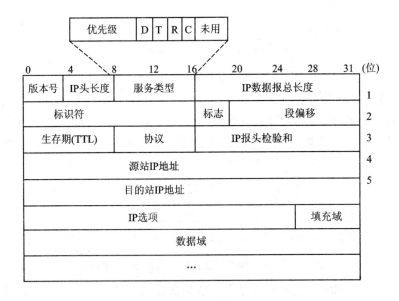

图4-4 IPv4的数据报结构

生存期(time of live)：8 位,允许数据报在互联网中传输的存活期限。

协议(protocol)：8 位,指出发送数据报的上层协议。

IP 报头检验和(header checksum)：16 位,用于对报头的正确性检验。

源站 IP 地址：32 位,指出发送数据报的源主机 IP 地址。

目的站 IP 地址：32 位,指出接收数据报的目的主机的 IP 地址。

IP 选项：可变长度,提供任选的服务,如错误报告和特殊路由等。

填充域：可变长度,保证 IP 报头以 32 位边界对齐。

但是随着网络的扩展,个人电脑市场的急剧扩大、个人移动计算设备的上网、网上娱乐服务的增加以及多媒体数据流的加入,IPv4 内在的弊端逐渐明显。

32 位的 IP 地址空间将无法满足因特网迅速增长的要求;不定长的数据报头域处理影响了路由器的性能提高;单调的服务类型处理;缺乏安全性要求的考虑;负载的分段/组装功能影响了路由器处理的效率。

因此,对新一代互联网络协议 IPNG(Internet Protocol Next Generation)的研究和实践已经成为世界性的热点,其相关工作也早已展开。围绕 IPNG 的基本设计目标,以业已建立的全球性试验系统为基础,对安全性、可移动性、服务质量的基本原理、理论和技术的探索已经展开。

20 世纪 90 年代初,人们就开始讨论新的互联网络协议。IETF 的 IPNG 工作组在1994 年 9 月提出了一个正式的草案“The Recommendation for the IP Next Generation Protocol”,1995 年底确定了 IPNG 的协议规范,并称为“IP 版本 6”(IPv6),同现在使用的版本 4 相区别;1998 年做了较大的改动。IPv6 在 IPv4 的基础上进行改进,它的一个重要的设计目标是与IPv4 兼容,因为不可能要求立即将所有节点都演进到新的协议版本,如果没有一个过渡方案,再先进的协议也没有实用意义。IPv6 面向高性能网络(如 ATM),同时,它也可以在低带宽的网络(如无线网)上有效的运行。

新型 IP 协议 IPv6 的数据报头结构如图 4-5 所示。

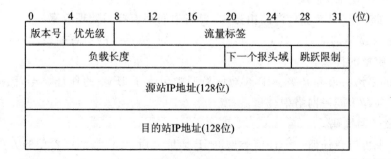

图 4-5 IPv6 的数据报头结构

其中

版本号(version)：4 位,说明对应 IP 协议的版本号(此处取值为 6)；

优先级(priority)：4 位,定义了源发结点要求的拥塞处理功能和优先级别。

流量标签(flow label)：24 位,标识主机要求路由器特殊处理的数据报序列。

负载长度(payload length)：16 位,标识所有扩展域和后继的数据域的总长度,以字节为单位。

下一报头域(next header)：8 位,标识紧跟其后的扩展域的类型。

跳跃限制(hop limit)：8 位,限制数据报经过路由器的个数,其功能类似于 IPv4 的生存期。

IPv6 是因特网的新一代通信协议,在容纳 IPv4 的所有功能的基础上,增加了一些更为优秀的功能,其主要特点有：

① 扩展地址和路由的能力。IPv6 地址空间从 32 位增加到 128 位,确保加入 Internet 的每个设备的端口都可以获得一个 IP 地址；并且 IP 地址也定义了更丰富的地址层次结构和类型,增加了地址动态配置功能等。

② 简化了 IP 报头的格式。从图 4-5 可以看出,IPv6 对报头做了简化,将扩展域和报头分割开来,以尽量减少在传输过程中由于对报头处理而造成的延迟,尽管 IPv6 的地址长度是 IPv4 的 4 倍,但 IPv6 的报头却只有 IPv4 报头长度的 2 倍,并且具有较少的报头域。

③ 支持扩展选项的能力。IPv6 仍然允许选项的存在,但选项并不属于报头的一部分,其位置处于报头和数据域之间。由于大多数 IPv6 选项在 IP 数据报传输过程中不由任何路由器检查和处理,因此这样的结构提高了拥有选项的数据报通过路由器时的性能。IPv6 的选项可以任意长而不被限制在 40 字节,增加了处理选项的方法。

④ 支持对数据的确认和加密。IPv6 提供了对数据确认和完整性的支持,并通过数据加密技术支持敏感数据的传输。

⑤ 支持自动配置。IPv6 支持多种形式的 IP 地址自动配置,包括 DHCP(动态主机配置协议)提供的动态 IP 地址的配置。

⑥ 支持源路由。IPv6 支持源路由选项,提高中间路由器的处理效率。

⑦ 定义服务质量的能力。IPv6 通过优先级别说明数据报的信息类型,并通过源路由定义确保相应服务质量的提供。

⑧ IPv4 的平滑过渡和升级。IPv6 地址类型中包含了 IPv4 的地址类型,因此,执行 IPv6 的路由器可以共存于同一网络中。

3. 子网及子网掩码

任何一台主机申请任何一个任何类型的 IP 地址之后,可以按照所希望的方式来进一步划分可用的主机地址空间,以便建立子网。为了更好地理解子网的概念,假设有一个 B 类地址的 IP 网络,该网络中有两个或多个物理网络,只有本地路由器能够知道多个物理网络的存在,并且进行路由选择,因特网中别的网络的主机和该 B 类地址的网络中的主机通信时,它把该 B 类网络当成一个统一的物理网络来看待。

　　如图 4-6 所示,一个 B 类地址为 128.10.0.0 的网络由两个子网组成。除了路由器 R 外,因特网中的所有路由器都把该网络当成一个单一的物理网络对待。一旦 R 收到一个分组,它必须选择正确的物理网络发送。网络管理人员把其中一个物理网络中主机的 IP 地址设置为 128.10.1.X,另一个物理网络设置为 128.10.2.X,其中 X 用来标识主机。为了有效地进行选择,路由器 R 根据目的地址的第三个十进制数的取值来进行路由选择。如果取值为 1,则送往标记为 128.10.1.0 的网络;如果取值为 2,则送给 128.10.2.0。

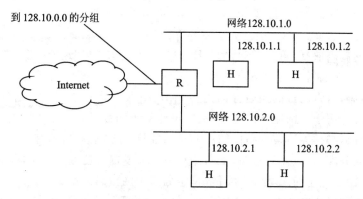

图 4-6　一个 B 类地址网络被分为两个子网

　　使用子网技术,原先的 IP 地址中的主机地址被分成两个部分:子网地址部分和主机地址部分。子网地址部分和不使用子网标识的 IP 地址中的网络号一样,用来标识该子网,并进行互连的网络范围内的路由选择,而主机地址部分标识是属于本地的哪个物理网络以及主机地址。子网技术使用户可以更加方便、更加灵活地分配 IP 地址空间。

　　子网不仅仅单纯地将 IP 地址加以分割,其关键在于分割后的子网必须能够正常地与其他网络相互连接,也就是在路由过程中仍然能识别这些子网。问题是,子网分割后如何判断原主机地址中的前几位是哪个子网地址? 子网掩码正是解决这一问题的技术。

　　IP 协议标准规定:每一个使用子网的网点,都选择一个 32 位的位模式。若位模式中的某位为 1,则对应 IP 地址中的某位为网络地址(包括类别、网络地址和子网地址)中的一位;若位模式中某位为 0,则对应 IP 地址中的某位为主机地址中的一位。子网掩码与 IP 地址结合使用,可以区分出一个网络地址的网络号和主机号。

　　例如位模式 11111111.11111111.00000000.00000000(255.255.0.0)中,前两个字节全为 1,代表对应 IP 地址中最高的两个字节为网络号;后两个字节全 0,代表对应 IP 地址中最后的一个字节为主机地址。这种位模式叫做"子网掩码"。

　　为了使用方便,常常使用"点分整数表示法"来表示一个子网掩码。由此可以得到 A,B,C

三大类 IP 地址的标准子网掩码。

A 类地址：255.0.0.0；

B 类地址：255.255.0.0；

C 类地址：255.255.255.0。

【示例】已知一个 IP 地址为 202.168.73.5，其默认的子网掩码为 255.255.255.0。求其网络号及主机号。

首先，将 IP 地址 202.168.73.5 转换为二进制 11001010.10101000.01001001.00000101。

其次，将子网掩码 255.255.255.0 转换为二进制 11111111.11111111.11111111.00000000。

然后将两个二进制数进行逻辑"与（AND）"运算，得出的结果即为网络号，其结果为 202.168.73.0。

最后，将子网掩码取反，再与二进制的 IP 地址进行逻辑"与"运算，得出的结果即为主机号。结果为 0.0.0.5，即主机号为 5。

应用子网掩码，可将用户的网络分割为多个 IP 路由连接的子网。从划分子网之后的 IP 地址结构可以看出，用于子网掩码的位数，决定可能的子网数目和每个子网内的主机数目。在定义子网掩码之前，必须弄清楚网络中使用的子网数目和主机数目，这有助于今后当网络主机数目增加后，重新分配 IP 地址的时间，子网掩码中如果设置的位数使得子网越多，则对应的网段内的主机数就越少。下面来看一个实例，具体分析子网掩码的用法。

例如，某单位需要构建 5 个分布于不同地点的局域网络，每个网络有 10 到 25 台不等的主机，而其仅向 NIC 申请了一个 C 类的网络 ID 号，其号码为 192.65.126.0。正常情况下，C 类 IP 地址的子网掩码应该设为 255.255.255.0。在这种情况下，C 类网络的 254 台主机必然属于同一个网络段内。但现在网络构建需求，却为分布于 5 个不同地点的不同网络段。此时，如果将子网掩码设为 255.255.255.224，与 255.255.255.0 不同的是该子网掩码的最后一个字节为 224，而不是 0。224 所对应的二进制值为 11100000，它表示原主机地址的最高 3 位是现在所划分出的子网的个数。也就是可将主机 ID 中最高的 3 位用于子网分割。

主机 ID 中用于子网分割的这 3 位共有 000,001,010,011,100,101,110,111 这 8 种组合，除了不可使用的代表本身的 000 及代表广播的 111 外，还剩余 6 种组合，也就是说，它共可提供 6 个子网。而每个子网都可以最多支持 30 台主机，满足构建需求。

4.1.2　ARP 与 RARP 协议

互联网是由许多物理网络和一些如路由器和网关的联网设备所组成。从源主机发出的分组在到达目的主机之前，可能要经过许多不同的物理网络。

在网络级上，主机和路由器用它们的逻辑地址来标志。逻辑地址就是互联网上的地址，它的管辖范围是全局的，在全局上是唯一的。之所以叫做逻辑地址，是因为逻辑地址是用软件实现的。每一个互联网络打交道的协议都需要逻辑地址，在 TCP/IP 协议族中逻辑地址就是指

IP 地址。

　　但是,分组要通过物理网络才能到达这些主机和路由器。在物理级上,主机和路由器用它们的物理地址来标志。物理地址是本地地址,它的管辖范围是本地网络。物理地址在本地范围必须是唯一的,但在全局上并不必如此。之所以叫做物理地址,是因为物理地址通常是用硬件实现的,如以太网中,48 位的 MAC 地址,被写入在装在主机或路由器的网络接口卡 NIC 上。

　　由于全世界存在着各式各样的网络,它们使用不同的硬件地址。要使这些异构网络能够互相通信,就必须进行非常复杂的硬件地址转换工作,这几乎是不可能的事,而逻辑地址的使用屏蔽了这些低层的差异,使得全球网络看起来像是同一个虚拟的 IP 网络,从而给广大计算机用户带来很大的方便。所以,在数据通信过程中,要同时用到逻辑地址与物理地址,需要实现二者之间的映射。地址解析协议(ARP)与逆地址解析协议(RARP)就是来完成逻辑地址与物理地址的映射任务的。

1. 地址解析协议 ARP

　　IP 地址是不能直接用来进行通信的,这是因为 IP 地址只是主机在抽象的网络层中的地址。若要将网络层中传送的数据报交给目的主机,还要传到链路层转变为 MAC 帧后才能发送到实际的网络上。因此,不管网络层使用的是什么协议,在实际网络的链路上传送数据帧时,最终还必须使用硬件地址。

　　由于 IP 地址有 32 位,而局域网的硬件地址是 48 位,因此它们之间不存在简单的映射关系。此外,在一个网络上,可能经常会有新的主机加入进来,或撤走一些主机。更换网卡也会使主机的硬件地址改变。可见,主机中应存放一个从 IP 地址到硬件地址的映射表,并且这个映射表还必须能够经常动态更新。地址解析协议 ARP(Address Resolution Protocol),很好地解决了这些问题。

　　每一个主机都设有一个 ARP 高速缓存(ARP cache),里面有所在的局域网上的各主机和路由器的 IP 地址到硬件地址的映射表。当主机 A 欲向本局域网上的某个主机 B 发送 IP 数据报时,就先在其 ARP 高速缓存中查看有无主机 B 的 IP 地址。如有,就可查出其对应的硬件地址,再将此硬件地址写入 MAC 帧,然后通过局域网将该 MAC 帧发往此硬件地址。但也有可能查不到主机 B 的 IP 地址的项。这可能是主机 B 才入网,也可能是主机 A 刚刚加电,其高速缓存还是空的。在这种情况下,主机 A 就自动运行 ARP,然后按以下步骤找出主机 B 的硬件地址,具体过程如图 4-7 所示。

　　① ARP 进程在本局域网上广播发送一个 ARP 请求分组。请求分组的主要内容是表明:"我的 IP 地址是 209.0.0.5,硬件地址是 00-00-c0-15-AD-18,我想知道 IP 地址为 209.0.0.6 的主机的硬件地址"。

　　② 在本局域网上的所有主机上运行的 ARP 进程,都收到此 ARP 请求分组。

　　③ 主机 B 在 ARP 请求分组中见到自己的 IP 地址,就向主机 A 发送 ARP 响应分组,并

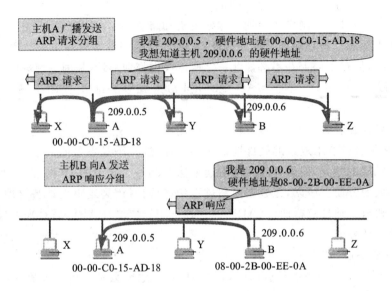

图 4 - 7　ARP 协议工作示意图

写入自己的硬件地址。其他主机都不理睬这个 ARP 请求分组。响应分组的主要内容是："我的 IP 地址是 209.0.0.6,我的硬件地址是 08 - 00 - 2B - 00 - EE - 0A"。

④ 主机 A 收到主机 B 的 ARP 响应分组后,就在其 ARP 高速缓存中写入主机 B 的 IP 地址到硬件地址的映射。

当主机 A 向 B 发送数据报时,很可能以后主机 B 还要向 A 发送数据报,因而主机 B 也可能要向 A 发送 ARP 请求分组。为了减少网络上的通信量,主机 A 在发送其 ARP 请求分组时,就将自己的 IP 地址到硬件地址的映射写入 ARP 请求分组。当主机 B 收到 A 的 ARP 请求分组时,就将主机 A 的这一地址映射写入主机 B 自己的 ARP 高速缓存中。这对主机 B 以后向 A 发送数据报时就更方便了。

ARP 是解决同一个局域网上的主机或路由器的 IP 地址和硬件地址的映射问题的。如图 4 - 8 所示,如果所要找的主机和源主机不在同一个局域网上,那么主机 H1 就无法解析出主机 H2 的硬件地址。主机 H1 发送给 H2 的 IP 数据报,需要通过与主机 H1 连接在同一个局域网上的路由器 R1 来转发。因此主机 H1 这时需要的是将路由器 R1 的 IP 地址解析为硬件地

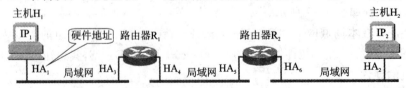

图 4 - 8　计算机的网间通信

址,以便能够将 IP 数据传送到转发该数据报的路由器 R1。以后 R1 从路由表找到下一跳路由器 R2。路由器 R2 在转发这个 IP 数据报时,用类似方法解析出目的主机 H2 的硬件地址 HA2,使 IP 数据报最终交付给主机 H2。

从 IP 地址到硬件地址的解析是自动进行的,主机的用户对这种地址解析过程是不知道的。只要主机或路由器要和本网络上的另一个已知 IP 地址的主机或路由器进行通信,ARP 协议就会自动地将该 IP 地址解析为链路层所需要的硬件地址。

2. 逆地址解析协议 RARP

逆地址解析协议 RARP (Reverse Address Resolution Protocol)使只知道自己硬件地址的主机能够知道其 IP 地址,这种主机往往是无盘工作站。因此 RARP 协议目前已很少使用。这种无盘工作站一般只要运行其 ROM 中的文件传送代码,就可用下行装载方法从局域网上其他主机得到所需的操作系统和 TCP/IP 通信软件,但这些软件中并没有 IP 地址,无盘工作站要运行 ROM 中的 RARP 来获得其 IP 地址。RARP 工作原理如图 4－9 所示。RARP 的工作过程大致如下:

为了使 RARP 能工作,在局域网上至少有一个主机要充当 RARP 服务器,无盘工作站先向局域网发出 RARP 请求分组,并在此分组中给出自己的硬件地址。

RARP 服务器有一个事先做好的从无盘工作站的硬件地址到 IP 地址的映射表,当收到 RARP 请求分组后,RARP 服务器就从这映射表中查出该无盘工作站的 IP 地址,然后写入 RARP 响应分组,发回给无盘工作站。无盘工作站用此方法获得自己的 IP 地址。

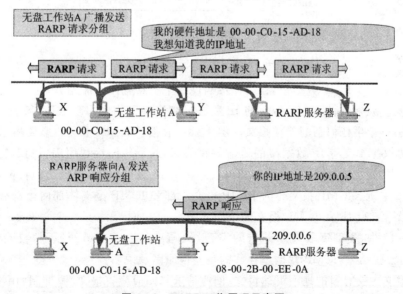

图 4－9　RARP 工作原理示意图

4.1.3 ICMP 协议

IP 协议尽力传递并不表示数据报一定能够投递到目的地,因为 IP 协议本身没有内在的机制获取差错信息并进行相应的控制,而基于网络的差错可能性很多,如通信线路出错、网关或主机出错、信宿主机不可到达、数据报生存期(TTL 时间)到、系统拥塞等,所以为了能够反映数据报的投递,因特网中增加了控制报文协议 ICMP(Internet Control Message Protocol)。

ICMP 属于在网络层运作的协议,一般视为是 IP 协议的辅助协议,主要用于网络设备和节点之间的控制和差错报告报文的传输。从因特网的角度看,因特网是由收发数据报的主机和中转数据报的路由器组成,所以在 IP 路由的过程中,若主机或路由器发生任何异常,便可利用 ICMP 来传送相关的信息。鉴于 IP 网络本身的不可靠性,ICMP 的目的仅仅是向源发主机告知网络环境中出现的问题,至于要如何解决问题,则不是 ICMP 的管辖范围。

当路由器发现某份 IP 数据报因为某种原因无法继续转发和投递时,则形成 ICMP 报文,并从该 IP 数据报中截取源发主机的 IP 地址,形成新的 IP 数据报,转发给源发主机,以报告差错的发生及其原因,如图 4-10 所示。

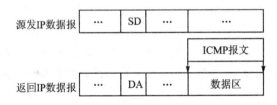

ICMP报文的形成

图 4-10 ICMP 报文的形成

携带 ICMP 报文的 IP 数据报,在反馈传输过程中不具有任何优先级,与正常的 IP 数据报一样进行转发。如果携带 ICMP 报文的 IP 数据报在传输过程中出现故障,转发该 IP 数据报的路由器将不再产生任何新的差错报文。图 4-10 示意了 ICMP 报文的形成和还回。

ICMP 协议主要支持 IP 数据报的传输差错结果,ICMP 仍然利用 IP 协议传递 ICMP 报文。产生 ICMP 报文的路由器,负责将其封装到新的 IP 数据报中,并提交因特网返回至原 IP 数据报的源发主机。ICMP 报文分为 ICMP 报文头部和 ICMP 报文体部两个部分。ICMP 报文的返回如图 4-11 所示,ICMP 报文的结构如图 4-12 所示。

在图 4-12 中,类型字段表示差错的类型,代码字段表示差错的原因,校验和表示整个 ICMP报文的校验结果,ICMP 数据里存放的是差错原因及说明。

ICMP 报文主要有目的地不可达报文、回应请求与回应应答报文、源抑制(用于拥塞控制)报文、重定向报文、超时(TTL)报告报文和参数错报文等多种类型。下面以前两种为例简单介绍一下 ICMP 报文。

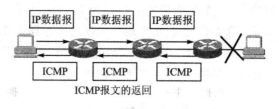

图 4-11　ICMP 报文的返回

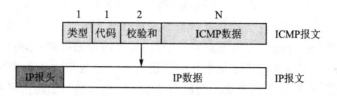

图 4-12　ICMP 报文的结构

　　目的地不可达报文,在路由过程中若出现路由器无法将 IP 数据报传送出去(例如,在路由表中找不到合适的路径,或因连接中断而无法将数据报从合适的路径传出)或目的设备无法处理收到的 IP 数据报(例如,目的设备无法处理 IP 数据报内所装载的传输层协议)等问题,路由器或目的设备便会发出此类型的 ICMP 数据报,通知 IP 数据报的来源。

　　回应请求与回应应答报文,主要用来排解 IP 路由设置、网络连接等网络问题。回应请求与回应应答,必须以配对的方式分两步来进行运作。第一步,源端主机主动发出回应请求数据报给目的端主机;第二步,目的端主机收到回应请求后,被动发出回应应答数据报给源端主机。

　　由于 ICMP 数据报都是封装成 IP 数据报的形式来传送,因此,若能完成上述两步,源端主机便能确认以下事项:

　　① 目的端主机设备存在且运作正常。

　　② 源端和目的端之间的网络连接状况正常。

　　③ 源端和目的端之间的 IP 路由正常。

　　目前,已经利用 ICMP 报文开发了许多网络诊断工具软件。

　　(1) Ping 软件

　　借助于 ICMP 回应请求/应答报文测试宿主机的可达性。网管人员可利用 PING 工具程序发出回应请求给特定的主机或路由器,以诊断网络的问题。这里不再对 Ping 软件作详细的介绍了。

　　(2) 跟踪 IP 数据报发送的路由

　　利用路由器对 IP 数据报中的生存期值作减 1 处理,一旦生存期值为 0 就丢弃该 IP 数据报,并返回主机不可达的 ICMP 报文的特点。源发端针对指定的宿节点,形成一系列收方节点无法处理的 IP 数据报。这些数据报除生存期值递增外,其他内容完全一样。这些数据报根据生存期的取值逐个发往网络,第一个数据报的生存期为 1;路由器对生存期值减 1 后,丢弃该 IP 数据报,并返回主机不可达 ICMP 报文;源发端继续发送生存期为 2,3,4,…的数据报,由于主机和路由器中对路由信息的缓存能力,IP 数据报将沿着原路径向宿节点前进。如果整个路径中包括了 N 个路由器,则通过返回 N 个主机不可达报文和 1 个端口不可达报文的信息,了解 IP 数据报的整个路由。

（3）测试整个路径的最大 MTU

利用因数据报不允许分段,而转发网络的 MTU（最大传输单元）较小时会产生主机不可达报文的特点,这种测试对于源宿端具有频繁的大量数据传输时,具有较高的实用价值。因为数据报长度越小,数据报传输的有效率越低;而传输较大的数据报时,路由器势必进行分段,既损耗了路由器的资源,更可能造成因某个数据分段丢失而导致宿主机在组装分段数据报时超时,丢弃整个数据报,造成带宽的浪费。测试路径 MTU 的方法类似路由跟踪。源发端发送一定长度、且不允许分段的 IP 数据报,并根据路由器返回的主机不可达 ICMP 报文,逐步缩短测试 IP 数据报的长度。

4.2　传输层协议

4.2.1　UDP 协议

用户数据报协议 UDP 是传输层协议之一,其实现功能较为简单,但由于其灵活、开销小等特点,使得它更适合某些应用。

UDP 提供无连接的服务。这表示 UDP 发送出的每一个用户数据报都是独立的数据报。用户数据报并不进行编号,也没有建立连接和释放连接的过程,每一个用户数据报可以走不同的路径。

UDP 是一个不可靠的传输层协议。它没有流量控制,因而当到来的报文太多时,接收端可能溢出。除检验和外,UDP 也没有差错控制机制。这表示发送端并不知道报文是丢失了还是重复地交付了。当接收端使用检验和并检测出差错时,就悄悄地将这个用户数据报丢掉。缺少流量控制和差错控制就表示使用 UDP 的进程必须要提供这些机制。

UDP 分组叫做用户数据报,有 8 字节的固定首部。图 4-13 给出了用户数据报的格式。

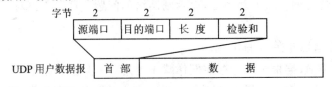

图 4-13　用户数据报格式

用户数据报首部中的字段有以下几个：

① 源端口号　是在源主机上运行的进程所使用的端口号。有 16 位长，这就是表示端口号的范围为 0～65 535。若源主机是客户端（当客户进程发送请求时），则在大多数情况下，这个端口是短暂端口；若源主机是服务器端，则在大多数情况下这个端口号是熟知端口号。

② 目的端口号　是在目的主机上运行的进程使用的端口号。是 16 位长。若目的主机是客户端（当客户进程发送请求时），则在大多数情况下，这个端口是短暂端口号；反之，若目的主机是服务器端，则在大多数情况下这个端口号是熟知端口号。

③ 总长度　是用户数据报的总长度，即首部加上数据后的总长度，是 16 位长。这表示总长度最长为 65 535 字节，但最小长度不是 0 字节，而是 8 字节，它指出用户数据报只有首部而无数据。

④ 检验和　这个字段用来检验整个用户数据报出现的差错。

用户数据报数据部分则是从应用层继承下来的，数据的长度可从 0 到 65 507（即 65 535－20－8）字节（20 字节的 IP 首部和 8 字节的 UDP 首部）。

UDP 用户数据首部中检验和的计算机方法有些特殊。在计算检验和时，要在 UDP 用户数据报之前增加 12 字节的伪首部。所谓"伪首部"是因为这种伪首部并不是 UDP 用户数据报真正的首部。伪首部共 5 个字段：源 IP 地址、目的 IP 地址、全 0（为补偶数个字节用）、协议号和 UDP 长度，大部分字段都是从 IP 数据报首部中提取出来的。只是在计算检验和时，临时和 UDP 用户数据报连接在一起，得到一个过渡的 UDP 用户数据报。检验和就是按照这个过渡的 UDP 用户数据报来计算的。伪首部的存在仅为了计算检验和。

UDP 计算检验和是将首部和数据部分一起检验。在发送端，首先是先将全零放入检验和字段。再将伪首部以及 UDP 用户数据报看成是由许多 16 位的字串接起来。若 UDP 用户数据报的数据部分不是偶数个字节，则要填入一个全零字节（但此字节并不发送）。然后按二进制反码计算出这些 16 位字的和。将此和的二进制反码定入检验和字段后，发送此 UDP 用户数据报。在接收端，将收到的 UDP 用户数据报连同伪首部（以及可能的填充全零字节）一起，按二进制反码求这些 16 位字的和。当无差错时，其结果应为全 1，否则就表明有差错出现，接收端就应将此 UDP 用户数据报丢弃。

4.2.2　TCP 协议

1. 概　述

与 UDP 不同，TCP 是一种面向流的协议。在 UDP 中，把一块数据发送给 UDP 以便进行传递。UDP 在这块数据上添加自己的首部，这就构成了数据报，然后再把它传递给 IP 来传输。这个进程可以一连传递好几个块数据给 UDP，但 UDP 对每一块数据都独立对待，而并不考虑它们之间的任何联系。TCP 则允许发送进程以字节流的形式来传递数据，而接收进程也把数据作为字节流来接收。TCP 创建了一种环境，使得两个进程好像被一个假想的"管道"所连接,而这个管道在 Internet 上传送两个进程的数据,发送进程产生字节流,而接收进程消耗字节流。

由于发送进程和接收进程产生和消耗数据的速度并不一样,因此 TCP 需要缓存来存储数据。在每一个方向上都有缓存,即发送缓存和接收缓存。另外,除了用缓存来处理这种速度的差异,在发送数据前还需要一种重要的方法,即将字节流分割为报文段(segment)。报文段是 TCP 处理的最小数据单元。报文段的长度可以是不等的。TCP 发送与接收数据过程的示意图如图 4-14 所示。

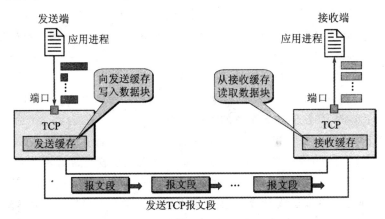

图 4-14　TCP 发送与接收数据过程

TCP 提供全双工服务,即数据可在同时间双向流动,每一个 TCP 都有发送缓存和接收缓存,而两个方向都可以发送报文段。TCP 是面向连接协议,它有连接建立、数据传输和连接释放 3 个过程。TCP 是可靠的传输协议,它使用确认机制来检查数据是否安全和完整地到达。

2. TCP 报文段

TCP 报文段同样由首部和数据两部分组成,但其首部要比 UDP 复杂的多,其首部的前 20 字节是固定的,后面有 4N 字节是根据需要而增加的选项(N 为整数)。因此,TCP 首部长度为 20~60 字节。

报文段首部各字段如图 4-15 所示,作用解释如下:

① 源端口和目的端口字段　各占 2 字节。端口是传输层与应用层的服务接口。传输层的复用和分用功能都要通过端口才能实现。

② 序号字段　占 4 字节。TCP 连接中传送的数据流中的每一个字节都编上一个序号。序号字段的值则指的是本报文段所发送的数据的第一个字节的序号。

③ 确认号字段　占 4 字节,是期望收到对方的下一个报文段的数据的第一个字节的序号。

④ 数据偏移　占 4 位,它指出 TCP 报文段的数据起始处距离 TCP 报文段的起始处有多

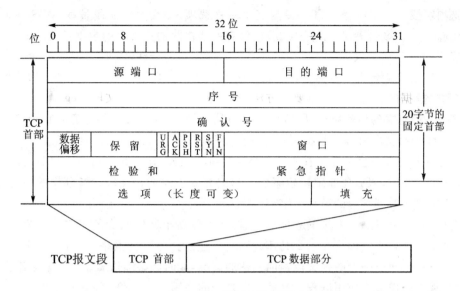

图 4-15　TCP 报文段格式

远。"数据偏移"的单位不是字节而是 32 位的字(4 字节为计算单位)。

⑤ 保留字段　占 6 位,保留为今后使用,但目前应置 0。

⑥ 紧急位 URG　当 URG=1 时,表明紧急指针字段有效;它告诉系统此报文段中有紧急数据,应尽快传送(相当于高优先级的数据)。

⑦ 确认位 ACK　只有当 ACK=1 时,确认号字段才有效;当 ACK=0 时,确认号无效。

⑧ 推送位 PSH (PuSH)　接收 TCP 收到推送位置 1 的报文段,就尽快地交付给接收应用进程,而不再等到整个缓存都填满了后再向上交付。

⑨ 复位位 RST (ReSeT)　当 RST=1 时,表明 TCP 连接中出现严重差错(如由于主机崩溃或其他原因),必须释放连接,然后再重新建立传输连接。

⑩ 同步位 SYN　同步位 SYN 置 1,表示这是一个连接请求或连接接受报文。

⑪ 终止位 FIN (FINal)　用来释放一个连接。当 FIN=1 时,表明此报文段的发送端的数据已发送完毕,并要求释放运输连接。

⑫ 窗口字段　占 2 字节。窗口字段用来控制对方发送的数据量,单位为字节。TCP 连接的一端根据设置的缓存空间大小确定自己的接收窗口大小,然后通知对方以确定对方的发送窗口的上限。

⑬ 检验和　占 2 字节。检验和字段检验的范围包括首部和数据这两部分。在计算检验和时,要在 TCP 报文段的前面加上 12 字节的伪首部。

⑭ 紧急指针字段　占 16 位。紧急指针指出:在本报文段中紧急数据共有多少字节(紧急数据放在本报文段数据的最前面)。

⑮ 选项字段　长度可变。TCP 只规定了一种选项,即最大报文段长度 MSS(Maximum Segment Size)。MSS 告诉对方 TCP:"我的缓存所能接收的报文段的数据字段的最大长度是 MSS 字节。"

⑯ 填充字段　这是为了使整个首部长度是 4 字节的整数倍。

3. TCP 的可靠性

TCP 是一种可靠的传输协议。其可靠性体现在它可保证数据按序、无丢失、无重复地到达目的端。TCP 报文段首部的数据编号与确认字段,为这种可靠传输提供了保障。

TCP 将所要传送的整个报文看成一个个字节组成的数据流,并使每一个字节对应于一个序号。在连接建立时,双方要商定初始序号。TCP 每次发送的报文段的首部中的序号字段数值表示该报文段中数据部分的第一个字节的序号。

接收站点在收到发送方发来的数据后,依据序号重新组装所收到的报文段。为什么要依靠序号来重组报文段呢?因为在一个高速链路与低速链路并存的网络上,可能会出现高速链路上的报文段比低速链路上的报文段提前到达的情况,此时就必须依靠序列号来重组报文段,以保证数据可以按序上交应用进程。这就是序列号的作用之一。

TCP 的确认是对接收到的数据的最高序号(即收到的数据中的最后一个序号)进行确认。但返回的确认序号 ACK 是已收到的数据的最高序号再加 1,该确认号既表示对已收数据的确认,同时表示期望下次收到的第一个数据字节的序号。

图 4-16 显示了 TCP 报文段传输时 SEQ 和 ACK 所扮演的角色。

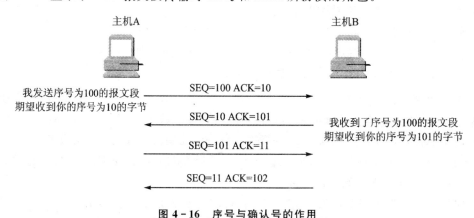

图 4-16　序号与确认号的作用

在实际通信中,存在着超时和重传两种现象。如果在传输过程中丢失了某个序号的报文段,导致发送端在给定的时间段内得不到相应的确认序号,那么就确认该报文段已被丢失并要求重传。已发送的 TCP 报文段,会被保存在发送端的缓冲区中,直到发送端接收到确认序号才会消除缓冲区中的这个报文段。这种机制称为肯定确认和重新传输 PAR(Positive Acknowledgement and Retransmission),它是许多通信协议用来确保可信度的一种技术,工作过程如图 4 - 17 所示。

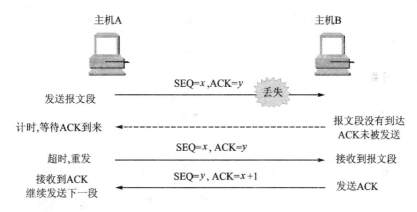

图 4 - 17　超时和重传过程中序号与确认号的作用

序号的另一个作用是消除网络中的重复包(同步复制)。例如在网络阻塞时,发送端迟迟没有收到接收端发来的对于某个报文段的 ACK 信息,它可能会认为这个序号的报文段丢失了。于是它会重新发送这一报文段,这种情况将会导致接收端在网络恢复正常后收到两个同样序号的报文段,此时接收端会自动丢弃重复的报文段。

序号和确认号为 TCP 提供了一种纠错机制,提高了 TCP 的可靠性。

4. TCP 连接管理

TCP 是面向连接的协议。面向连接的协议在源端和目的端之间建立一条虚路径,属于一个报文的所有报文段都沿着这条虚路径发送。在 TCP 通信中,整个过程分为 3 个阶段:连接建立、数据传送和连接释放。

(1) 建立连接

TCP 以全双工方式传送数据。当两个机器中的两个 TCP 进程建立连接后,它们应当都能够同时向对方发送报文段。主动发起连接建立的应用进程叫做客户方,而被动等待连接建立的应用进程叫做服务器方。在连接建立过程中要解决以下 3 个问题:要使每一方能够确知对方的存在;要允许双方协商一些参数(如最大报文段长度,最大窗口大小,服务质量等);能够对传输实体资源(如缓存大小,连接表中的项目等)进行分配。

设主机 A 要与主机 B 通信,在主机 A 与主机 B 建立连接的过程中,要完成以下 3 个动作:

① 主机 A 向主机 B 发送请求报文段,宣布它愿意建立连接,报文段首部中同步位 SYN 应置 1,同时选择一个序号 x,表明在后面传送数据时的第一个数据字节的序号是 $x+1$。

② 主机 B 发送报文段确认 A 的请求,确认报文段中应将 SYN 和 ACK 都置 1,确认号应为 $x+1$,同时也为自己选择一个序号 y。

③ 主机 A 发送报文段确认 B 的请求,确认报文段中 ACK 置 1,确认号为 $y+1$,而自己的序号为 $x+1$。TCP 的标准规定,SYN 置 1 的报文段要消耗掉一个序号。

连接建立采用的这种过程叫做"三次握手"(又叫"三向握手"),如图 4 - 18 所示。

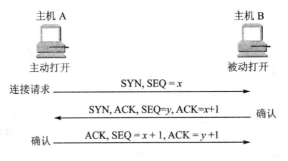

图 4 - 18 连接建立过程中的"三次握手"

为什么需要"三次握手"而不是"两次握手"呢？这主要是为了防止已失效的连接请求报文段突然传送到了主机 B 而产生错误。

主机 A 发出连接请求,但因连接请求报文丢失而未收到确认。主机 A 于是再重传一次。后来收到确认,建立连接。数据传输完毕后,就释放连接。主机 A 共发送了两个连接请求报文段,其中第二个到达了主机 B。现在假定出现了另一种情况,即主机 A 发出的第一个连接请求报文段并没有丢失,而是在某些网络结点滞留时间太长,以致延误到在这次的连接释放以后才传送到主机 B。本来这是一个已经失效的报文段,但主机 B 收到此失效的连接请求报文段后,就误认为是主机 A 又发出一次新的连接请求,于是就向主机 A 发出确认报文段,同意建立连接。

主机 A 由于并没有要求建立连接,因此不会理会主机 B 的确认,也不会向主机 B 发送数据。但主机 B 却以为传输连接就这样建立了,并一直等待主机 A 发来数据。主机 B 的许多资源就这样白白浪费了。采用"三次握手"可以防止上述现象的发生。在上面所述的情况下,主机 A 不会向主机 B 发出确认,主机 B 收不到确认,连接就建立不起来。

(2) 释放连接

传输数据的双方中的任何一方都可以关闭连接。当一个方向的连接被终止时,另外一方还可继续向对方发送数据。因此,要在两个方向都关闭连接就需要 4 个动作,被释放连接的过程被称为"四向握手"过程,如图 4 - 19 所示。

① 主机 A 发送报文段,宣布愿意终止连接,并不再发送数据。TCP 通知对方要释放从 A 到 B 这个方向的连接,将发往主机 B 的 TCP 报文段首部的终止位 FIN 置 1,其序号 x 等于前面已传送过的数据的最后一个字节的序号加 1。

② 主机 B 发送报文段对 A 的请求加以确认。其报文段序号为 y,确认号为 $x+1$。在此之后,一个方向的连接就关闭了,但另一个方向的并没有关闭。主机 B 还能够向 A 发送数据。

③ 当主机 B 发完它的数据后,就发送报文段,表示愿意关闭此连接。

④ 主机 A 确认 B 的请求。

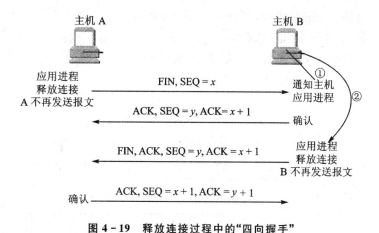

图 4-19 释放连接过程中的"四向握手"

4.3 应用层协议

4.3.1 DNS 协议

1. 域名系统

20 世纪 70 年代,Internet 的前身 ARPANET 的规模比较小,它只由几百台主机组成。美国的 Menlepark 的 SRI 网络信息中心的 host. txt 文件就包含了所有主机的信息,同时也包括了连接到 ARPANET 上每台主机的名字到主机 IP 地址的映射。Host. txt 文件由 SRI 网络信息中心负责进行维护。SRI 网络信息中心每周更新数据 1～2 次,每次更新后的数据由 SRI 网络信息中心的主机向外发送。ARPANET 管理人员也将它们的改动用 E-mail 发送给 SRI 网络信息中心,同时定期从 SRI 网络信息中心的主机获取最新的 host. txt 文件。但是随着 ARPANET 的增长,这种工作方式无法再维持下去。一方面,host. txt 文件的大小随 ARPA-NET 的规模在增长,同时更新过程所带来的通信量增长更快。这就带来了通信量、名字冲突与一致性等一系列新的问题。

为此,1983 年 Internet 开始采用层次结构的命名树作为主机的名字,并使用域名系统 DNS(Domain Name System)。Internet 的域名系统 DNS 被设计成一个联机分布式数据库系统,并采用客户-服务器方式。DNS 使大多数名字都在本地映射,仅少量映射需要在 Internet 上通信,这就使得系统的效率大大提高。

Internet 采用层次树状结构的命名方法。任何一个连接在 Internet 上的主机或路由器,都有唯一的层次结构的名字,即域名(domain name)。域(domain)是名字空间中一个可被管理的划分。域还可以继续划分为子域,如二级域、三级域等。

域名的结构由若干个分量组成,各分量之间用点隔开。

……三级域名.二级域名.顶级域名

每一级的域名都由英文字母和数字组成(不超过 63 个字符,且不区分大小写),完整的域名不超过 255 个字符。Internet 的域名结构如图 4-20 所示。

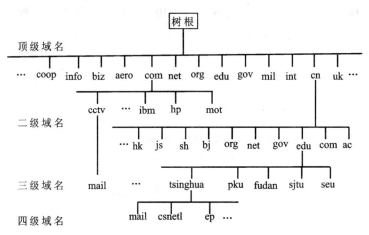

图 4-20　Internet 的域名结构示意图

顶级域名有 3 大类:国家顶级域名、国际顶级域名和通用顶级域名。表 4-1 中列出了部分示例。

表 4-1　顶级域名

类　别	域　名	含　义
国家顶级域名	.cn	中国
	.us	美国
	.uk	英国
	.ca	加拿大
国际顶级域名	.int	国际性组织
通用顶级域名	.com	公司、企业
	.edu	教育机构
	.gov	政府部门
	.org	非赢利性组织
	.net	网络服务机构

举一个简单的域名的例子,如国内知名门户网站新浪网的域名为 www.sina.com.cn。可以看出,该域名的顶级域名为 cn,代表是中国;二级域名为 com,代表该站点为某一公司所有;sina 是该站点所在的域,而 www 则是该域上的一台服务器,它提供的是 www 服务。

2. 域名解析

虽然主机域名比 IP 地址更容易记忆,但在通信时必须将其映射成能直接用于 TCP/IP 协议通信的 IP 地址。这个将主机域名映射为 IP 地址的过程叫域名解析。

域名解析有两个方向:从主机域名到 IP 地址的正向解析;从 IP 地址到主机域名的反向解析。域名的解析是由一系列的域名服务器来完成的。域名服务器是回答域名服务查询的计算机,它允许为私人 TCP/IP 网络和连接公共

Internet 的用户提供并管理 DNS 服务,维护 DNS 名字数据并处理 DNS 客户端主机名的查询。DNS 服务器保存了包含主机名和相应 IP 地址的数据库,例如,如果提供了名字 sina. com. cn,DNS 服务将返回新浪网站的 IP 地址 202.106.184.200。域名服务器提供服务的监听端口为 53。

域名解析过程是一个递归查询的过程。下面用一个例子说明这个过程。比如一个 flits. cs. vu. nl 上的域名解析服务器想要知道主机 linda. cs. yale. edu 的 IP 地址。对于 flits. cs. vu. nl 来说,这是一个远程域,在本地没有关于此域的有效信息。那么第一步,它发送一条查询给本地的名字服务器 cs. vu. nl。假定本地名字服务器以前从未遇到过关于此域的查询,对它一无所知,则它可能会询问一些邻近的名字服务器,如果它们也不知道,它就发送一个 UDP 分组给 edu 域服务器。这个服务器不知道 linda. cs. yale. edu 的地址,也可能不知道 cs. yale. edu,但它肯定知道自己的子域,所以它把请求传递给 yale. edu 域名服务器。接下去,这个服务器再把请求传递给 cs. yale. edu,它一定有目标地址的资源记录。因为每个请求都是从客户到服务器的,被请求的资源记录沿着相反的路线返回,最终把 linda. cs. yale. edu 的 IP 地址交给 flits. cs. vu. nl。具体的查询过程如图 4 - 21 所示。

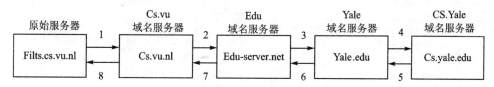

图 4 - 21 域名解析的递归查询过程

4.3.2 HTTP 协议

超文本传输协议 HTTP(Hyper Text Transfer Protocol)位于 TCP/IP 协议的应用层,是最广为人知的协议,也是互联网中最核心的协议之一。同样,HTTP 也是基于客户-服务器模型实现的,其服务器端的服务端口默认为 80。事实上,通常使用的浏览器如 IE,是实现 HT-TP 协议中的客户端,而一些常用的 Web 服务器软件,如 Apache,IIS,是实现 HTTP 协议中的服务器端。Web 页由服务器端资源定位,传输到浏览器,经过浏览器的解释后,被客户所看到。

HTTP 协议是 Web 浏览器和 Web 服务器之间的应用层协议,是通用的、无状态的和面向对象的协议。

一个完整的 HTTP 协议会话过程包括 4 个步骤:

① 连接 Web 浏览器与 Web 服务器建立连接,打开一个 Socket 连接,标志着连接建立成功。

② 请求 Web 浏览器通过 Socket 向 Web 服务器提交请求。HTTP 的请求一般用 GET

或 POST 命令。

③ 应答　Web 浏览器提交请求后,通过 HTTP 协议传送给 Web 服务器。Web 服务器接到后,进行事务处理,处理结果又通过 HTTP 传回给 Web 浏览器,从而在 Web 浏览器上显示出所请求的页面。

④ 关闭连接　应答结束后,Web 浏览器与 Web 服务器必须断开,以保证其他 Web 浏览器能够与 Web 服务器建立连接。

了解 HTTP 功能最好的方法就是研究 HTTP 的报文结果。HTTP 有两类报文:

① 请求报文　从客户向服务器发送请求报文,如图 4-22(a)所示。

② 响应报文　从服务器向客户发送回答报文,如图 4-22(b)所示。

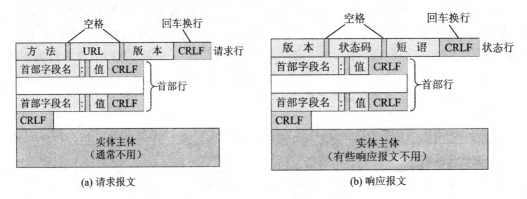

(a) 请求报文　　　　　　　　(b) 响应报文

图 4-22　HTTP 的报文结构

由于 HTTP 是面向正文的(text-oriented),因此在报文中的每一个字段都是一些 ASCII 码串,因而每个字段的长度都是不确定的。

报文由 3 个部分组成,即开始行、首部行和实体主体。

开始行的作用是区分请求报文和响应报文。在请求报文中,开始行就是请求行,而在响应报文中的开始行叫做状态行。在开始行的 3 个字段之间都用空格分隔开,最后的 CR 和 LF 分别代表"回车"和"换行"。请求报文的第一行"请求行"只有 3 个内容,即方法、请求资源的 URL,以及 HTTP 的版本。

首部行用来说明浏览器、服务器或报文主体的一些信息。首部可以有好几行,也可以不使用。每一个首部行中有首部字段名和它的值,每一行在结束的地方有"回车"和"换行"。整个首部行结束时还有一空行将首部行和后面的实体主体分开。

实体主体是请求或响应的有效承载信息。在请求报文中一般不用实体主体字段,在响应报文中也可能没有这个字段。

4.3.3 FTP 协议

文件传输协议 FTP 是 TCP/IP 提供的标准机制,用来从一个主机把文件复制到另一个主机。从一台计算机向另一台计算机传送文件是在联网或互联网环境中最常见的任务。

FTP 与其他客户-服务器应用程序的不同就是它在主机之间使用两条连接。一条连接用于数据传送,而另一条则用于传送控制信息(命令和响应)。把命令和数据的传送分开使得 FTP 的效率更高。控制连接使用非常简单的通信规则,需要传送的只是一次一行命令或一行响应。另一方面,数据传送需要更加复杂的规则,因为要传送的数据类型比较多。

FTP 使用两个熟知端口:端口 21 用于控制连接,而端口 20 用于数据连接。

图 4-23 给出了 FTP 的基本模型。客户有 3 个构件:用户接口、客户控制进程和客户数据传送进程。服务器有两个构件:服务器控制进程和服务器数据传送进程。控制连接是在控制进程之间进行的,数据连接是在数据传送进程之间进行的。

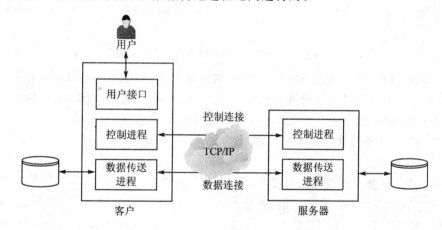

图 4-23 FTP 的基本模型

在整个 FTP 会话中,控制连接始终是处于连接状态;数据连接则是在每一次文件传送时,先打开,然后关闭。每当涉及传送文件的命令被使用时,数据连接就被打开;而当数据传送完毕时;连接就关闭。换言之,当用户开始 FTP 会话时,控制连接就打开。在控制连接处于打开状态时,若传送多个文件,则数据连接可以打开和关闭多次。

FTP 一般都是交互式地工作。图 4-24 给出了使用 FTP 时用户机器上显示出的信息。

4.3.4 SMTP 与 POP3 协议

1. SMTP 协议

SMTP(Simple Mail Transfer Protocol)称为简单邮件传输协议,目标是向用户提供高效、可靠的邮件传输。SMTP 的一个重要特点是它能够在传送中接力传送邮件,即邮件可以通过

```
[01] ftp nic.ddn.mil
[02] connected to nic.ddn.mil
[03] 220 nic FTP server (Sunos 4.1)ready.
[04] Name: anonymous
[05] 331 Guest login ok, send ident as password.
[06] Password: abc@xyz.math.yale.edu
[07] 230 Guest login ok, access restrictions apply.
[08] ftp> cd rfc
[09] 250 CWD command successful.
[10] ftp> get rfc1261.txt nicinfo
[11] 200 PORT command successful.
[12] 150 ASCII data connection for rfc1261.txt
     (128.36.12.27,1401) (4318 bytes).
[13] 226 ASCII Transfer complete.
   local: nicinfo remote: rfc1261.txt
   4488 bytes received in 15 seconds (0.3 Kbytes/s).
[14] ftp> quit
[15] 221 Goodbye.
```

图 4-24 使用 FTP 时用户机器上显示出的信息

不同网络上的主机接力式传送。SMTP 工作在两种情况下：一是电子邮件从客户机传输到服务器；二是从某一个服务器传输到另一个服务器。SMTP 是个请求/响应协议,监听 25 端口,用于接收用户的邮件请求,并与远端邮件服务器建立 SMTP 连接。

SMTP 协议的工作过程可简单归纳如下：

① 建立 TCP 连接；

② 发送 HELO 命令和邮件发送服务器的域名；

③ 发送 MAIL FROM 命令和回信地址；

④ 发送 RCPT TO 命令和收信人；

⑤ 用 DATA 命令发送邮件；

⑥ 发送 QUIT 命令；

⑦ 关闭连接。

2. POP3 协议

POP(Post Office Protocol)即邮局协议,用于电子邮件的接收,POP3 是邮局协议的第三个版本。它使用 TCP 的 110 端口,现在常用的是第 3 版,所以简称为 POP3。POP3 仍采用客户-服务器工作模式。当客户机需要服务时,客户端的软件将与 POP3 服务器建立 TCP 连接,此后要经过 POP3 协议的 3 种工作状态,首先是认证过程,确认客户机提供的用户名和密码；在认证通过后便函转入处理状态,在此状态下用户可收取自己的邮件或删除邮件；在完成响应的操作后,客户机发出 quit 命令,此后便进入更新状态,将做删除标记的邮件从服务器端删除掉。至此,整个 POP 过程完成。

4.3.5　DHCP 协议

随着网络规模的扩大和网络复杂度的提高,网络配置越来越复杂,经常出现计算机位置变化(如便携机或无线网络)和计算机数量超过可分配的 IP 地址的情况。动态主机配置协议 DHCP 就是为满足这些需求而发展起来的。

DHCP 是 Dynamic Host Configuration Protocol(动态主机配置协议)的缩写,由 IETF(Internet 网络工程师任务小组)设计,详尽的协议内容在 RFC 文档 rfc2131 和 rfc1541 里。它的前身是 BOOTP。BOOTP 原本是用于无磁盘主机连接的网络上的,网络主机使用 BOOT ROM,而不是磁盘启动并连接上网络,BOOTP 则可以自动地为那些主机设定 TCP/IP 环境。但 BOOTP 有一个缺点:在设定前须事先获得客户端的硬件地址,而且,与 IP 的对应是静态的。换言之,BOOTP 非常缺乏“动态性”,若在有限的 IP 资源环境中,BOOTP 的一对一的对应会造成非常可观的浪费。DHCP 可以说是 BOOTP 的增强版本。

在以下场合通常利用 DHCP 服务器来完成 IP 地址分配:网络规模较大,手工配置需要很大的工作量,并难以对整个网络进行集中管理。网络中主机数目大于该网络支持的 IP 地址数量,无法给每个主机分配一个固定的 IP 地址。大量用户必须通过 DHCP 服务动态获得自己的 IP 地址,而且,对并发用户的数目也有限制。网络中具有固定 IP 地址的主机比较少,大部分主机可以不使用固定的 IP 地址。

与 BOOTP 相比,DHCP 也采用客户-服务器通信模式,由客户端向服务器提出配置申请(包括分配的 IP 地址、子网掩码、默认网关等参数),服务器根据策略返回相应配置信息,两种协议的报文都采用 udp 进行封装,并使用基本相同的报文结构。

BOOTP 运行在相对静态(每台主机都有固定的网络连接)的环境中,管理员为每台主机配置专门的 BOOTP 参数文件,该文件会在相当长的时间内保持不变。

DHCP 从两方面对 BOOTP 进行了扩展:DHCP 可使计算机仅用一个消息就获取它所需要的所有配置信息;DHCP 允许计算机快速、动态地获取 IP 地址,而不是静态为每台主机指定地址。

1. DHCP 的 IP 地址分配

(1) IP 地址分配策略

对于 IP 地址的占用时间,不同主机有不同的需求:对于服务器,可能需要长期使用固定的 IP 地址;对于某些主机,可能需要长期使用某个动态分配的 IP 地址;而某些个人则可能只在需要时分配一个临时的 IP 地址就可以了。

针对这些不同的需求,DHCP 服务器提供了 3 种 IP 地址分配策略:

① 手工分配地址　由管理员为少数特定主机(如 www 服务器等)配置固定的 IP 地址。

② 自动分配地址　为首次连接到网络的某些主机分配固定 IP 地址,该地址将长期由该主机使用。

③ 动态分配地址　以"租借"的方式将某个地址分配给客户端主机,使用期限到后,客户端需要重新申请地址。大多数客户端主机得到的是这种动态分配的地址。

(2) IP 地址分配的优先次序

DHCP 服务器按照如下次序为客户端选择 IP 地址:

① DHCP 服务器的数据库中与客户端 mac 地址静态绑定的 IP 地址。

② 客户端以前曾经使用过的 IP 地址,即客户端发送的 DHCP - request 报文中请求 IP 地址选项(requested IP addr option)的地址。

③ 在 DHCP 地址池中,顺序查找可供分配的 IP 地址,最先找到的 IP 地址。

④ 如果未找到可用的 IP 地址,则依次查询超过租期、发生冲突的 IP 地址。如果找到,则进行分配;否则报告错误。

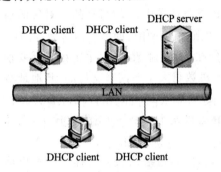

图 4 - 25　DHCP 服务器典型组网应用

2. DHCP 服务器的基本原理

在 DHCP 的典型应用中,一般包含一台 DHCP 服务器和多台客户端(如 PC 和便携机),如图 4 - 25所示。

DHCP 客户端为了获取合法的动态 IP 地址,在不同阶段与服务器之间交互不同的信息,通常存在以下3 种模式。

(1) DHCP 客户端首次登录网络

DHCP 客户端首次登录网络时,主要通过 4 个阶段与 DHCP 服务器建立联系。

① 发现阶段　即 DHCP 客户端寻找 DHCP 服务器的阶段。客户端以广播方式发送DHCP_discover报文,只有 DHCP 服务器才会进行响应。

② 提供阶段　即 DHCP 服务器提供 IP 地址的阶段。DHCP 服务器接收到客户端的DHCP_discover 报文后,从 IP 地址池中挑选一个尚未分配的 IP 地址分配给客户端,向该客户端发送包含出租 IP 地址和其他设置的 DHCP_offer 报文。服务器在发送 DHCP_offer 报文之前,会以广播的方式发送 arp 报文进行地址探测,以保证发送给客户端的 IP 地址的唯一性。

③ 选择阶段　即 DHCP 客户端选择 IP 地址的阶段。如果有多台 DHCP 服务器向该客户端发来 DHCP_offer 报文,客户端只接受第一个收到的 DHCP_offer 报文,然后以广播方式向各 DHCP 服务器回应 DHCP_request 报文,该信息中包含 DHCP 服务器在 DHCP_offer 报文中分配的 IP 地址。

④ 确认阶段　即 DHCP 客户端确认所提供 IP 地址的阶段。客户端收到 DHCP_ack 确认报文后,广播 arp 报文,目的地址是被分配的 IP 地址。如果在规定的时间内没有收到回应,客户端才使用此地址。

除 DHCP 客户端选中的服务器外,其他 DHCP 服务器本次未分配出的 IP 地址,仍可用于其他客户端的 IP 地址申请。

（2）DHCP 客户端再次登录网络

当 DHCP 客户端再次登录网络时，主要通过以下几个步骤与 DHCP 服务器建立联系：

① DHCP 客户端首次正确登录网络后，以后再登录网络时，只需要广播包含上次分配 IP 地址的 DHCP_request 报文即可，不需要再次发送 DHCP_discover 报文。

② DHCP 服务器收到 DHCP_request 报文后，如果客户端申请的地址没有被分配，则返回 DHCP_ack 确认报文，通知该 DHCP 客户端继续使用原来的 IP 地址。

③ 如果此 IP 地址无法再分配给该 DHCP 客户端使用（例如已分配给其他客户端），DHCP服务器将返回 DHCP_nak 报文。客户端收到后，重新发送 DHCP_discover 报文请求新的 IP 地址。

（3）DHCP 客户端延长 IP 地址的租用有效期

DHCP 服务器分配给客户端的动态 IP 地址通常有一定的租借期限，期满后服务器会收回该 IP 地址。如果 DHCP 客户端希望继续使用该地址，需要更新 IP 租约（如延长 IP 地址租约）。

实际使用中，在 DHCP 客户端启动或 IP 地址租约期限达到一半时，DHCP 客户端会自动向 DHCP 服务器发送 DHCP_request 报文，以完成 IP 租约的更新。如果此 IP 地址有效，则 DHCP 服务器回应 DHCP_ack 报文，通知 DHCP 客户端已经获得新 IP 租约。

习题 4

1. 简述 TCP/IP 协议族的构成。
2. 简述 IPv4 与 IPv6 的区别。
3. 阐述子网掩码的作用，举例说明其使用方法。
4. ARP 与 RARP 各使用在什么场合？阐述 ARP 的工作过程。
5. 请给出 ICMP 协议的几种作用。
6. 传输层有哪两种协议？两者在使用上有何区别？
7. 请画图说明 TCP 的"三次握手"协议的工作过程，并做必要的解释。
8. 域名系统有何作用？域名的结构是怎样的？列出几种常见的顶级域名。
9. 试列出几种常见的应用层协议的名称、作用、端口号和工作原理。

第 5 章 网络互联设备

本章学习目标

网络互联设备是计算机网络重要的硬件组成部分,本章将介绍几种最常见的网络互联设备与传输介质。通过本章的学习,读者应掌握以下内容:

- 网络传输介质;
- 网络互联设备的工作原理;
- 网络设备的接口类型;
- 网络设备的连接方式。

5.1 网络传输介质

传输介质是网络中连接收发双方的物理通道,也是通信中实际传送信息的载体。网络中常用的传输介质分为有线传输介质和无线传输介质。有线传输介质主要指双绞线、同轴电缆与光纤,无线传输介质指的是无线电波。

传输介质的特性对网络中数据通信质量的影响很大,这些特性主要是:

- 物理特性 对传输介质物理结构的描述。
- 传输特性 传输介质允许传送信号的信号形式,使用的调制技术、传输容量与传输的频率范围。
- 连通特性 允许点-点或多点的连接。
- 地理范围 传输介质的最大传输范围。
- 抗干扰性 传输介质防止噪声与电磁干扰对传输数据影响的能力。
- 相对价格 器件、安装与维护费用。

5.1.1 双绞线

双绞线电缆分为两类:屏蔽型双绞线 STP(Shielded Twisted Pair)和非屏蔽型双绞线 UTP(Unshielded Twisted Pair)。把相互绝缘的铜导线并排放在一起,然后用规则的方法绞合(twist)起来就构成了双绞线(非屏蔽型双绞线)。绞合可减少对相邻导线的电磁干扰。为了进一步提高双绞线的抗电磁干扰的能力,可以在双绞线的外面再加上一个用金属丝编织成的屏蔽层。这就是屏蔽双绞线,简称为 STP。图 5-1 是非屏蔽双绞线与屏蔽双绞线的示意图。

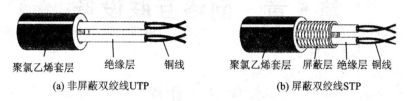

聚氯乙烯套层　绝缘层　铜线　　　　　聚氯乙烯套层　屏蔽层 绝缘层 铜线

(a) 非屏蔽双绞线UTP　　　　　　　　　(b) 屏蔽双绞线STP

图 5-1　非屏蔽双绞线与屏蔽双绞线的示意图

非屏蔽双绞线广泛用于星形拓扑的以太网。采用新的电缆规范,如 10Base-T 和 100Base-T,可使非屏蔽型双绞线达到 10~100 Mbps 的传输速率。

局域网中 UTP 分为 3 类、4 类、5 类和超 5 类四种。下面以 AMP 公司的 UTP 为例说明。

3 类:传输速率为 10 Mbps,皮薄。

4 类:网络中用得不多。

5 类(超 5 类):这是目前主要使用的双绞线种类,传输速率为 100 Mbps(155 Mbps),皮厚,匝密,在传统以太网内,每段双绞线最大长度为 100 m,可续接 4 个中继器,使网络传输距离达到 500 m。

STP 的内部与 UTP 相同,外包铝箔,Apple,IBM 公司网络产品要求使用 STP 双绞线,速率高,价格贵。

双绞线的抗干扰性取决于线缆中相邻线对的扭取长度及适当的屏蔽,相对于其他传输介质抗干扰能力较差,但其价格低于其他传输介质,并且安装与维护方便。

5.1.2　同轴电缆

同轴电缆由一根空心的外圆柱导体和一根位于中心轴线的内导线组成,两导体间用绝缘材料隔开,如图 5-2 所示。同轴电缆既可以用于基带传输,又可以用于宽带传输。用于局域网的同轴电缆都是基带同轴电缆。

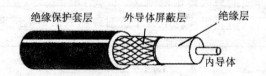

绝缘保护套层　　　外导体屏蔽层　　　绝缘层

内导体

图 5-2　同轴电缆示意图

局域网常用的同轴电缆有以下几类:

① RG-8 和 RG-11,阻抗 50 Ω,常用于以太网中,即平时所谓的粗缆。将网卡连接到粗缆中时,需要收发器。

② RG－58,阻抗 50 Ω,用于以太网中,称之为细缆。细缆网不需要收发器,只需要一个 T 型插头,但物理范围和所连站点数都比粗缆要少。

③ RG－62,阻抗 93 Ω,用于 ARCnet。其型号是电视天线所用的同轴电缆。

粗缆传输距离长,性能高,但成本高,适用于大型局域网干线,连接时两端需要终接器。

- 粗缆与外部收发器相连。
- 收发器与网卡之间用 AUI 电缆相连。
- 网卡必须有 AUI 接口。每段 500 m,有 100 个用户,4 个中继器可达 2 500 m;收发器之间最小为 2.5 m,收发器电缆最大为 50 m。

细缆的传输距离短,相对便宜,用 T 型头,与 BNC 网卡相连,两端连接 50 Ω 的终端电阻。每段为 185 m,4 个中继器,最大为 925 m,每段有 30 个用户,T 型头之间最小为 0.5 m。

同轴电缆的抗干扰能力较强,造价介于双绞线与光缆之间。但随着光纤布线的进一步普及,同轴电缆的使用越来越少。

5.1.3 光 纤

应用光学原理,由光发送机产生光束,将电信号变为光信号,再把光信号导入光纤,在另一端由光接收机接收光纤上传来的光信号,并把它变为电信号,经解码后再处理,如图 5－3 所示。光纤分为单模光纤和多模光纤,如图 5－4 所示。

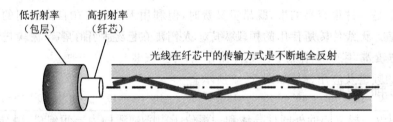

图 5－3 光纤传输原理

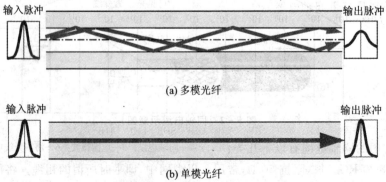

图 5－4 多模光纤与单模光纤

- 单模光纤(single mode)：由激光做光源，仅有一条光通路，传输距离长，为 2 km 以上。当光纤的直径减小到只有一个波长时，光纤就像一根波导数据线，一直向前传播，而不会产生反射。
- 多模光纤(multi mode)：由二极管发光作为光源，信号传输速率低，只能进行 2 km 以内的短距离传输。只要射到纤芯表面的光线的入射角大于某一临界角度，就可产生全反射。因此，有许多条不同角度入射的光线在一条光纤中传输。

对于其他传输介质而言，光纤具有无可比拟的优势。光导纤维传输损耗小、频带宽、信号畸变小，传输距离几乎不受限制，且具有极强的抗电磁干扰能力，绝缘保密性好，因此，被认为是今后网络传输介质的发展方向。

光纤的缺点是价格比较贵。并不是光纤本身贵(目前光纤的价格已接近同轴电缆的价格)，而是所使用的网卡等通信部件比较昂贵。第二个缺点是管理比较复杂。采用光纤的典型局域网是光纤分布数据接口 FDDI。FDDI 是目前成熟的局域网技术中传输速率最高的一种。这种传输速率高达 100 Mbps 的网络技术，所依据的标准是 ANSIX3T9.5。该网络具有定时令牌协议的特性，支持多种拓扑结构，传输媒体为光纤。

5.1.4　无线电波

无线电波被称为"非导向传输媒体"。当通信线路要通过高山或岛屿，或通信距离很远时，铺设电缆就不是一件很容易的事，既昂贵又费时，但利用无线电波在自由空间的传播，就可较快地实现通信。无线传输所使用的频段很广。人们现在已经利用了多个波段进行通信，短波和无线电微波是常用的两种无线电波。

电磁波的频谱及应用领域如图 5-5 所示。

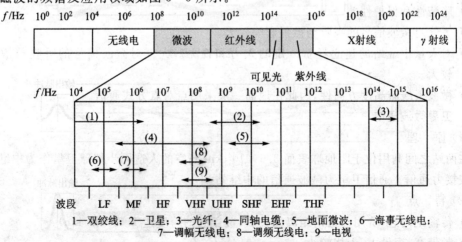

图 5-5　电磁波的频谱及应用领域

1．短波传输

短波波长为 10～100 m,工作频率为 3～30 MHz。

传播方式:天波和地波,短波通信主要以天波方式进行传播。缺点:电波通过发送端出发,经由多条路径到达接收端,路径长短不一,将导致电波在不同时刻到达接收端,产生不等的延时,从而出现多径效应。

多径效应使信号产生失真。

短波通信的特点如下。

优点:通信距离远,无需太大的发射功率,且设备成本适中。

缺点:通信方式易受季节、昼夜和太阳活动的影响,通信质量不够稳定,容易受到外部干扰。

2．微波传输

在电磁波中,频率为 100 MHz～10 GHz 的信号是微波信号。它们对应的信号波长为 3 m～3 cm。微波在空间为直线传播,一般 50 km。为实现远距离通信,必须在两个终端之间建立若干个中继站。中继站把前一站送来的信号放大后,发送到下一站,称为"接力"。

微波信号的传输特点如下。

(1) 优 点

● 通信信道的容量大。(频率高,频段范围宽。)

● 通信质量高。(干扰信号的频谱成分比微波频率低。)

● 投资少,见效快。(与相同容量和长度的电缆通信比较。)只进行视距传播。

(2) 缺 点

● 相邻站之间必须直视,不能有障碍物。

● 隐蔽性和保护性差。

● 大气对微波信号的吸收与散射影响较大。

● 对大量中继站的建立耗费一定的人力和物力。大气对微波信号的吸收与散射影响较大。

● 微波天线有高度方向性,因此在地面一般采用点对点方式通信。

3．卫星微波通信

(1) 原 理

在两站之间利用位于距地球表面 3.6×10^4 km 高空的人造同步地球卫星作为中继器的一种微波接力通信。通信卫星为微波通信的中继站。

(2) 特 点

● 传输距离远,费用与通信距离无关。(覆盖区的跨度达 1.8×10^4 km)

● 频带宽、容量大,干扰较小。

● 较大的传输延迟(250～300 ms)。

● 适合广播通信,保密性较差。

● 造价高。

4. 红外线传输

红外通信是利用红外线进行的通信,已广泛应用于短距离的通信。电视机和录像机的遥控器就是应用红外线通信的例子。它要求有一定的方向性,即发送器直接指向接收器。红外线的发送与接收装置硬件相对便宜且容易制造,也不需要天线。红外线亦可用于数据通信与计算机网络。许多便携机内部都已装备有红外通信的硬件,利用它就可与也装备有红外通信硬件的其他 PC 或工作站通信,而不必有物理的导线连接。在一个房间中配置一套相对不聚焦的红外发射和接收器,就可构成无限局域网。

红外线不能穿透物体,包括墙壁,但这对防止窃听和相互间的串扰有好处。此外,红外传输也不需要申请频率分配,即不需授权即可使用。

5.2 物理层互联设备

5.2.1 中继器

中继器(RP Repeater)又称为转发器,是连接网络线路的一种装置,常用于两个网络节点之间物理信号的双向转发工作,图 5-6 所示为中继器的一种。中继器是最简单的网络互联设备,主要完成物理层的功能,负责在两个节点的物理层上按位传递信息,完成信号的复制、调整和放大功能,以此来延长网络的长度。

由于存在损耗,在线路上传输的信号功率会逐渐衰减,衰减到一定程度时将造成信号失真,因此会导致接收错误。中继器就是为解决这一问题而设计的,它完成物理线路的连接,对衰减的信号进行放大,保持与原数据相同。

图 5-6 RJ-45 端口中继器

一般情况下,中继器的两端连接的是相同的媒体,但有的中继器也可以完成不同媒体的转接工作。从理论上讲中继器的使用是无限的,网络也因此可以无限延长。事实上这是不可能的,因为网络标准中都对信号的延迟范围做了具体的规定,中继器只能在此规定范围内进行有效的工作,否则会引起网络故障。以太网络标准中就约定了一个以太网上只允许出现 5 个网段,最多使用 4 个中继器,而且其中只有 3 个网段可以挂接计算机终端。

5.2.2 集线器

集线器也称为集散器或 HUB,可以说是一种特殊的多端口中继器,作为网络传输介质间

図5-7　集線器

的中央节点,它克服了介质单一通道的缺陷。图5-7为集线器的图示。以集线器为中心的优点是:当网络系统中某条线路或某节点出现故障时,不会影响网络上其他节点的正常工作。

集线器可分为无源(passive)集线器、有源(active)集线器和智能(intelligent)集线器。

无源集线器只负责把多段介质连接在一起,不对信号做任何处理,每种介质段只允许扩展到最大有效距离的一半。

有源集线器类似于无源集线器,但它具有对传输信号进行再生和放大,从而扩展介质长度的功能。

智能集线器除具有有源集线器的功能外,还可将网络的部分功能集成到集线器中,如网络管理、选择网络传输线路等。

集线器的端口类型有两种:一类用于连接 RJ-45 端口,这类端口可以是 8,12,16,24 个等。另一类用于连接粗缆的 AUI 端口等向上连接的端口。

集线器的特点如下:

① 表面上看,使用集线器的局域网在物理上是一个星形网,但由于集线器使用电子器件模拟实际电缆线的工作,因此整个系统仍然像一个传统的以太网那样运行。也就是说,使用集线器的以太网在逻辑上仍是一个总线网,各工作站使用的还是 CSMA/CD 协议,并共享逻辑上的总线。网络中的各个计算机必须竞争对传输媒体的控制,并且在一个特定时间至多只有一台计算机能够发送数据。因此,这种 10Base-T 以太网又称为星形总线(star-shaper bus)。用集线器连接多个网段,可形成一个大的局域网,如图5-8所示。

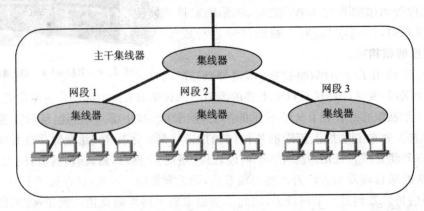

图5-8　集线器将多个网段连接形成一个局域网

② 一个集线器有许多端口,每个端口通过 RJ - 45 插头用两对双绞线与一个工作站上的网卡相连。因此,一个集线器很像一个多端口的转发器。

③ 集线器和转发器都工作在物理层,它的每个端口都具有发送和接收数据的功能。当集线器的某个端口接收到工作站发来的比特时,简单地将该比特向所有其他端口转发。若两个端口同时有信号输入(即发生碰撞),那么所有的端口都收不到正确的帧。

④ 集线器采用了专门的芯片,进行自适应串音回波抵消。这样就可使端口转发出去的较强信号不至于对该端口接收到的较弱信号产生干扰。每个比特在转发之前还要进行再生整形并重新定时。

集线器本身必须非常可靠。现在堆叠式集线器由 4~8 个集线器一个叠在另一个上面构成。集线器一般都有少量的容错能力和网络管理功能。模块化的机箱式智能集线器有很高的可靠性,它全部的网络功能都以模块方式实现。各模块可进行热插拔,可在不断电的情况下更换或增加新模块。集线器上的指示灯还可显示网络上的故障情况,给网络的管理带来了很大的方便。

5.3 数据链路层互联设备

5.3.1 网 桥

网桥(bridge)又称桥接器,是一个局域网与另一个局域网之间建立连接的桥梁,如图 5 - 9 所示。从协议层次看,网桥工作在数据链路层,它根据 MAC 帧的目的地址对收到的数据帧进行转发。网桥具有过滤帧的功能。当网桥收到一个帧时,并不是向所有的端口转发此帧,而是先检查此帧的目的 MAC 地址,然后确定将该帧转发到哪一个端口。

图 5-9 网 桥

1. 网桥的结构

图 5 - 10 给出了一个网桥的内部结构要点。最简单的网桥有两个端口,复杂的网桥可以有更多的端口。网桥的每个端口与一个网段相连。图 5 - 10 所示的网桥,其端口 1 与网段 A 相连,端口 2 连接到网段 B。网桥从端口接收到网段上传送的各种帧。每当收到一个帧时,就先暂存在其缓存中。若此帧未出现差错且欲发往的目的站 MAC 地址属于另一个网段,则通过查找转发表,将收到的帧通过对应的端口转发出去。若该帧出现差错,则丢弃此帧。因此,仅在同一个网段中通信的帧,不会被网桥转发到另一个网段去,因此不会加重整个网络的负担。例如,设网段 A 上的 3 个站 H1,H2,H3 的 MAC 地址分别为 MAC1,MAC2,MAC3;网段 B 上的 3 个站 H4,H5,H6 的 MAC 地址分别为 MAC4,MAC5,MAC6。若网桥的端口 1 收到站 H1 发给站 H5 的帧,则

在查找转发表后,把这个帧送到端口 2 转发给网段 B,然后再传给站 H5。若端口 1 收到站 H1 发给站 H2 的帧,由于目的站对应的端口就是这个帧进入网桥的端口 1,表明不需要经过网桥转发,于是丢弃这个帧。

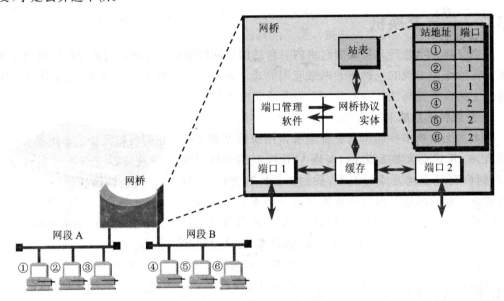

图 5-10 网桥的内部结构

网桥是通过内部的端口管理软件和网桥协议实体来完成上述操作的。转发表也叫做转发数据库或路由目录。

2. 网桥的特点

使用网桥可以带来以下好处:

① 过滤通信量。网桥工作在链路层的 MAC 子层,可以使局域网各网段成为隔离的碰撞域,从而减轻了扩展的局域网上的负荷,同时也减小了在扩展的局域网上的帧的平均时延。工作在物理层的转发器就没有网桥的这种过滤通信量的功能。

② 扩大了物理范围,因而增加了整个局域网上工作站的最大数目。

③ 提高了可靠性。当网络出现故障时,一般只影响个别网段。

④ 可互联不同物理层、不同 MAC 子层和不同速率(如 10 Mbps 和 100 Mbps 以太网)的局域网。

当然,网桥也有一些缺点,例如:

① 由于网桥对接收的帧要先存储和查找转发表,然后才转发,这就增加了时延。

② 在 MAC 子层并没有流量控制功能。当网络上的负荷很重时,网桥中的缓存可能不够而发生溢出,以致产生帧丢失现象。

③ 使用网桥扩展的局域网称为一个广播域。网桥只适合于用户数不太多(不超过几百个)和通信量不太大的局域网,否则有时还会因传播过多的广播信息而产生网络拥塞。这就是所谓的广播风暴。

5.3.2　二层交换机

网络交换技术是近几年发展起来的一种结构化的网络解决方案。它是计算机网络发展到高速传输阶段而出现的一种新的网络应用形式。它不是一项新的网络技术,而是现有网络技术通过交换设备提高性能。图 5-11 为普通交换机的图示。

1. 交换机的功能

以太网交换技术(switch)是在多端口网桥的基础上于 20 世纪 90 年代初发展起来的,实现 OSI 模型的下两层协议,与网桥有着千丝万缕的关系,甚至被业界人士称为"许多联系在一起的网桥",因此现在的交换式技术并不是什么新的标准,而是现有技术的新应用而已,是一种改进了的局域网桥。与传统的网桥相比,它能提供更多的端口(4~

图 5-11　普通交换机

88)、更好的性能、更强的管理功能以及更便宜的价格。现在,局域网交换机也实现了 OSI 参考模型的第三层协议,将二层转发与三层路由选择功能相结合,形成了三层交换机,已成为现代局域网的核心设备。相对于三层交换机,通常把二层交换机又称为传统交换机。在本书中,若不特指三层交换机,则交换机指的是传统的二层交换机。

以太网交换机与电话交换机相似,除了提供存储转发(store - and - forward)方式外,还提供了其他的桥接技术,如直通方式(cut through)。

直通方式的以太网络交换机可以理解为在各端口间是纵横交叉的线路矩阵电话交换机。它在输入端口检测到一个数据包时,检查该包的包头,获取包的目的地址,启动内部的动态查找表转换成相应的输出端口,在输入与输出交叉处接通,把数据包直通到相应的端口,实现交换功能。由于不需要存储,延迟(latency)非常小、交换非常快,这是它的优点。它的缺点是:因为数据包的内容并没有被交换机保存下来,所以无法检查所传送的数据包是否有误,不能提供错误检测能力;由于没有缓存,不能将具有不同速率的输入/输出端口直接接通,而且当网络交换机的端口增加时,交换矩阵变得越来越复杂,实现起来相当困难。存储转发方式是计算机网络领域应用最为广泛的方式,它把输入端口的数据包先存储起来,然后进行 CRC(奇偶校验)检查,在对错误包处理后才取出数据包的目的地址,通过查找表转换成输出端口送出包。正因如此,存储转发方式在数据处理时延时大,这是它的不足,但是它可以对进入交换机的数据包进行错误检测,尤其重要的是,它可以支持不同速度的输入/输出端口间的转换,保持高速端口与低速端口间的协同工作。

2. 交换机的分类

由于交换机市场发展迅速,产品繁多,而且功能上越来越强,所以也可按企业级、部门级和工作组级的交换到桌面进行分类。

图5-12 千兆位交换机

交换机的端口类型有以下几种,一类是用于连接 RJ-45 端口,这类交换机可以是 8,12,16,24 个端口等,另一类是用于连接粗缆的 AUI 端口,还有光纤接口等,后两种都是向上连接的端口。交换机有 10 Mbps,10/100 Mbps 自适应、100 Mbps 快速、千兆位交换机等多种,根据组网的需要,不同档次的交换机被应用到网络中的不同位置。图5-12 为千兆位交换机的图示。

3. 集线器与二层交换机的区别

① 从 OSI 体系结构来看,集线器属于 OSI 的第一层物理层设备,而交换机属于 OSI 的第二层数据链路层设备。也就意味着集线器只是对数据的传输起到同步、放大和整形的作用,对数据传输中的短帧、碎片等无法进行有效的处理,不能保证数据传输的完整性和正确性;而交换机不但可以对数据的传输做到同步、放大和整形,而且可以过滤短帧、碎片等。

② 从工作方式来看,集线器是一种广播模式,也就是说,集线器的某个端口在工作时,其他所有端口都能够收听到信息,容易产生广播风暴,当网络较大时,网络性能会受到很大影响,那么用什么方法避免这种现象呢? 交换机就能够起到这种作用! 当交换机工作时,只有发出请求的端口和目的端口之间相互响应,而不影响其他端口,因此交换机能够隔离冲突域,但要注意的是,作为二层交换机,它不能抑制广播风暴的产生。

③ 从带宽来看,集线器不管有多少个端口,所有端口都是共享一条带宽,在同一时刻只能有两个端口传送数据,其他端口只能等待,同时集线器只能工作在半双工模式下;而对于交换机而言,每个端口都有一条独占的带宽,当两个端口工作时并不影响其他端口的工作,同时交换机不但可以工作在半双工模式下,而且可以工作在全双工模式下。

5.4 网络层互联设备

5.4.1 路由器

1. 路由器的功能

路由器在互联网中起着重要的作用,它连接两个或多个物理网络,负责将从一个网络收来的 IP 数据报,经过路由选择转发到一个合适的网络中。一般说来,异种网络互联与多个子网互联都应采用路由器来完成,如图 5-13 所示。

图 5-13　路由器连接两个局域网成为互联网络

　　路由器(router)是网络层互联设备,可将多个不同的逻辑网(即子网)相互联接从而形成一个互联网络。网桥或传统交换机互联起来的网络,则是一个单个的逻辑网。

　　路由器具有判断网络地址和选择路径的功能,它能在多网络互联环境中建立灵活的连接,可用完全不同的数据分组和介质访问方法连接各种子网。路由器只接收源端或其他路由器的信息,属于网络层的一种互联设备。它不关心各子网使用的硬件设备,但要求运行与网络层协议一致的软件。

　　路由器可以连接不同的传输介质,如同轴电缆、双绞线、光缆、微波和卫星等;可以连接不同的介质访问控制方法,如 CSMA/CD(以太网)和 Token Ring(令牌环网);可以连接不同的拓扑结构,如总线型、环形、星形、树形等;可以连接不同的编址方法,如以太网、令牌环网采用6 字节地址,而 ATM 地址用 20 字节表示;可以连接不同的分组长度,如以太网帧的最大长度是 1 518 字节,令牌环网上的最大长度是 8 198 字节,而 ATM 的一个信元只有 53 字节;可以连接不同的协议规范;可以连接不同的协议功能定义和不同的协议格式等;可以连接不同的服务类型,如面向连接服务和无连接服务,ATM 是面向连接,以太网是无连接。

2. 路由器的分类

　　① 从能力上分,路由器可分为高端路由器和中低端路由器。各厂家的划分标准并不完全一致。通常将背板交换能力大于40 Gbps的路由器称为高端路由器,背板交换能力在40 Gbps以下的路由器称为中低端路由器。以市场占有率最大的 CISCO 公司为例,12000 系列为高端路由器,7 500 以下系列路由器为中低端路由器。

　　② 从结构上分,路由器可分为模块化结构与非模块化结构。通常中高端路由器为模块化结构,低端路由器为非模块化结构。

　　③ 从网络位置划分,路由器可分为核心路由器与接入路由器。核心路由器位于网络中心,通常使用高端路由器,要求快速的包交换能力与高速的网络接口,通常是模块化结构。接入路由器位于网络边缘,通常使用中低端路由器,要求相对低速的端口以及较强的接入控制能力。

　　④ 从功能上分,路由器可分为通用路由器与专用路由器。一般所说的路由器为通用路由器。专用路由器,通常为实现某种特定功能而对路由器接口、硬件等作专门优化。例如接入服务器用作接入拨号用户,增强 PSTN 接口以及信令能力;VPN 路由器增强隧道处理能力以及

硬件加密;宽带接入路由器,强调宽带接口数量及种类。

⑤ 从性能上分,路由器可分为线速路由器以及非线速路由器。通常线速路由器是高端路由器,能以媒体速率转发数据包;中低端路由器是非线速路由器。但是一些新的宽带接入路由器也有线速转发能力。

5.4.2 三层交换机

三层交换机就是具有部分路由器功能的交换机,三层交换机的最重要目的是加快大型局域网内部的数据交换,所具有的路由功能也是为这目的服务的,能够做到一次路由,多次转发。对于数据包转发等规律性的过程,由硬件高速实现;而路由信息更新、路由表维护、路由计算、路由确定等功能,由软件实现。

出于安全和管理方便的考虑,主要是为了减小广播风暴的危害,必须把大型局域网按功能或地域等因素划成一个个小的局域网;而不同局域网之间通信,都要经过路由器来完成转发。随着网间互访的不断增加,单纯使用路由器来实现网间访问,不但由于端口数量有限,而且路由速度较慢,从而限制了网络的规模和访问速度。基于这种情况,三层交换机便应运而生,三层交换机是为 IP 设计的,接口类型简单,拥有很强二层包处理能力,非常适用于大型局域网内的数据路由与交换,它既可以工作在协议第三层替代或部分完成传统路由器的功能,同时又具有几乎第二层交换的速度,且价格相对便宜些。

在大型网络中,一般会将三层交换机用在网络的核心层,用三层交换机上的千兆端口或百兆端口连接不同的子网。三层交换机出现最重要的目的是加快大型局域网内部的数据交换,所具备的路由功能也多是围绕这一目的而展开的,所以它的路由功能没有同一档次的专业路由器强,在安全、协议支持等方面还有许多欠缺,并不能完全取代路由器工作。

在实际应用过程中,典型的做法是:处于同一个局域网中的各个子网的互联,用三层交换机来代替路由器;而只有局域网与公网互联之间要实现跨地域的网络访问时,才通过专业路由器。

三层交换技术就是二层交换技术＋三层转发技术。传统的交换技术是在 OSI 网络标准模型中的第二层——数据链路层进行操作的,而三层交换技术是在网络模型中的第三层实现了数据包的高速转发。应用第三层交换技术即可实现网络路由的功能,又可以根据不同的网络状况做到最优的网络性能。

三层交换机与传统二层交换机相比有以下优点:

● 高可扩充性。三层交换机在连接多个子网时,子网只是与第三层交换模块建立逻辑连接,不像传统外接路由器那样需要增加端口,从而保护了用户对校园网、城域教育网的投资,并满足学校 3～5 年网络应用快速增长的需要。

● 高性价比。三层交换机具有连接大型网络的能力,功能基本上可以取代某些传统路由器,但是价格却接近二层交换机。现在,一台百兆三层交换机的价格只有几万元,与高端的二层交换机的价格差不多。

● 内置安全机制。三层交换机可以与普通路由器一样,具有访问列表的功能,可以实现不同子网间的单向或双向通信。如果在访问列表中进行设置,可以限制用户访问特定的 IP 地址,从而提高网络的安全。

5.5　无线设备

无线设备主要包括无线网卡、无线访问点 AP(Access Point)、无线桥接设备(bridging)、无线宽带路由器(wireless broadband router)和天线等设备。

1. 无线网卡

无线网卡的作用与有线网卡一样,无线网络内主机通过无线网卡发送和接收无线信号。无线网卡主要包括 NIC 单元、扩频通信机和天线 3 个功能模块。NIC 单元完成数据链路层功能,如建立主机与物理层之间的连接、载波侦听。扩频通信机实现无线电信号的接收与发射,同时负责无线信号的差错判断与处理。3Com 11Mbit/s PCI WLAN 网卡产品外观如图 5 - 14 所示。

2. 无线访问点

无线访问点(AP)负责为其所有关联的无线客户端之间进行数据通信,也负责将无线客户端桥接到有线以太网,是架构无线局域网模式的中心设备。无线访问点还兼有网络管理的功能,可对无线节点实施控制。无线访问点都带有天线,天线有内置和外置的,图 5 - 15 所示是一款外置天线的无线访问点。

3. 无线桥接设备

无线桥接设备用于将分布在不同地方的局域网通过无线桥接设备进行连接,可分为点对点的桥接(将两个局域网互联)和点对多点的桥接(将多个局域网进行互联)两种方式。

图 5 - 14　无线网卡

无线网桥(如图 5 - 16 所示)的应用,使无线局域网不需要租用专线或者自己布线,就可以把网络扩展到以前难以到达的用户那里,应用时只需要把一个网桥接到局域网 A 上,把另一个网桥连接到另一座楼里的局域网 B 上就可以了,另外无线网络也非常适合连接多个建筑物,临时教室和临时网络。如果网络需求或地点发生改变,无线楼到楼网桥可以很方便地重新部署。

4. 无线宽带路由器

无线宽带路由器具有多种功能,它是一个宽带路由器,具有多种宽带接入能力,以让一个局域网的所有用户共用一个宽带账号访问 Internet,它同时也是一个无线访问点,方便用户在小型办公区域、家庭和公众运营网络等场合快速构建高速共享的无线与有线融合网络。

图 5 – 15　无线访问点 AP

图 5 – 16　无线网桥

5．高增益天线

　　无线局域网使用频率较高的 2.4 GHz 或 5 GHz 的微波频段,它所使用的天线与一般收音机、电视机或移动电话所用的天线不同,设计和构造都有自身的特点。天线的功能是将载有源数据的高频电流,藉由天线本身的特性转换成电磁波而发送出去,发送的距离与发射的功率,和天线的增益成正向变化。天线的增益用分贝来表示,分贝愈高,所能发送的距离也就愈远。天线有指向性天性与全向性天线两种。前者在某一指向上的发送信号强度,远远大于其他方向,适合于长距离使用;而后者的发送强度,则在各个方向上相同,适合于区域性的应用。天线外观如图 5 – 17 所示。

图 5 – 17　天　线

5.6　网络设备的连接

　　网络设备的连接看似简单,好像都是直接用网线插入网络接口中。其实这只是表面现象,在一些小型、非智能网络中,这样是可以一次成功的;但是对于中型以上,特别是网络结构比较复杂的网络,必须遵循一定的原则,否则可能造成网络通信不畅,甚至无法通信。正确的连接是保证网络设备运转高效的前提。

5.6.1　网络设备的总体连接方法

目前在局域网中最主要的网络设备是交换机、路由器,这两种主要网络设备的连接又是有相应规则的。通过前面的学习,可以知道交换机有二层交换机与三层交换机,三层交换机主要用来连接整个网络的不同子网,一般处于网络的核心位置;而二层交换机一般处于网络的末端,用于桌面设备或组用户的接入。路由器一般处于网络的边缘,经防火墙与网络的核心交换机连接在一起,通常的连接顺序是核心交换机—防火墙—路由器,如图 5 - 18 所示。路由器与防火墙可以互换位置。

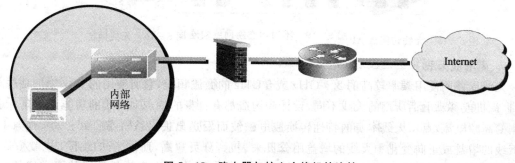

图 5 - 18　路由器与核心交换机的连接

在如图 5 - 18 所示的方案中,内部网络核心交换机,与网络防火墙的内部网络专用端口连接;防火墙的外部网络专用端口,与边界路由器的局域网(LAN)端口连接;最终通过路由器的广域网端口,与其他网络(包括外部专用网和广域网,如互联网等)连接。在这样一种网络中,防火墙通常还有一个专门用于连接内部网络中公共部分的以太网端口,用于为 Web 服务器、E-mail 服务器和 FTP 服务器等这种为公共用户提供服务的服务器,提供特殊安全防护策略,形成一个 DMZ(非军事化区域)。

5.6.2　网络连接规则

因为网络技术的多样性,导致了网络设备的连接也需要遵守一定的连接规则,否则,轻则可能严重影响设备性能的正常发挥;重则可能导致整个网络不能正常连接。

1. 不对称交换网络的连接规则

不对称交换网络是指网络中各交换机的端口速率不完全一样。在这种环境中,交换机的连接通常是用高速率端口连接下级其他网络连接设备(如交换机、路由器),或连接高性能的服务器和工作站;低速率端口,则用于直接连接普通的工作站,如图 5 - 19 所示。以下各级交换机的端口连接规则也一样。这样一种连接方式,同时解决了主要网络设备之间,以及服务器与设备之间的连接瓶颈,并充分考虑了一些特殊应用。通过增加服务器和特殊应用工作站连接带宽,可有效地防止端口拥塞的问题,提高应用性能。

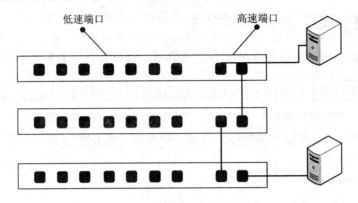

图 5 – 19　不对称交换网络的连接

2. 对称交换网络的连接规则

对称交换网络是指网络中各交换机的所有端口都有相同的传输速率。对称网络的连接策略非常简单,就是选择其中一台交换机作为中心交换机。然后,将其他所有被频繁访问的设备(如其他下级交换机、服务器、打印机等)都连接至该交换机,其他设备则连接至一级交换机上,如图 5 – 20 所示。由于所有端口只需一次交换,即可实现与频繁访问设备的连接,因此大幅度地提高了网络传输效率。需要注意的是,在该拓扑结构中,对中心交换机性能的要求比较高。如果中心交换机的背板带宽和转发速率较差,将会影响整个网络的通信效率。

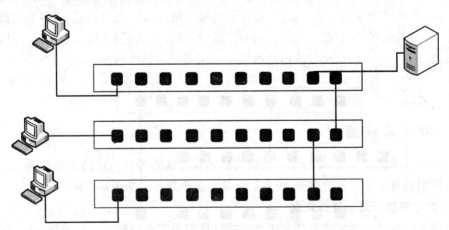

图 5 – 20　对称交换网络的连接

3. 不同性能交换机的连接规则

这里所说的"交换机性能"是指交换机的总体连接性能,而不是指各个具体端口的连接性能,主要体现在交换机带宽及所应用的交换技术上。不同档次的交换机,背板带宽和转发速率存在很大区别。性能最好的企业级或部门级交换机,作为核心交换机位于网络的中心位置,用于实现整个网络中不同子网之间的数据交换;性能稍逊的部门级交换机,作为骨干层交换机,用于实现某一网络子网内数据之间的交换;性能最差的交换机,作为工作组交换机,用于直接连接桌面计算机,为用户直接提供网络接入,如图 5-21 所示。

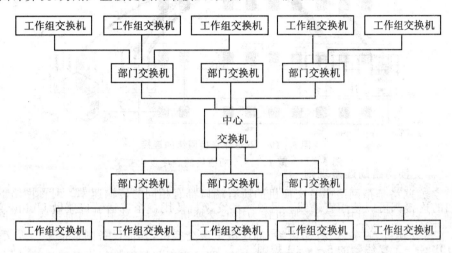

图 5-21　不同性能交换机的连接

4. 交换机级联时的电缆使用规则

级联是上一级交换机采用普通端口,下一级交换机可以采用普通端口,也可以采用专用的级联端口(即 Uplink 端口,也即 MDI-II 端口)的交换机连接方式。当相互级联的两个端口分别为普通端口(即 MDI-X 端口)和 MDI-II 端口时,使用直通线;当相互级联的两个端口均为普通端口(即 MDI-X 端口)时,使用交叉线,如图 5-22 所示。

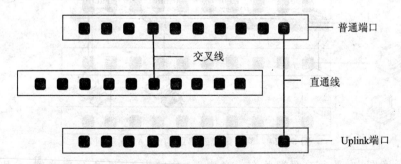

图 5-22　交叉线与直通线的使用

双绞线内 8 条细线的排列顺序遵循一定的规则。有两种国际标准,T568A(橙、白、橙、绿、白、蓝、蓝、白、绿、棕、白、棕)与 T568B(绿、白、绿、橙、白、蓝、蓝、白、橙、棕、白、棕)。双绞线内的 8 根细线在两端 RJ-45 插头内的排列顺序(色谱)一致,都按 T568A 或都按 T568B 排列,叫做直通线。反之,排列顺序不一致,一端为 T568A,另一端为 T568B,符合如图 5-23 所示的规则,叫做交叉线。

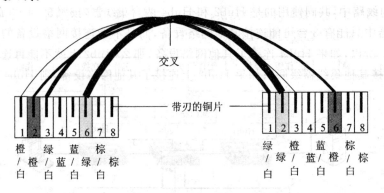

图 5-23　第 1,2,3,6 插槽线的顺序发生交叉

一些交换机的每个端口都为自适应端口,可以自行判断相对端口的属性,因此,任意两个端口之间的连接都可以使用直通线。另外一些交换机使用一个普通端口兼做 Uplink 端口,并利用一个开关(MDI/MDI-X 转换开关)在两种类型之间进行切换。

5. 10Base-T 集线器的 5-4-3 规则

现在新购买网络设备时一般不会再选用 10Base-T 的集线器,但早期创办的小型企业,可能将这种设备用于网络边缘。10Base-T 集线器的使用遵循 5-4-3 规则。所谓 5-4-3 规则,是指在 10 Mbps 以太网中,一个网段中最远端不得超过 5 条连接电缆、4 台集线器,且 5 条电缆中只有 3 条可连接其他网络设备(如工作站用户和服务器等)。图 5-24 就是一个单一集线器串联级联示意图。

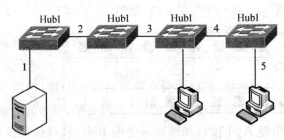

图 5-24　单一集线器串联的 5-4-3 规则

在这个示意图中,最远的两端共有 5 条电缆,分别为 1~5;4 台集线器,分别为 Hub1~Hub4,而直接连接工作站或服务器的只有 Hub1,Hub3 及 Hub4 三台集线器,Hub2 专门用来延长距离,不能连接其他网络设备(但可以连接其他集线器来级联扩展),当然也可以使用其他集线器来延长距离。

图 5-24 所示是一个单一集线器串联情形,如果一个集线器同时级联多个网段,同样需遵循

5-4-3原则。在图5-25中,无论从最左端还是从最右端开始算起,最远两端所跨接网线条数能达到极限5条的只有4种可能,分别是1-2-4-7,1-2-4-8,3-2-4-7或3-2-4-8。在这4种可能的线路中,共同使用的是 Hub2 和 Hub4 两台集线器,按照5-4-3原则,整个网段的4台集线器中只能有3台可能连接其他网络设备,而且不能连接网络设备的集线器一定是中间的两台。所以,如果 Hub4 连接了其他网络设备,那么 Hub2 上就不能再连接其他网络设备了(但可连接其他集线器级联);如果 Hub2 上连接了其他网络设备,则 Hub4 上就不能再连接其他网络设备了。

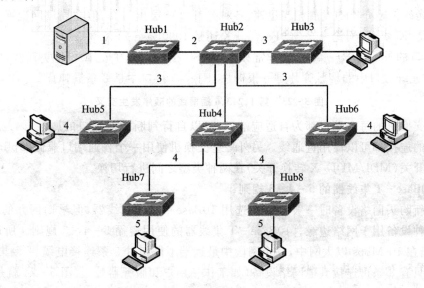

图 5-25　多集线器级联的 5-4-3 规则

5.6.3　网络设备的主要接口

1. 交换机主要接口

交换机用来进行局域网连接,所以它只有局域网(LAN)接口,没有路由器那样的广域网接口。由于现在的局域网主要是双绞线或光纤以太网类型,原来的同轴电缆以太网已非常少见,所以原来的粗同轴电缆 AUI 接口和细同轴电缆 BMC 接口在交换机中已基本不见了,取而代之的是 RJ-45 双绞线接口或 SC 光纤接口两种。另外,对于网管型交换机还有一个用于本地配置的 Console(控制台)接口。

① 双绞线 RJ-45 接口。双绞线 RJ-45 接口是最常见的网络接口类型,如图5-26所示,它专门用于连接双绞线这种铜缆传输介质,该接口最早在 10Base-T 以太网时代就开始使用,直到今天的 100Base-TX 快速以太网和 1000Base-TX 千兆以太网仍在继续广泛使用。但是支持不同以太网标准的 RJ-45 接口所使用的双绞线类型有些不同,如最初 10Base-T 使

用三类线,而目前主流的百兆快速以太网,则需要采用五类或超五类双绞线;1000Base-TX千兆以太网,需要采用超五类或六类双绞线。

② SC光纤接口。光纤传输介质在100Base时代开始采用,但在当时的百兆速率下,与采用传统双绞线介质相比的优势并不明显,而价格比双绞线贵许多,所以那时光纤没有得到广泛使用。光纤真正得到应用是从1000Base千兆技术开始的,因为在这种速率下,虽然也有双绞线介质方案,但性能远不如光纤,且光纤在连接距离等方面具有非常明显的优势,非常适合城域网和广域网使用。

目前光纤传输介质的发展相当迅速,各种光纤接口层出不穷,但在局域网交换机中,光纤接口主要是SC类型,无论是在100Base-FX还是1000Base-FX网络中。

SC接口的外观与RJ-45接口非常相似,但SC接口是长方形,缺口也更浅些,如图5-27所示。SC光纤接口中的接触弹片是一根铜柱,RJ-45接口中是8条铜弹片。

图5-26 双绞线RJ-45接口

图5-27 SC光纤接口

③ Console接口。Console接口用来进行本地配置,在交换机中,只有网管型交换机才有。Console接口有多种类型,包括DB-9型、DB-9型串口,也有采用RJ-45接口作为Console接口的,如图5-28所示。

(a) DB-9型

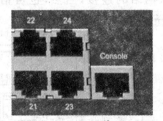

(b) RJ-45型

图5-28 Console接口

无论何种接口,在进行交换机配置时,一般都需要通过专门的Console连线接至计算机(通常提前作终端)的串行口。Console线分为两种,一种是串行线,即两端均为串行接口(两端均为母头或一端为公头,另一端为母头),两端可以分别插入计算机的串口和交换机的 Console 端口;另一种是两端均为 RJ - 45 接头的扁平线。由于扁平线两端均为 RJ - 45 接口,无法直接与计算机串口进行连接,因此,必须同时使用一个 RJ - 45 - to - DN - 9 的适配器。

2. 路由器主要接口

相对于交换机来说,路由器的接口类型丰富得多,既有内部局域网交换机接口,一般是 RJ - 45 双绞线以太网端口,也有用于连接各种广域网的对应类型接口,还有用于本地配置的 Console 接口。

(1) 局域网接口

① RJ - 45 接口。RJ - 45 接口与交换机中的 RJ - 45 接口相同,但在路由器中各种标准下的 RJ - 45 接口会有不同的标注。10Base - T 10Mbps 以太网 RJ - 45 接口在路由器中通常标识为 ETH x(x 为端口序列号,如 ETH1;ETH2 等),如图 5 - 29 所示;100Base - TX 以太网的 RJ - 45 接口通常标识为 10/100bTx。

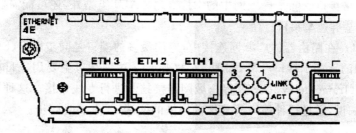

图 5 - 29　RJ - 45 接口

② AUI 端口。AUI 端口是用来与粗同轴电缆连接的接口,它是一种 D 型 15 针接口,这在令牌环网或总线型网络中是比较常见的端口之一。路由器可以通过粗同轴电缆收发器实现与 10Base - 5 网络的连接,但更多的是借助于外接的收发转发器(AUI - to - RJ - 45)实现与 10Base - T 以太网络的连接,当然,也可借助于其他类型的收发转发器实现与细同轴电缆 (10Base - 2)或光缆(10Base - F)的连接。AUI 端口如图 5 - 30 所示。

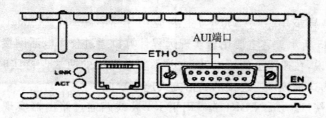

图 5 - 30　AUI 端口

③ SC 光纤接口。路由器的 SC 光纤接口与交换机的相同。在百兆以太网中以 100b FX 标识,在千兆以太网中标识为 1000b FX,如图 5 - 31 所示。

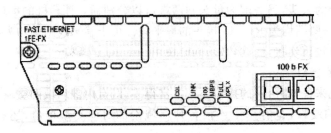

图 5-31　SC 光纤接口

(2) 广域网接口

路由器是用来连接内、外部网络的,其中的局域网接口用来与内部局域网相连。因为目前的局域网主要采用双绞线和光纤两种介质,所以接口类型也相对简单。但外部网络,如广域网,其接口类型就非常复杂了。路由器为了满足用户的不同类型外部网络的连接,必须提供多种类型的外部网络接口。除了局域网中的 RJ-45 或 AUI 类型外,还可能需要有各种同步、异步串口和 ISDN 基群速率接口。

① 同步串口。在路由器的广域网连接中,应用最多的端口是同步串口(SERIAL),标识是 SERIAL x,其中的 x 表示接口序号,如图 5-32 所示。这种端口主要用于目前应用非常广泛的 DDN、帧中继(frame delay)、X.25 等广域网连接技术进行专线连接。这种同步端口一般要求非常高,一般来说,通过这种端口所连接的网络的两端,要求实时同步。

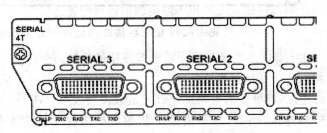

图 5-32　同步串口

② 异步串口。异步串口(ASYNC)主要应用于 Modem 或 Modem 池的连接,标识是 ASYNC,如图 3-33 所示。它主要用于实现远程计算机通过公用电话网接入网络。异步端口相对于同步端口来说,在速率上的要求低,它并不要求网络的两端保持实时同步,只要求能连续即可,主要是因为这种接口所连接的通信方式速率较低。

③ ISDN BRI 端口。ISDN BRI 端口用于 ISDN 线路通过路由器实现与 Internet 或其他远程网络的连接,可实现 128 kbps 的通信速率。ISDN 有两种速率连接端口,一种是 ISDN BRI(基本速率接口),另一种是 ISDN PRI(基群速率接口)。ISDN BRI 端口采用 RJ-45 标准,标识为 BRI x,x 表示接口序号,如图 5-34 所示。

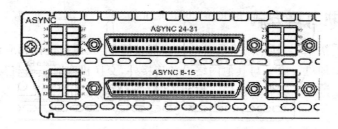

图 5-33　异步串口

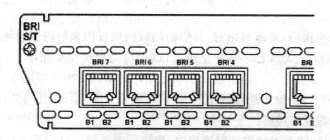

图 5-34　ISDN BRI 端口

（3）路由器的配置接口

路由器的配置端口有两个，分别是 Console 和 AUX，Console 通常用来进行路由器的基本配置时通过专用线与计算机连接，AUX 用于路由器的远程配置连接。

① Console 端口。Console 端口使用配置专用连接直接连接至计算机的串口，利用终端仿真程序进行路由器的本地配置。路由器的 Console 端口多为 RJ-45 端口。Console 口的标识为 CONSOLE，如图 5-35 所示。

② AUX 端口。AUX 端口为异步端口，为 RJ-11 电话线接口类型。它主要用于远程配置，也可用于拨号连接，还可通过收发器与 Modem 进行连接。AUX 接口的标识就是 AUX，如图 5-35 所示。

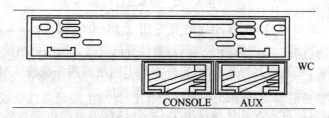

图 5-35　Console 端口与 AUX 端口

5.6.4 交换机互联方式

在交换机的连接中,与其他网络设备的连接都较简单,只需把连接相应设备和网线的水晶头插入相应的端口即可。除了与其他网络设备连接外,交换机有时还需与其他交换机互联,以满足网络性能要求的不断提高和连接距离的不断扩大的需求。这主要涉及到 3 种技术,即级联、堆叠和集群。

1. 级 联

级联扩展模式是最常见的一种端口和距离扩展方式。目前常见的交换机的级联,根据交换机的端口配置情况又有两种不同的连接方式。如果交换机配备有 Uplink 端口,如图 5 - 36 所示,则可直接采用这个端口进行级联。需要注意的是,在这种级联方式中上一层交换机采用的仍是普通以太网端口,仅下层交换机需要采用专门的 Uplink 端口。

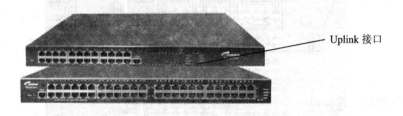

图 5 - 36　Uplink 接口

因为级联端口的带宽通常较宽,所以这种级联方式的性能较好。采用此种级联扩展方式,交换机间的级联网线必须是直通线,不能采用交叉线,而且每段网线不能超过双绞线单段网线的最大长度 100 m。

另外一种级联方式是互联的两台交换机都通过普通端口进行连接。如果交换机没有专门提供 Uplink 级联端口,可采用交换机的普通以太网端口进行交换机的级联,但这种方式的性能稍差,因为下级交换机的有效总带宽,实际上就相当于上级交换机的一个端口带宽。在这种级联方式中,要求采用交叉线,同样单段长度不能超过 100 m。

级联扩展模式是以太网扩展端口应用中的主流技术。它通过使用统一的网管平台实现对全网设备的统一管理,如拓扑管理和故障管理等。级联模式也面临着挑战。当级联层数较多,同时层与层之间存在较大的收敛比时,边缘节点之间由于经历了较多的交换和缓存,将出现一定的时延。解决方法是汇聚上行端口来减少收敛比,提高上级设备性能或减少级联的层次。在级联模式下,为保证网络的效率,一般建议层数不要超过 4 层。

2. 堆 叠

堆叠扩展模式是目前以太网交换机上扩展端口时使用较多的另一类技术,是一种非标准化技术,各个厂商之间不支持混合堆叠,堆叠模式由各厂商制定。级联模式主要解决连接距离过长和扩展端口之间的矛盾,而堆叠扩展模式主要解决扩展端口和扩展带宽两方面的问题,因为堆叠通常是几台交换机堆叠在一起,采用专用堆叠电缆进行连接的,如图 5-37 所示。

当多台交换机连接在一起时,其作用就像一个模块化的交换机一样,堆叠在一起的交换机可当作一个单元设备进行管理。也就是说,堆叠中所有的交换机从拓扑结构上可视为一台交换机,其中存在一个可管理交换机。利用可管理交换机,可对此可堆叠式交换机中的其他独立型交换机进行管理。可堆叠式交换机,可以非常方便地实现对网络的扩充,是新建网络时最为理想的选择。

图 5-37　堆叠扩展模式

交换机堆叠技术,采用了专门的管理模块和堆叠连接电缆,这样做的好处是,一方面增加了用户端口,能够在交换机之间建立一条较宽的宽带链路,这样,每个实际使用的用户带宽就有可能更宽;另一方面多个交换机能够作为一台交换机使用,便于统一管理。

交换机堆叠与级联不一样,必须使用专门的端口,而且并不是所有交换机都支持堆叠,支持堆叠的交换机都有两个用于堆叠的接口,分别标为 UP 和 DOWN,如图 5-38 所示。它们都是 D 型 25 孔接口,但是否同时具有这两个接口,要视交换机所允许的堆叠级数而定。

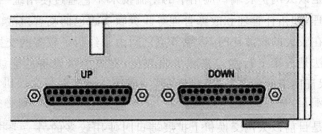

图 5-38　UP 与 DOWN 接口

不同的可堆叠交换机也是有堆叠级数限制的,并不可以无限制堆叠,低档交换机一般只允许 4 级以下,高档交换机则可能允许更多的堆叠级数。

3. 集 群

交换机集群技术是比较新的一种扩展连接技术,它可以较好地解决前两种扩展模式的一些不足。

级联方式容易造成交换机之间的瓶颈。虽然堆叠技术可以增加背板速率,能够消除交换机之间连接的瓶颈问题,但是受到距离的限制很大,而且对堆叠交换机的数量限制也比较严格。交换机集群技术使用得较少,只有少数品牌的交换机具有这一功能。

以 Cisco 公司推出的集群技术为例,该技术可看成是堆叠与级联技术的综合。这种技术可以将分散在不同地址范围内的交换机逻辑地组合在一起,可以进行统一管理。具体的实现方式是在集群之中选出一个 Commander,其他的交换机处于从属地位,由 Commander 统一管理。

5.6.5 路由器的硬件连接

路由器的硬件连接,按端口类型主要分为与局域网设备之间的连接、与广域网设备之间的连接以及与配置设备之间的连接 3 类。

1. 路由器与局域网接入设备之间的连接

① RJ-45-to-RJ-45。这种连接方式指路由器连接的两端都是 RJ-45 接口,如果路由器和集线设备均提供 RJ-45 端口,则可以使用双绞线将集线设备和路由器的两个端口连接在一起。与集线设备之间的连接不同,路由器和集线设备之间的连接不使用交叉线,而是使用直通线;集线器设备之间的级联通常是通过级联端口进行的;路由器与集线器或交换机之间的互联是通过普通端口进行的。

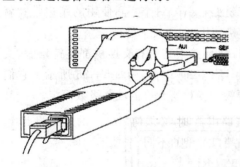

图 5-39 AUI-to-RJ-45 连接

② AUI-to-RJ-45。这种连接方式主要用于路由器与集线器的连接。如果路由器仅拥有 AUI 端口,而集线设备提供的是 RJ-45 端口,那么必须借助于 AUI-to-RJ-45 收发器才可实现两者之间的连接。当然,收发器与集线设备之间的双绞线跳线,也必须使用直通线,连接示意图如图 5-39 所示。

③ SC-to-RJ-45 或 SC-to-AUI。这种连接方式一般用于路由器与交换机之间的连接。如果交换机只拥有光纤端口,而路由设备提供的是 RJ-45 或 AUI 端口,则必须借助于 SC-to-RJ-45 或 SC-to-AUI 收发器,才可实现两者之间的连接。收发器与交换机设备之间的双绞线跳线同样必须使用直通线。实际上出现交换机为纯光纤端口的情况非常少。

2. 路由器与 Internet 接入设备的连接

路由器与互联网接入设备的连接情况主要有以下几种：

① 通过异步串口连接。异步串口主要用来与 Modem 连接，用于实现远程计算机通过公用电话网拨入局域网络。除此之外，也可用于连接其他终端。当路由器通过电缆与 Modem 连接时，必须使用 AYSNC - to - DB25 或 AYSNC - to - DB25DB9 适配器连接。路由器与 Modem 或终端的连接如图 5-40 所示。

② 通过同步串口连接。路由器中能支持的同步串行端口的类型比较多，如 CISCO 系统可以支持 5 种不同类型的同步串行端口，分别是 EIA/TIA - 232 接口、EIA/TIA - 2449 接口、V.35 接口、X.21 串行电缆接口和 EIA - 530 接口。在连接时只需要对应看一下连接用线与设备端接口类型，就可以正确地选择，如图 5-41 所示。

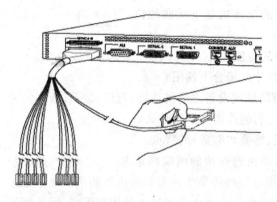

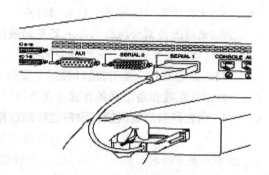

图 5-40 路由器与 Modem 连接   图 5-41 通过同步串口连接

③ 通过 ISDN BRI 端口连接。Cisco 路由器的 ISDN BRI 模块一般分为两类：一类是 ISDN BRI S/T 模块，另一类是 ISDN BRI U 模块。前者必须与 ISDN 的 NT1 终端设备一起才能实现与 Internet 的连接。因为 S/T 端口只能连接数字电话设备，不适用于当前的状况，但通过 NT1 后就可连接现有的模拟电话设备。后者由于内置有 NT1 模块，它的 U 端口可以直接连接模拟电话外线，因此，无须再外接 ISDN NT1，就可以直接连接至电话线墙板插座。

3. 配置端口的连接

① Console 端口的连接方式。当使用计算机配置路由器时，必须使用专门的电缆将路由器的 Console 端口与计算机的串口连接在一起。根据端口类型的不同，选择不同的连接电缆。根据不同的接口类型，选择相应的 RJ - 45 - to - DB - 9 或 RJ - 45 - to - DB - 25 收发器进行转接。

② AUX 端口的连接方式。当需要通过远程访问方式实现对路由器的配置时，需要采用 AUX 端口进行。AUX 接口的结构与 RJ - 45 一样，只是里面对应的电路不同，实现的功能也不同。确定通过 AUX 端口与 Modem 的连接，必须借助于 RJ - 45 - to - DB - 9 或 RJ - 45 - to

－DB－25 收发器进行转接。

习题 5

1. 中继器的用途是什么？
2. 简述集线器的特点。
3. 简述交换机的功能和分类。
4. 简述二层交换机和集线器的区别。
5. 请结合网桥的结构说明网桥的工作原理。
6. 路由器的作用是什么。
7. 简述路由器的优缺点。
8. 无线设备包括哪些？各有何特点？
9. 请画图说明交换机与路由器在局域网中的位置。
10. 什么是直通线？什么是交叉线？它们在什么场合下使用？
11. 试述 10Base－T 集线器的 5－4－3 规则。
12. 交换机和路由器各有哪些主要接口？它们的作用分别是什么？
13. 请分别说明交换机 3 种互联方式（级联、堆叠和群集）的特点。

第6章　局域网、广域网与接入网

本章学习目标

本章将讲述计算机网络的 3 种重要组成形态：局域网、广域网与接入网。通过本章的学习，读者应该掌握以下内容：

- 局域网的基本概念；
- 局域网的几种存在形式：以太网、交换网、虚拟局域网、无线局域网；
- 广域网的基本概念；
- 广域网示例：帧中继、ATM；
- 接入网的主要技术：铜钱接入、光纤接入、无线接入。

局域网、广域网与接入网是目前主要存在的 3 种网络形式。局域网通常为某一单位所独有，范围较小，速率较高，易于组建，属资源子网范畴；广域网一般由国家负责组建，覆盖范围大，造价高昂，属通信子网范畴；而接入网是近年来由于用户对高速上网需求的增加而出现的一种网络技术。接入网是局域网到广域网之间的桥接区，提供多种高速接入技术，使用户接入到因特网的瓶颈得到某种程度上的解决。

6.1　局域网技术

局域网是通信网络的一种形式，局域网的特性主要有以下几个方面：

① 局域网属于某一组织机构所有。如一个工厂、学校、企事业单位等内部网络，因此 LAN 的设计、安装和使用等均不受公共网络的束缚。

② 局域网覆盖范围有限，通常在数百米至数公里之内。

③ 局域网具有较高的数据传输速率，一般在 1～100 Mbps 之间。目前已出现速率高达 1 000 Mbps 的局域网。

④ 具有较低误码率。局域网采用短距离基带传输，可以使用高质量的传输媒体，出现差错的机会少，可靠性高。局域网的误码率一般在 10^{-11}～10^{-8}。

⑤ 局域网容易组装、组建和维护，具有较好的灵活性。

综上所述，局域网是一种小范围内实现共享的计算机网络，它具有结构简单、投资少、数据传输速率高和可靠性好等优点。局域网的应用范围极广,主要用于办公自动化、生产自动化、企业事业单位的管理、银行业务处理、军事指挥控制、商业管理和校园网建设等方面。随着网络技术的发展,计算机局域网将更好地实现计算机之间的连接,更好地实现数据通信与交换、资源共享和数据分布式处理。

有 3 方面的技术决定着局域网的特性:

(1) 传输介质

局域网可使用多种传输介质。双绞线是最常用的一种传输介质,原来只用于低速基带局域网,现在 10 Mb/s 或 100 Mb/s 乃至 1 Gb/s 的局域网也使用双绞线。同轴电缆的速率一般为 10 Mb/s,而 75 Ω 的同轴电缆可用到几百 Mb/s。光纤具有很好的抗电磁干扰特性和很宽的频带,速率可达 100 Mb/s 甚至 1 Gb/s。随着无线网络的兴起,无线电波也作为一种无线传输介质发挥了重要作用。

(2) 拓扑结构

为了进行计算机网络结构的设计,人们引用了拓扑学中拓扑结构的概念。通常,可以将节点和链路连接而成的几何图形称为该网络的拓扑结构。一个网络的拓扑结构是指它的各个节点互联的方法。如第一章所述,局域网拓扑结构有星形、总线型、环形及树形结构。如图 6-1 所示:

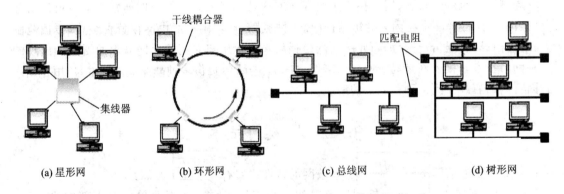

(a) 星形网　　　　　　(b) 环形网　　　　　　(c) 总线网　　　　　　(d) 树形网

图 6-1　局域网拓扑结构

(3) 介质访问控制方法

局域网的信道是广播信道,所有节点都连到一个共享信道上,所用的访问技术称为多路访问技术。多路访问技术可分为受控访问和随机访问。

受控访问的特点是用户不能随机地发送信息而必须服从一定的控制。受控访问又可分集中式控制和分散式控制。集中式控制主要是多点线路探询(POLL)方式,主站首先发出一个简短的询问消息,次站如果没有数据发送,则以否定应答(NAK)来响应。如果次站在收到询问消息后正好有数据要发送,可立即发送数据。分散式控制主要是令牌环局域网,网络中各节点处于平等地位,但是数据的发送要通过令牌(token)的获得来实现。

随机访问的特点是网络中各节点处于平等地位,所有的用户可随机地发送信息,各节点的通信是由其自身控制完成的,如载波监听多路访问和碰撞检测(CSMA/CD)。

6.1.1　传统以太网

以太网是由 Xerox 公司于 20 世纪 70 年代开发的一种基带局域网技术,使用同轴电缆(粗缆)作为网络媒体,采用 CSMA/CD 机制,数据传输速率达到 10 Mbps。但是如今以太网一词被用来指各种采用 CSMA/CD 技术的局域网。而 IEEE 802.3 规范则是基于最初的以太网技术于 1980 年制定的。以太网版本 2.0 由 Digital Equipment Corporation、Intel 和 Xerox 三家公司联合开发,与 IEEE 802.3 规范相互兼容。

目前局域网主要采用的是以太网技术,随着计算机硬件技术的发展,以太网的数据率提高很大,从最初的 10 Mb/s 到 100 Mb/s,1 Gb/s 甚至 10 Gb/s,而这些技术的发展都奠定在最早的 10 Mb/s 的以太网上,通常把这种具有 10 Mb/s 的以太网称为"传统以太网"。本节重点讲述传统以太网的基本原理。

1. 以太网的体系结构

以太网是一个通信网,只涉及相当于 OSI/RM 通信子网的功能。由于内部大多采用共享信道的技术,所以以太网不单独设立网络层。局域网的高层功能由具体的局域网操作系统来实现。

IEEE 802 标准的局域网参考模型如图 6-2 所示,该模型包括了 OSI/RM 最低两层(物理层和链路层)的功能,也包括网间互联的高层功能和管理功能。从图 6-2 中可见,OSI/RM 的数据链路层功能,在局域网参考模型中被分成媒体访问控制 MAC(Medium Access Control)和逻辑链路控制 LLC(Logical Link Control)两个子层。

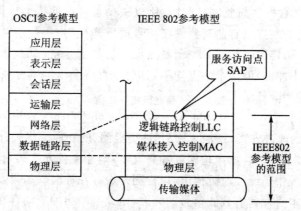

图 6-2　IEEE 802 参考模型

因为共享介质的局域网要解决介质访问控制问题,因此数据链路层分为两个子层,与接入到传输媒体有关的内容都放在 MAC 子层,而 LLC 子层则与传输媒体无关,不管采用何种协议的局域网对 LLC 子层来说都是透明的。

MAC 子层的主要功能是:具体管理通信实体访问信道而建立数据链路的控制过程,包括帧的封装和拆封、物理介质传输差错的检测、寻址和实现介质访问控制协议等。

LLC 子层的主要功能是:提供一个或多个服务访问点,以复用的形式建立多点—多点之间的数据通信链路,并包括连接管理(建立和释放连接)、差错控制、按序传输及流量控制等。

MAC 子层和 LLC 子层合并在一起,近似等效与 OSI 参考模型中的数据链路层。LLC 子层的协议与局域网的拓扑结构和传输介质的类型无关,它对各种不同类型的局域网都适用。而 MAC 子层协议却与网络的拓扑形式及传输介质的类型直接相关,其主要作用是介质访问控制和对信道资源的分配。例如:局域网主要采用的协议有:CSMA/CD、令牌总线和令牌环等。

2. 介质访问控制方法

介质访问控制方式指控制信号在介质上传输的方式,常用的有 CSMA/CD、令牌环和令牌总线等。

在总线形/树形和星形拓扑结构中应用最广的介质访问控制技术是载波监听多路访问和碰撞检测(CSMA/CD),CSMA/CD 是一种总线争用协议,由 ALOHA 协议和 CSMA 协议发展而来。

CSMA(Carries Sense Multiple Access)称为载波监听多路访问,是对 ALOHA 协议的一种改进协议。也叫做先听后讲(LBT),其工作原理是:每个站在发送帧之前首先监听信道上是否有其他站点正在发送数据,如果信道空闲,该站点便可传输数据;否则,该站点将暂不发送数据,而是避让一段时间后再做尝试。

在 CSMA 中,发送数据之前要进行监听,所以减少了冲突的机会。但由于信道传播时延的存在,即使总线上两个站点没有监听到载波信号而发送帧时,仍可能会发生冲突。例如,其中一个先发送信息,由于传送时延使另一个站点也发现信道是空闲的,于是也发送信息,结果两个站点的信息在途中冲突,但两个站点均不知道,一直将余下的部分发送完,等到有错再重新发送,使总线的利用率降低。

CSMA/CD(Carries Sense Multiple Access/Collision Detection)称为载波监听多路访问/冲突检测,是 CSMA 的改进方案,增加了称为"冲突检测"的功能。当帧开始发送后,就检测有无冲突发生,称为"边发边听"。如果检测到冲突发生,则冲突各方就必须停止发送。

发送站点传输过程中仍继续监听信道,以检测是否存在冲突。如果发生冲突,信道上可以检测到超过发送站点本身发送的载波信号的幅度,由此判断出冲突的存在。一旦检测到冲突,就立即停止发送,并向总线上发一串阻塞信号,用以通知总线上其他各有关站点。这样,通道容量就不致因白白传送已受损的帧而浪费,可以提高总线的利用率。这种方案称为载波监听多路访问/冲突检测协议,简写为 CSMA/CD,这种协议已广泛应用于局域网中。

（1）CSMA/CD 的思想

CSMA/CD 是一种采用争用的方法来决定对媒体访问权的协议，这种争用协议只适用于逻辑上属于总线拓扑结构的网络，CSMA/CD 是广播式局域网中最著名的介质访问协议。

先听后说：所谓载波侦听，就是指通信设备在准备发送信息之前，侦听通信介质上是否有载波信号。若有，表示通信介质当前被其他通信设备占用，应该等待；否则，表示通信介质当前处于空闲状态，可以立即向其发送信息。所谓多路访问，是指总线拓扑结构的网络，许多计算机以多点接入的方式连接于总线上，即多个通信设备共享同一通信介质。由此可知，多种访问是通信节点竞争对通信媒体的使用。其特点可简单地概括为"先听后说"LBT（Listen Before Talk）。

边说边听：多个通信设备同时侦听到介质空闲而一起发送信息，这样，通信介质上必然会产生信息冲突（碰撞）。冲突检测（CD）的思想是：通信设备在发送和传输信息的过程中侦听通信介质，如果发现通信介质上出现冲突，则立即停止信息的发送。

强化碰撞：为了使每个站都尽可能早地知道是否发生了碰撞，还采取一种强化碰撞措施，就是当发送数据的站一旦发现发生了碰撞，除了立即停止发送数据外，还要发送一阻塞信息以加强冲突，使正在发送信息的其他通信设备都知道现在已经发生了碰撞。

延迟一个随机时间，重复这一过程，直到某一极限值（一般为 16）时，放弃这项信息的发送。

（2）介质忙/闲的载波侦听与冲突检测技术

在 CSMA/CD 中，通过检测总线上的信号存在与否来实现载波监听。冲突检测是指：当计算机发送数据时，收发器同时检测信道上电压的大小，如果发生冲突，总线上的信号电压摆动值将会增大（互相叠加），超过一定的门限值时，表明产生了碰撞。在发生碰撞时，总线上传输的信号产生了严重的失真，无法从中恢复出有用的信息来。因此，一个正在发送数据的站，一旦发现总线上出现了碰撞，就要立即停止发送，免得继续浪费网络资源。

（3）CSMA/CD 中的时延

CSMA/CD 的代价是用于检测冲突所花费的时间。对于基带总线而言，最坏情况下用于检测一个冲突的时间等于任意两个站之间传播时延的两倍。从一个站点开始发送数据到另一个站点开始接收数据，也即载波信号从一端传播到另一端所需的时间，称为信号传播时延。信号传播时延（μs）＝两站点的距离（m）/信号传播速度（200 m/μs）。假定 A,B 两个站点位于总线两端，两站点之间的最大传播时延为 tp。当 A 站点发送数据后，经过接近于最大传播时延 tp 时，B 站点正好也发送数据，此时冲突发生。发生冲突后，B 站点立即可检测到该冲突，而 A 站点需再经过最大传播时延 tp 后，才能检测出冲突。也即最坏情况下，对于基带 CSMA/CD 来说，检测出一个冲突的时间等于任意两个站之间最大传播时延的两倍（2 tp）。如图 6-3 所示。

（4）退避算法

在 CSMA/CD 算法中，一旦检测到冲突并发完阻塞信号后，为了降低再次冲突的概率，需要等待一个随机时间，然后再使用 CSMA 方法试图传输。为了保证这种退避操作维持稳定，延迟时间采用一种称为二进制指数退避算法，其规则如下：

① 发生碰撞的站在停止发送数据后，不是立即发送数据，而是推迟一个随机的时间。这样做是为了推迟重传，减小再次发生冲突的概率。

② 定一个基本的推迟时间，一般为两倍的传输延迟 $2t$。

③ 定义一个参数 K，$K=\min[\text{重传次数},10]$。

④ 离散的整数集合 $[0,1,2,3,2^k-1]$ 中随机取一个数 r，重传需推迟的时间为 $T=r\cdot 2t$。

⑤ 重传 16 次仍不成功时，丢弃该帧，向高层报告。

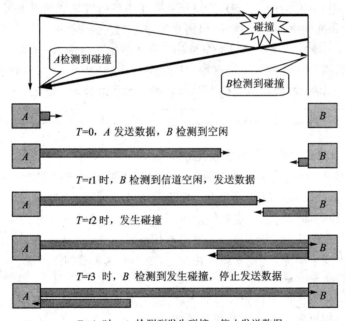

图 6-3 CSMA/CD 中的延迟

3. 传统以太网连接方法

传统以太网可使用的传输媒体有 4 种，双绞线、粗同轴电缆、细同轴电缆和光纤。这样，以太网就有 4 种不同的物理层，分别为 10BASE5（粗缆）、10BASE2（细缆）、10BASE-T（双绞线）和 10BASE-F（光缆），如图 6-4 所示。

（1）10BASE5

最初的以太网布线方案 10BASE5，被非正式地称为粗缆以太网(thick wire Ethernet)，因

图 6-4　以太网的物理层

为其通信介质是一根大的同轴电缆,每隔 2.5 m 一个标志,标明分接头插入处。连接处通常采用插入式分接头(vampire tap),将其触针小心地插入到同轴电缆的内芯。10BASE5 表示的意思是:工作速率为 10 Mb/s,采用基带信号,最大支持的网段长为 500 m。

　　粗网使用的网卡不包括模拟硬件,也不处理模拟信号。例如,网卡不检测载波信号,不把位串转换成适合传输的相应的电平,也不把传入的信号转换成位串。作为替代,处理这些事情的模拟硬件是一种叫做收发器(transceiver)的独立设备。每台计算机需要一个收发器。从物理上讲,收发器直接连接到以太网上,电缆的一端连接收发器,另一端连接计算机中的网卡。这样,收发器总是远离计算机。例如,在办公楼里收发器可能连接铺设在过道天花板中的以太网上。把 NIC 连接到收发器的电缆被称为连接单元接口 AUI(Attachment Unit Interface)电缆,NIC 和收发器上的连接器被称为 AUI 连接器。如图 6-5 所示。

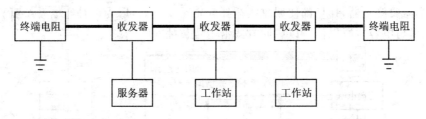

图 6-5　粗缆以太网

收发器的功能如下:

　　① 从计算机经收发器电缆得到数据向同轴电缆发送,或反过来,从同轴电缆接收数据经收发器电缆送给计算机。

　　② 检测在同轴电缆上发生的数据帧的碰撞。

　　③ 在同轴电缆和电缆接口的电子设备之间进行电气隔离。

　　④ 当收发器或所连接的计算机出故障时,保护同轴电缆不受影响。

　　上述最后一个功能叫超长控制。当收发器所连接的计算机出现故障时,就有可能向总线上不停地发送无规律的数据,使总线上所有的站都不能工作。为了避免这种现象,必须对所有的站发送数据帧的长度设一上限。当检测到某个数据帧的长度超过此上限值时,即认为该站出了故障,接着就自动禁止该站向总线发送数据。

　　对同轴电缆的长度要加以限制。这是因为信号沿总线传播时必然产生衰减。若总线太长,则经总线传播时的信号将会衰减变得很弱,以致影响载波监听和碰撞检测的正常工作。因此,以太网所用的这种同轴电缆的最大长度被限制为 500 m。若实际网络需要跨越更长的距离,就必须采用转发器(repeater)将信号放大整形后再转发出去。

(2) 10BASE2

很多硬件允许以太网使用比最初的粗缆更细、更柔软的同轴电缆。这种同轴电缆的正式名称为 10BASE2,并且非正式名称为细缆以太网(thin wire Ethernet)。10BASE2 表示的意思是:工作速率为 10 Mb/s,采用基带信号,最大支持的网段长为 185 m。布线方案与粗网布线方案相比有 3 个主要的不同点:

① 细缆通常在安装与运行方面比粗网要便宜。

② 因为完成收发器功能的硬件被做在网卡内,所以不需要外部收发器。

③ 细缆不使用 AUI 电缆来连接网卡与通信介质,而是使用一个 BNC 连接器(BNC connector)直接连接到每台计算机的后部。在细网的安装过程中,同轴电缆在每对机器之间延伸。电缆不需要拉成直线,它可以松散地铺设在计算机之间的桌子上、地板下面或者管道里。图 6-6 说明了细缆的布线方案。

尽管细缆以太网的布线方案与粗缆以太网的布线方案看起来完全不同,但是这两种方案拥有一些相同的特点。粗缆与细缆都是同轴的,这就是说它们都能屏蔽外部的干扰信号。粗缆与细缆都需要终止器,并且都使用总线拓扑。更重要的是,因为两种布线系统有相似的电子特性(如电阻与电容),所以信号以相同方式沿电缆传播。

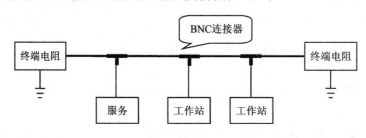

图 6-6 细缆以太网

(3) 10BASE-T

以太网布线方案的第三种类型表明了供应商是如何发明一种新的布线方案而导致了一种未预期的物理拓扑结构。第三种类型与粗缆及细缆以太网区别很大,这种方案的正式名称是 10BASE-T,但它通常被称为双绞线以太网(twisted pair Ethernet),或简称 TP 以太网(TP Ethernet)。已经成为以太网标准的 10BASE-T 根本不使用同轴电缆。事实上,10BASE-T 以太网并没有像其他布线方案那样的共享物理介质,相反,10BASE-T 扩展了连接多路复用的思想:以一个电子设备作为网络的中心。这个电子设备叫做以太网集线器(ethernet hub)。像其他布线方案一样,10BASE-T 要求每台计算机都有一块网络接口卡和一条从网卡到集线器的直接连接。这一连接使用双绞线和 RJ-45 连接器。连接器的一端插入计算机的网卡中,另一端插入集线器。这样,每台计算机到集线器都有一条专用连接,并且不用同轴电缆。图 6 - 7 表明了 10BASE - T 的布线方案。

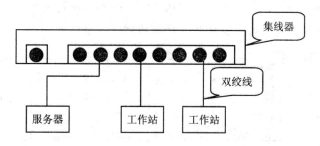

图 6 - 7　三台计算机使用 10BASE - T 布线连接到以太网集线器上

集线器技术是连接多路复用器概念的扩展。集线器中的电子部件模拟物理电缆,使整个系统像一个传统以太网一样运行。例如,连接在集线器上的计算机必须有一个物理以太网地址;每台计算机必须使用 CSMA/CD 来取得网络控制及标准以太网帧格式。事实上,软件并不区分粗缆以太网、细缆以太网及 10Base - T,网络接口负责处理细节以及屏蔽任何不同点。尽管所有集线器都能容纳多台计算机,但集线器还是有许多种尺寸。一个典型的小型集线器有 4 或 5 个端口,每个端口都能接入一条连接。这样,一个集线器足以在一个小组中连接所有计算机(如在一个部门中)。较大的集线器能容纳几百条连接。

三种布线方案的比较如表 6 - 1 所列。

表 6 - 1　三种布线方案比较

名　　称	电　　缆	最大网段长度	节点数/段	优　　点
10BASE5	粗同轴电缆	500	100	用于主干很好
10BASE2	细同轴电缆	200	30	最便宜的系统
10BASE - T	双绞线	100	1 024	易于维护

三种布线方案中每一种都有优缺点。如图 6 - 8 所示,在粗缆以太网中,每个连接使用一个独立收发器,布线方案可在不破坏网络的情况下改变计算机。当收发器电缆被拔去时,收发器失去电能,但其他收发器仍能继续运行。收发器通常被安置在难以到达的地点(如办公大楼走廊的天花板上)。如果收发器失效,寻找、测试或替换这个收发器十分费力。相反,在细缆以太网中,电缆的接头就在计算机旁边,这在进行修理时会方便很多。但是,这种连接方法最大的弱点是接头太多。只要有一个接头接触不良就会导致全网瘫痪。

集线器布线使网络更能免受偶然断开的影响,因为每条双绞线只影响一台机器。这样,如果一条线被偶然切断,那么只有一台机器从集线器中断开。尽管有上面提到的那些优缺点,但有一个因素看来决定了布线技术的选择:价格。细缆以太网一度流行是因为每条连接的价格比最初的粗缆以太网少一些。现在流行 10BASE－T 布线是因为每条连接的价格比细缆以太网更少。因此,没有哪种布线方案对所有情况都是最佳的。但是,由于所有布线方案都使用相同的帧格式标准与网络控制,所以在一个网络上使用混合布线技术是完全可能的。例如,用粗网连接一些计算机,同时使用细网连接其他计算机到同一个网上。

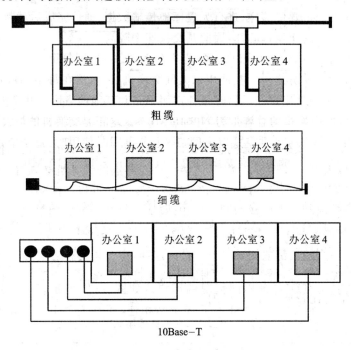

图 6－8　三种布线方案比较

6.1.2　交换式以太网

由于传统共享媒体局域网的共享特性(在一时间段,只有一台机器有权发送信息),网络系统的效率随着网络节点数目的增加和应用的深入而大大降低。在传统的网络应用环境中,共享式局域网能提供足够的带宽。而随着网络多媒体技术的发展,对带宽提出了更高的要求,共享式局域网就无法提供网络应用所需的带宽。为了得到更高的网络效率,人们只有增加更多的路由器,划分更多的子网段,使网络的投资和管理成本都急剧上升。将交换技术引入局域网,可以使局域网的各个节点并行、安全、同时地相互传送信息,且交换以太网的带宽可以随着网络用户的增加而扩充,较好地解决了局域网的带宽问题。

传统式的以太网采用 CSMA/CD 技术,共享一个 10 MB 的总线、集中器等,用一种广播形式来传递数据,每一个工作站能接收来自所有其他站点的数据,但是不能有两个站点同时发送数据,否则会发生碰撞;一旦发生碰撞,两个站点都停止发送,并且等待一定的时间后重新采用

CSMA/CD 有关规则来发送数据。

交换式以太网的核心设备是以太网交换机,通常有十几个端口。因此,以太网交换机实质上就是一个多端口的网桥,工作在数据链路层。此外,以太网交换机的每个端口都直接与主机相连,工作在全双工方式。当主机需要通信时,交换机能同时连通许多对端口,每一对相互通信的主机都像独占通信媒体那样,进行无碰撞地传输数据,通信完成后就断开连接。以太网交换机由于使用了专用的交换机芯片,因此其交换速率较高。

对于普通 10 Mb/s 的共享式以太网,若共有 N 个用户,则每个用户占有的平均带宽只有总带宽(10 Mb/s)的 N 分之一。在使用以太网交换机时,虽然在每个端口到主机的数据率还是 10 Mb/s,但由于一个用户在通信时是独占而不是和其他网络用户共享传输媒体的带宽,因此拥有 N 对端口的交换机的总容量为 $N \times 10$ Mb/s。这正是交换机的最大优点。

数据速率为 10 Mb/s 的共享式以太网,10 个节点同时使用时,每个节点使用的平均传输速率为 1 Mb/s。16 端口的以太网交换机(2 个 100 Mb/s,14 个 10 Mb/s),进行通信时,总容量为 $(2 \times 100 + 14 \times 10)$ Mb/s。

共享式以太网转到交换式以太网时,所有的接入设备(软件、硬件、网卡等)都不需要做任何改动,也就是说,所有的接入设备继续使用 CSMA/CD 协议。此外,只要增加集线器的容量,整个系统的容量是很容易扩充的。

以太网交换机一般具有多种速率端口,例如:10 Mb/s,100 Mb/s,1 Gb/s 等端口的各种组合。这就极大地方便了各种不同情况的用户。如图 6-9 所示,以太网交换机由 3 个 10 Mb/s 端口分别和 3 个系的 10BASE-T 局域网相连,还有 3 个 100 Mb/s 的端口分别和 E-mail Server,WWW Server,以及一个连接 Internet 的 Router 相连。

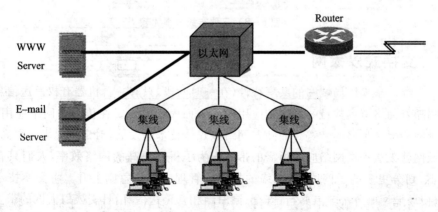

图 6-9 交换式以太网

交换以太网采用存储转发技术或直通(cut-through)技术来实现信息帧的转发。存储转发技术是将需发送的信息帧完全接收,并存放到输入缓存后再发送至目的端口,而直通技术是在接收到信息帧时和交换式集线器中的目的地址表相比较,查找到目的地址后就直接将信息帧发送到目的端口。

直通交换：当接收到一个帧的目的地址(大约一个帧的前 20～30 字节)后马上决定转发的目的端口,并且开始转发,而不必等待接收到一个帧的全部字节后再进行转发。相对存储转发交换技术,它降低了传输延迟,但是在传输过程中不能进行校验,同时也可能传递广播风暴。

存储转发交换：从功能上讲,就是网桥所使用的技术,等待到全部数据都接收后再进行处理,包括校验、转发等。相对于直通技术而言,传递延迟比较大。

有一些交换机可以同时使用上述两种技术,当网络误码率比较低时采用直通技术,当网络误码率比较高时采用存储转发技术。这种交换机被称为自适应交换机。

6.1.3　虚拟局域网

虚拟局域网是物理局域网虚拟化的结果。虚拟化就是把局域网的成员(主机、网桥/交换机)按照一定分组规则划分到不同的集合中,每一个集合就是一个 VLAN。

为了讨论上的方便,通常把前面介绍的局域网称为物理 LAN。

VLAN 与物理 LAN 之间的关系如图 6-10 所示。

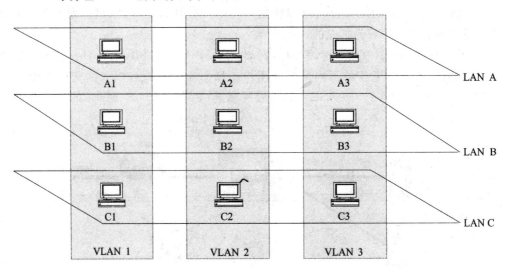

图 6-10　VLAN 与物理 LAN 之间的关系

VLAN 与物理 LAN 的区别包括：

① 位于不同物理 LAN 中的主机可以属于同一个 VLAN 中,而位于同一个物理 LAN 的主机可以属于不同的 VLAN 中。

② 同一个 VLAN 中的不同物理 LAN 上的主机可以直接通信,而位于同一个物理 LAN 但属于不同 VLAN 的主机不能直接通信。

1. 为什么要划分 VLAN

既然物理 LAN 可以解决计算机互联通信的问题,那么为什么还要在物理 LAN 上划分 VLAN 呢?

VLAN 的引入出于以下原因:

(1)安全管理方面的需要

从上面的叙述可以看到,VLAN 提供了一种把物理 LAN 中的成员重新进行分组的办法。这样,可以根据管理或安全的需要约束物理 LAN 成员之间的通信关系,使物理上分布在异地的物理 LAN 成员由于同一个管理目标走到一起。

(2)节省布线成本的需要

VLAN 的实施是通过软件实现的,因此,无需为改动计算机的逻辑关系而更改网络的布线和拓扑结构。

(3)VLAN 可以限制 LAN 中的广播通信量

VLAN 技术能保证只有同一个 VLAN 中的成员之间的通信才是直接进行的,而不同 VLAN 的成员之间的通信必须经过交换机的过滤。而且 VLAN 限制广播的方法是基于桥接方式的,它比基于路由方式限制广播的方法效率要高。VLAN 技术能够在进行逻辑分组、限制广播和保证效率等要求之间达到较佳的平衡。

2. VLAN 的主要类型

从概念上讲,可以根据各种分组规则划分 VLAN。但是,得到实际应用的分组规则包括 3 个,即基于端口分类、基于 MAC 地址分类和基于 IP 地址分类。

(1)基于端口的 VLAN

根据 LAN 成员所用交换机的端口进行分组,这样得到的 VLAN 称为基于端口的 VLAN(port based)。

如图 6-11 所示,VLAN x 的成员包括端口 1,2 和 4,VLAN y 的成员包括 3,5,6,7 和 8,因此连接在端口 1,2 和端口 4 上的计算机被分配到 VLAN x 中,而连接在端口 3,5,6,7 和端口 8 上的计算机被分配到 VLAN y 中。

(2)基于 MAC 地址的 VLAN

根据计算机网络接口的 MAC 地址进行分组,得到的 VLAN 称为基于 MAC 地址的 VLAN。如图 6-12 所示,VLAN x 的成员包括 MAC 地址 A,B,C 和 E,VLAN y 的成员包括 D,F,G 和 H。网络接口卡 MAC 地址是上述 MAC 地址的主机被分配到相应的 VLAN 中。

(3)基于 IP 地址的 VLAN

根据与计算机网络接口卡关联的 IP 地址进行分组,得到的 VLAN 称为基于 IP 地址的 VLAN。如图 6-13 所示,VLAN x 的成员包括 10.1.1.1,10.1.1.2,20.1.1.1 和 20.1.1.2,VLAN y 的成员包括 30.1.1.1,30.1.1.2,30.1.1.3 和 30.1.1.4。使用这些 IP 地址的主机被分配到相应的 VLAN。

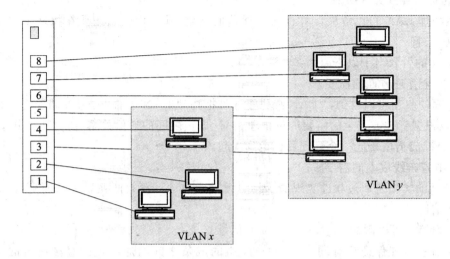

图 6 - 11　基于端口的 VLAN

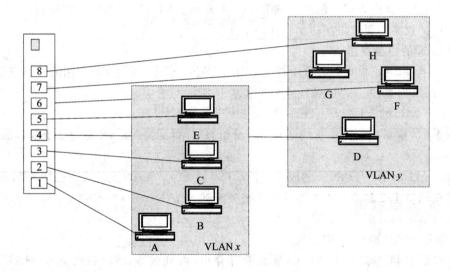

图 6 - 12　基于 MAC 地址的 VLAN

VLAN 的成员关系如表 6 - 2～表 6 - 4 所列。

表 6 - 2　基于端口 VLAN 的 VMIB

端　口	1	2	3	4	5	6	7	8
VID	x	x	y	x	y	y	y	y

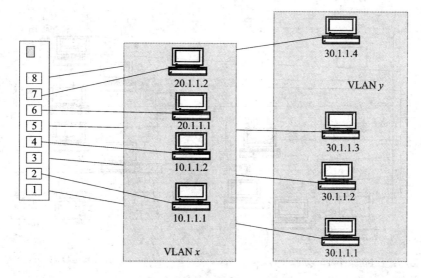

图 6 - 13   基于 IP 地址的 VLAN

表 6 - 3   基于 MAC 地址的 VMIB

MAC 地址	A	B	C	D	E	F	G	H
VID	x	x	x	y	x	y	y	y

表 6 - 4   基于 IP 地址的 VMIB

IP 地址	10.1.1.1	10.1.1.2	20.1.1.1	20.1.1.2	30.1.1.1	30.1.1.2	30.1.1.3	30.1.1.4
VID	x	x	x	x	y	y	y	y

6.1.4   无线局域网

顾名思义,无线局域网就是不使用双绞线、同轴电缆和光纤等有线通信介质的局域网。由于不采用有线通信介质,因此,WLAN 需要使用微波、红外线等无线传输技术。WLAN 具有有线局域网不具备的优点,例如,它可以解决有线局域网在某些场所布线的难题。随着WLAN 相关技术的发展,WLAN 的应用越来越普及。

1. WLAN 组网方式

WLAN 包括两种组网方式,即分布式方式和集中控制方式。

(1) 分布式方式

在分布式方式中,主机可以在无线通信覆盖范围内移动并自动建立点到点的连接。主机之间通过争用信道直接进行数据通信,而无需其他设备参与控制。分布式方式如图 6 - 14(a)

所示。

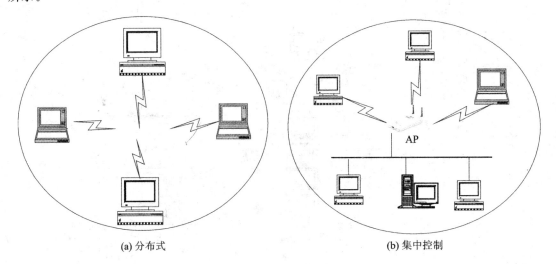

图 6-14　WLAN 的两种基本组网方式

（2）集中控制方式

在集中控制方式中，所有无线节点及有线局域网要与一个称为接入点 AP（Access Point）的设备连接。接入点设备的基本作用如下：

① 负责无线通信管理工作，例如给无线节点分配无线信道的使用权。

② 实现无线通信与有线通信的转换。

③ 起到与有线局域网网桥和路由器相似的作用。

集中控制方式如图 6-14（b）所示。

在 IEEE 制定的无线局域标准 IEEE 802.11 中，图 6-14 所示的 WLAN 被称为基本服务集 BBS（Basic Service Set）。一个 BSS 是 WLAN 的最小组成单元。当一个 WLAN 包含若干个 BSS 时，这些 BSS 要与一个称为分布系统 DS（Distribution System）连接。DS 可以是有线局域网，也可以是 WLAN。这些连接在一起的 BSS 称为扩展服务集 ESS（Extended Service Set），如图 6-15 所示。

一个 BSS 与有线局域网 DS 连接的方案如图 6-16 所示。有线局域网 DS 起到连接骨干的作用，它也要包含 AP 设备。

2. 无线传输技术

适用于 WLAN 的电磁波主要包括微波和红外线。微波的频率范围是 300 MHz～300 GHz，但主要使用的范围是 2～40 GHz。目前，WLAN 实际利用的范围是 2.4～5 GHz。由于微波会穿透地球电离层，因而不能被反射到地面上很远的地方。这样，微波通信就需要中继。

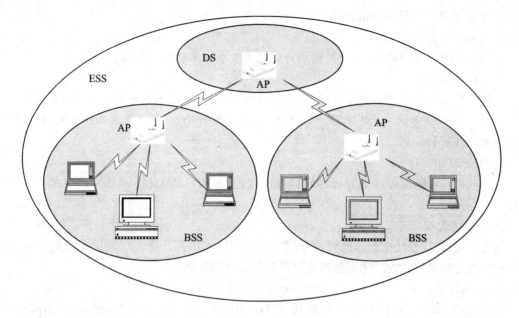

图 6 - 15 BSS, DS 和 ESS

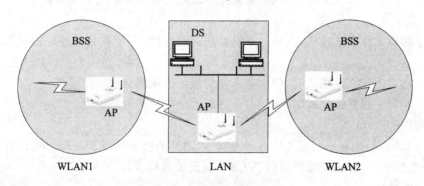

图 6 - 16 有线局域网作为 DS

微波中继方式包括两种,即地面微波站中继和通信卫星中继。在第一种方式中微波站起到中继器的作用,在第二种方式中卫星起到中继器的作用。

说明:WLAN 设备(无线网卡、AP)使用微波通信时要外接天线。根据网络结构和传输距离的要求,用户应该选择不同的天线。使用红外线通信的 WLAN 设备上有一个红外端口。

3. WLAN 设备选型

① 是选择 AP 设备还是 WLAN 网桥:如果是小范围内的集中方式组网,则要选择 AP 设备。如果是范围较大(覆盖两个或多个建筑物)而且涉及点到多点的分布式连接,则应该选择 WLAN 网桥。

② 考察设备的传输距离的限制。

③ 考察设备的传输速率。

④ 考察设备的 MAC 技术、物理编码方式以及安全加密认证等标准。

4. WLAN 标准

主要的 VLAN 标准化组织是 IEEE,它制定的与 VLAN 相关的标准包括 IEEE 802.1D, IEEE 802.10,IEEE 802.1p 和 IEEE 802.1Q。下面主要介绍与 VLAN 关系比较密切的 IEEE 802.1p 和 IEEE 802.1Q。

(1) IEEE 802.1p

IEEE 802.1p 标准对以下方面的问题提出规范,即用户优先权、VLAN 成员关系和端口模式。

① 用户优先权

具有不同延时、吞吐率要求的帧被分配了不同的优先级别。优先权决定帧在输出端口缓冲队列中的先后,换句话说,优先级高的用户数据被优先发送。

② VLAN 成员关系

IEEE 802.1p 定义了组地址解析协议 GARP(Group Address Resolution Protocol)。GARP 的作用是管理 VLAN 成员关系,例如注册成员关系和发布成员关系。

③ 端口模式

模式 1:端口工作在该模式时,端口不对数据进行过滤,到所有目的地址的帧都会被端口转发。

模式 2:端口工作在该模式时,到所有未注册地址的帧都会被端口转发。

模式 3:端口工作在该模式时,到所有未注册地址的帧都会被过滤。

(2) IEEE 802.1Q

IEEE 802.1Q 目的在于制定兼容各种专有 VLAN 的统一标准。IEEE 802.1Q 标准对以下方面的问题提出了规范,即端口规则、VLAN 成员关系和 VLAN 帧格式。

① 端口规则

入口规则:它规定当帧进入端口时,哪些帧被过滤掉。

出口规则:它规定当帧离开端口时,哪些帧被过滤掉。

② VLAN 成员关系

IEEE 802.1Q 提出了 VLAN 成员关系解析协议 VMRP(VLAN Membership Resolution Protocol)用于定义 VLAN 成员关系。另外,VRMP 还可以自动配置端口规则。VMRP 兼容 IEEE 802.1p 定义的 GARP。

③ VLAN 帧格式

IEEE 802.1Q 定义了统一的在 VLAN 之间通信使用的帧格式,如图 6-17 所示。

TCI 字段类型标识符(TyPe ID,TPID):占 2 字节,指明 MAC 帧是以太网的还是令牌环

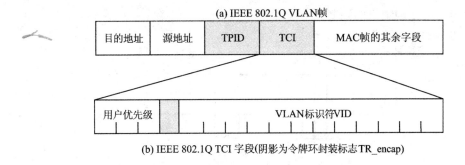

(a) IEEE 802.1Q VLAN帧

| 目的地址 | 源地址 | TPID | TCI | MAC帧的其余字段 |

| 用户优先级 | | VLAN标识符VID |

(b) IEEE 802.1Q TCI 字段(阴影为令牌环封装标志TR_encap)

图 6 - 17　IEEE 802.1Q 帧

的,以太网 MAC 帧的 TPID 与令牌环的不一样。

TPID 的存在声明了这是一个被贴上标签的 VLAN 帧。

用户优先权:占 3 bit。遵照 IEEE 802.1p 规定。

VID:占 12 bit,它编码 VLAN 的标识符。

6.2　广域网技术

6.2.1　基本概念

　　局域网技术虽然设计用于单个站点内,但仍然有扩展空间距离的方法,比如卫星网桥可以用来连接一个局域网内任意距离的两个网段。然而桥接局域网不能被看做是广域网,因为带宽限制决定了桥接网不能连接任意多个站点内的任意多台计算机。

　　区分局域网技术和广域网技术的关键是网络的规模,广域网能按照需要连接地理距离较远的许多站点,每个站点内有许多计算机。例如,广域网应能连接一个大公司散布于数千平方公里内几十个不同地点的办公室或工厂的所有计算机。另外还必须使大规模网络的性能达到相当水平,否则也不能称之为广域网技术。也就是说,广域网不仅仅只是连接许多站点中的许多计算机,它还必须有足够的性能,使得大量计算机之间能同时通信。同时,与局域网不同的是,局域网使用内部布线,如同轴电缆或双绞线。典型的广域网传送数据使用的却是公共通信链路。

　　广域网由许多节点交换机以及连接这些交换机的链路组成,各台计算机连接到交换机上,节点之间的连接方式是点到点方式。广域网初始的规模是由站点数目和连入的计算机数目决定,其他的交换机可以按需要加入,用来连接其他的站点或计算机。一组交换机相互连接构成广域网。一台交换机通常有多个输入/输出接口,使得它能形成多种不同的拓扑结构,连接多台计算机。例如,图 6 - 18 显示了由 4 台节点交换机和 8 台计算机互联而成的广域网的一种可能情况。

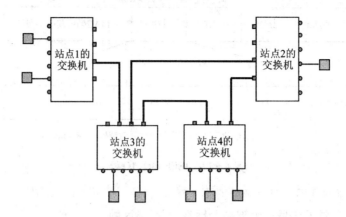

图 6 - 18　4 台节点交换机和 8 台计算机互连而成的广域网

广域网中基本的电子交换机称为节点交换机(packet switch),因为它把整个分组从一个站点传送到另一个站点。从概念上说,每个节点交换机相当于一台小型的计算机,它有处理器和存储器,以及用来收发分组的输入/输出设备。现代高速广域网中的节点交换机由专门的硬件构成,早期广域网中的节点交换机则由执行分组交换任务的普通微机构成。图 6 - 19 展示了含有两种输入/输出接口的节点交换机。第一种接口具有较高的速度,用于连接其他节点交换机,另一种用于连接计算机,通过节点交换机互联组成的小型广域网。节点交换机间的连接速度通常比节点交换机与计算机间的连接速度快。

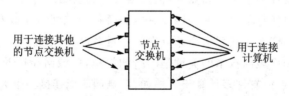

图 6 - 19　含有两种输入/输出接口的节点交换机

6.2.2　广域网的分组转发机制

1. 存储转发

局域网中,在一个给定时间内只允许一对计算机交换帧,而在广域网中,分组往往经过许多的节点交换机的存储转发(store and forward)才能到达目的地。为完成存储转发功能,节点交换机必须在存储器中对分组进行缓冲。存储操作是在分组到达时执行,节点交换机的输入/输出硬件把一个分组副本放在存储器中并通知处理器(例如使用中断)。然后进行转发(forward)操作。处理器检查分组,决定应该送到哪个接口,并启动输出硬件设备以发送分组。使用存储转发模式的系统能使分组以硬件所容许的最快速度在网络中传送。更重要的是,如果有许多分组都必须送到同一输出设备,节点交换机能将分组一直存储在存储器中直到该输出设备空出。例如,考虑分组在图 6-1 所示的网络中传输,假设站点 1 中的两台计算机几乎同时发出一个分组到站点 3 中的一台计算机,这两台计算机都把分组发送给交换机。每个分组到达时,交换机中的输入/输出硬件把分组放在存储器中并通知处理器,处理器检查每个分组的目的地址并知道分组都发往站点 3。当一个分组到达时,如果站点 3 的出口正好空闲,处理器立即开始发送;如果正忙,处理器把分组放在和该出口相关的队列中。一旦发送完一个分组,该出口就从队列中提取下一个分组并开始发送。

2. 广域网的物理编址

局域网采用了平面地址结构,对不需要进行路由选择的局域网,这种结构非常方便。然而在广域网中,分组往往经过许多节点交换机的存储转发才能到达目的地。广域网使用层次地址方案(hierarchical addressing scheme),使得转发效率更高。层次地址把一个地址分成几部分。最简单的层次地址方案把一个地址分为两部分:第一部分表示节点交换机,第二部分表示连到该交换机上的计算机。例如,图 6-20 显示了分配给一对节点交换机上所连计算机的两段式层次地址。用一对十进制整数来表示一个地址,连到节点交换机 2 上端口 6 的计算机的地址为[2,6]。在实际应用中是用一个二进制数来表示地址的:二进制数的一些位表示地址的第一部分,其他位则表示第二部分。由于每个地址用一个二进制数来表示,用户和应用程序可将地址看成一个整数,不必知道这个地址是分层的。

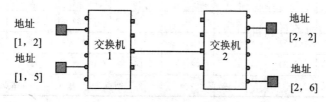

图 6-20　两段式层次地址

3. 广域网中的路由

当有另外的计算机连入时,广域网的容量必须能相应扩大。当有少量计算机加入时,可通过增加输入/输出接口硬件或更快的 CPU 来扩大单个交换机的容量。这些改变能适应网络小规模的扩大,更大的扩大就需要增加节点交换机。这一基本概念使得建立一个具有较大可扩展性的广域网成为可能,因为可以不增加计算机而使交换容量增加。特别是在网络内部可加入节点交换机来处理负载,这样的交换机无需连接计算机。这些节点交换机称为内部交换机(interior switch),而把与计算机直接连接的交换机称为外部交换机(exterior switch)。为使广域网能正确地运行,内、外部交换机都必须有一张路由表,并且都能转发节点。路由表中的数据必须符合以下条件:

① 完整的路由。每个交换机的路由表必须含有所有可能目的地的下一站。

② 路由优化。对于一个给定的目的地而言,交换机路由表中下一站的值必须是指向目的

地的最短路径。

对广域网而言最简单的方法是把它看作图来考虑,图中每个站点代表一个交换机。如果网络中一对交换机直接相连,则在图 6-21 中的相应站点间有一条边或链接(由于图论和计算机网络之间的关系非常紧密,所以连在网上的一台机器叫做网络站点,连接两台机器的串行数字线路叫做一条链接)。图 6-21 说明了一个广域网的例子和相应的图。

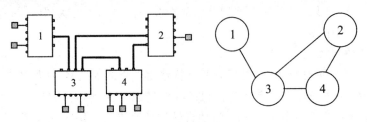

图 6-21 广域网例子和相应的图

用图来表示网络是很有用的。由于图显示了没有相连计算机的交换机,该图就展现出网络的主要部分。而且图可用来理解和计算下一站路由。表 6-5 展示了图 6-21 的路由表。

表 6-5 路由表

目的地	下一站	目的地	下一站	目的地	下一站	目的地	下一站
1	-	1	(2,3)	1	(3,2)	1	(4,2)
2	(1,3)	2	-	2	(3,3)	2	(4,4)
3	(1,3)	3	(2,3)	3	-	3	(4,2)
4	(1,3)	4	(2,4)	4	(3,4)	4	—
站点 1		站点 2		站点 3		站点 4	

6.2.3 帧中继

在 20 世纪 70 年代和 80 年代研制和实施的协议主要是基于容易产生错误的传输电路。今天的网络在高质量的可靠传输链路上使用可靠的数字传输技术,许多线路都使用光纤。使用光纤和数字技术,可以获得高的数据速率,在这种条件下,X.25 的开销不但不必要,而且会降低高的可用数据速率的有效利用率。

帧中继是继 X.25 后发展起来的数据通信方式。帧中继消除了 X.25 加在端用户系统和分组交换网络上的许多开销。通常将帧中继称为快速分组交换。

帧中继保留了 X.25 链路层的 HDLC 帧格式,但不采用 HDLC 的平衡链路接入规程 LAPB(Link Access Procedure - Balanced),而采用 D 通道链路接入规程 LAPD(Link Access Procedure on the D - Channel)。LAPD 规程能在链路层实现链路的复用和转接,所以帧中继的层次结构中只有物理层和链路层。与 X.25 相比,帧中继在操作处理上做了大量的简化。

帧中继不考虑传输差错问题,其中节点只做帧的转发操作,不需要执行接收确认和请求重发等操作,差错控制和流量控制均交由高层端系统完成,所以大大缩短了节点的时延,提高了网内数据的传输速率。帧中继和传统的 X.25 分组交换服务之间的主要差别:

① 呼叫控制信令在不同于用户数据的一条单独的逻辑连接上运载。因此,中间节点不需要在每条连接的基础上维持状态表或处理与呼叫控制有关的消息。

② 逻辑连接的多路复用和交换发生在第二层,而不是第三层,这样就免除了一个处理层次。

③ 没有站段到站段的流量控制和差错控制。端到端的流量控制和差错控制由高层负责。

帧中继是一种简单的面向连接的虚电路分组服务。它既提供永久虚电路(PVC),又提供交换虚电路(SVC)。

帧中继是一种广域网技术,也是一种快速操作技术。X.25 运行在 64 kbit/s 以下的速率,但帧中继现在可以达到 T1/E1 的速率,甚至更高。

帧中继的主要特点是:

● 中速到高速的数据接口;

● 标准速率 T1 速率;

● 可用于专用和公共网;

● 仅传输数据;

● 使用可变长度分组。

1. 帧中继的帧格式

帧中继的帧结构如图 6-22 所示,它类似 HDLC 的帧格式,不过没有控制字段。

① 标志字段 F 用以标志帧的起始和结束,其比特模式为 01111110,可采用 0 比特插入法实现数据的透明传输。

② 帧格式中的地址字段的主要作用是路由寻址,也管阻塞控制。地址字段一般由 2 个字节组成,在需要时也可扩展到 3 或 4 个字节。地址字段中有如下几个部分:

数据链路连接标识符 DLCI:由高、低两部分共 10 比特组成,用于唯一表示一个虚连接。

注意:数据链路连接标识符 DLCI 只具有本地意义。在一个帧中继的连接中,在连接两端的用户网络接口 UNI 上所使用的两个 DLCI 是各自独立选取的。帧中继可同时将多条不同 DLCI 的逻辑信道复用在一条物理信道中。

命令/响应位 C/R:与高层应用有关。

扩展地址位 EA:为"0"表示下一字节仍为地址,为"1"表示地址结束,用于对地址字段进行扩展。对于 2 字节地址,其 EA0 为"0",EA1 为"1"。

前向显示阻塞通知位 FECN 和反向显示阻塞通知位 BECN:发送方将 FECN 置为"1",用于通知接收方网络出现阻塞;接收方将反向显示阻塞通知位 BECN 置"1",用于通知发送方网络出现阻塞。

可丢弃位 DE：由用户设置，若置"1"，表示当网络发生阻塞时，该帧可被优先丢弃。

③ FCS 字段用于帧的验错，若传输中出错，则由接收端将之丢弃并通知发送端重发。

F（帧开始标志）			
DLCI（数据链路连接标识符）			CR（命令/响应位）
FECN	BECN	DE（丢弃合格指示）	EA（地址扩展位）
数　据			
帧校验			
F（帧结束标志）			

图 6 - 22　帧中继的帧结构

2. 帧中继的应用

帧中继既可作为公用网络的接口，也可作为专用网络的接口。专用网络接口的典型实现方式是，为所有的数据设备安装带有帧中继网络接口的 T1 多路选择器，而其他如语音传输、电话会议等应用则仅需安装非帧中继的接口。这两类网络中，连接用户设备和网络装置的电缆可以用不同速率传输数据，一般速率在 56 kbps 到 E1 速率（2.048 Mbps）间，一旦它适应宽带应用，将具备 44.7 Mbps 速率的能力。

帧中继的常见应用简介如下：

（1）局域网的互联

由于帧中继具有支持不同数据速率的能力，使其非常适于处理局域网-局域网的突发数据流量。传统的局域网互联，每增加一条端-端线路，就要在用户的路由器上增加一个端口。基于帧中继的局域网互联，只要局域网内每个用户至网络间有一条带宽足够的线路，则既不用增加物理线路也不占用物理端口，就可增加端-端线路，而不致对用户性能产生影响。

（2）语音传输

帧中继不仅适用于对时延不敏感的局域网的应用，还可以进行对时延要求较高的低档语音（例如：长途电话）的应用。

（3）文件传输

帧中继既可保证用户所需的带宽，又有满意的传输时延，非常适合大流量文件的传输。

6.2.4　ATM

1. ATM 概述

异步传输模式 ATM(Asynchronous Transfer Mode)是在分组交换技术上发展起来的一种快速分组交换方式，它吸取了分组交换高效率和电路交换高速度的优点，采用的面向连接的快速分组交换技术。它采用定长分组，能够较好地对宽带信息进行交换。一般将这种交换称为信元(cell)交换。ATM 由国际电信联盟 ITU 在 1991 年正式确定为 B-ISDN 的传送方式。值得说明的是，N-ISDN 采用的交换技术是同步传输模式 STM(Synchronous Transfer Mode)。而 BISDN 采用的交换技术是基于异步分时复用的信元交换，即 ATM。在 ATM 中，每个时隙没有确定的占有者，各信道根据通信量的大小和排队规则来占用时隙。每个时隙就相当于一个分组，即信元。

　　ATM 克服了其他传送方式的缺点，能够适应任何类型的业务，不论其速度高低、突发性大小、实时性要求和质量要求如何，都能提供满意的服务。图 6-23 就是 ATM 的一般入网方式，与网络直接相连的可以是支持 ATM 协议的路由器或装有 ATM 卡的主机，也可以是 ATM 子网。在一条物理链路上，可同时建立多条承载不同业务的虚电路，如语音，图像和文件传输等。

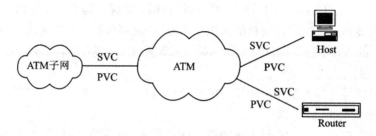

图 6-23　ATM 的一般接入方式

2. ATM 协议参考模型

　　ATM 的参考模型如图 6-24 所示，它包括 3 个面：用户面、控制面和管理面，而在每个面中又是分层的，分为物理层、ATM 层、AAL 层和高层。

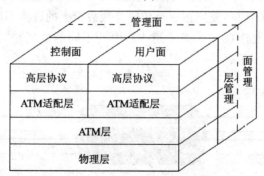

图 6-24　ATM 的参考模型

　　协议参考模型中的 3 个面分别完成不同的功能：

　　用户平面：采用分层结构，提供用户信息流的传送，同时也具有一定的控制功能，如流量控制、差错控制等；

控制平面：采用分层结构，完成呼叫控制和连接控制功能，利用信令进行呼叫和连接的建立、监视和释放；

管理平面：包括层管理和面管理。其中层管理采用分层结构，完成与各协议层实体的资源和参数相关的管理功能。同时层管理还处理与各层相关的 OAM 信息流；面管理不分层，它完成与整个系统相关的管理功能，并对所有平面起协调作用。

（1）物理层

物理层在 ATM 设备间提供 ATM 信元传输通道。它分成物理媒体子层 PM（Physical Media sub layer）和传输会聚子层 TC（Transmission Convergence）。

① 物理媒体子层 PM：约定物理媒体接口的电气功能和规程特征，提供比特同步，实现物理媒体上的比特流传送。

② 传输会聚子层 TC：相当于 OSI 的数据链路层，实现物理媒体上定时传输的比特流与 ATM 信元间的转换。它完成传输帧的生成与恢复、信元同步、信元定界、信元头的差错检验、信元速率适配，在 ATM 层不提供信元期间插入或删除未分配信元等功能。

（2）ATM 层

ATM 层提供与业务类型无关的统一的信元传送功能。ATM 层具有网络层协议的功能：端到端虚电路连接交换、路由选择等。

ATM 网络只提供到 ATM 层为止的信元传送功能，而流控、差错控制等与业务有关的功能全部由终端系统完成。ATM 层利用虚通道 VP（Virtual Path）和虚通路 VC（Virtual Channel）来描述逻辑信息传输线路。

一个虚通路 VC 是在两个或两个以上的端点之间的一个运送 ATM 信元的通信通路。

一个虚通道 VP 包含有许多相同端点的虚通路，而这许多虚通路都使用同一个虚通道标识符 VPI。在一个给定的接口，复用在一个传输有效载荷上的许多不同的虚通道，用它们的虚通道标识符来识别。而复用在一个虚通道 VP 中的不同的虚通路，用它们的虚通路标识符 VCI 来识别，如图 6-25 所示。

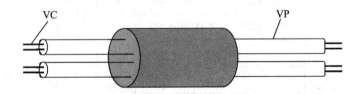

图 6-25　ATM 连接标识符

ATM 层的功能：

① 利用 VP 和 VC 进行信元交换。在 ATM 交换机中读取各输入信元的 VCI 和 VPI 值，依据信令进行信元交换并更新输出信元的 VCI 和 VPI 值。

② 信元的复用与解复用。在 ATM 交换机中把多个虚通道和虚通路合成一个信元流进行传送。

③ 信头的生成与删除。在与 AAL 层交流的 48 字节用户数据前添加或删除信头以进行传送。

④ 一般流控。在 B – ISDN 的用户网络接口提供接入流量控制,支持用户网的 ATM 流量控制。

(3) ATM 适配层

ATM 适配层记为 AAL(ATM Adaptation Layer),其作用是增强 ATM 层所提供的服务,并向上层提供各种不同的服务。AAL 向上提供的服务主要是:

① 用户的应用数据单元 ADU 划分信元或将信元重装成为应用数据单元 ADU。

② 对比特差错进行监控和处理。

③ 处理丢失和错误交付的信元。

④ 流量控制和定时控制。

ATM 网络可向用户提供 4 种类别的服务,从 A 类到 D 类。服务类别划分的根据是:

① 比特率是固定的还是可变的;

② 源站和目的站的定时是否需要同步;

③ 是面向连接的还是无连接的。

ITU – T 最初定义了 4 种类别的 AAL,分别支持上述 4 种服务。但后来就将 AAL 定义成 4 种类型,并且一种类型的 AAL 可支持不止一种类别的服务。此外,发现 ITU – T 没有必要划分类型 3 和类型 4。于是将这两个类型合并,取名 3/4,它可支持 C 类或 D 类服务。请注意:区分服务的是"类别(class)",区分 AAL 的是"类型(type)",如表 6 – 6 所列:

表 6 – 6　ATM 网络向用户提供的 4 种服务

服务类别(class)	A 类	B 类	C 类	D 类
AAL 类型(type)	AAL1,AAL5	AAL2,AAL5	AAL3/4,AAL5	AAL3/4,AAL5
比特率	恒定	可变		
是否需要同步	需要		不需要	
连接方式	面向连接			无连接
应用举例	64 kbit/s 话音	变比特率图像	面向连接的数据	无连接数据

为了方便,AAL 层分成两个子层,即拆装子层 SAR(Segmentation And Reassembly sub layer) 和会聚子层 CS(Convergence Sub layer)。

① 拆装子层 SAR:下层在发送方将高层信息拆成一个虚连接上的连续信元,在接收方将一个虚连接上的连续信元组装成数据单元并交给高层。

② 会聚子层 CS:上层依据业务质量要求,控制信元的延时抖动,进行差错控制和流控。

（4）高　层

提供高层用户数据传送控制和网络管理功能。

3. ATM 的信元格式

信元实际上就是分组，只是为了区别于 X.25 的分组，才将 ATM 的信息单元叫做信元。ATM 的信元具有固定的长度，即总是 53 个字节。其中 5 个字节是信头（header），48 个字节是信息段。信头包含各种控制信息，主要是表示信元去向的逻辑地址，另外还有一些维护信息、优先级及信头的纠错码。信息段中包含来自各种不同业务的用户数据，这些数据透明地穿越网络。信元的格式与业务类型无关，任何业务的信息都同样被切割封装成统一格式的单元。

在 ATM 层，有两个接口非常重要，即用户-网络接口 UNI（User – Network Interface）和网络-网络接口 NNI（Network – Network Interface）。前者定义了主机和 ATM 网络之间的边界（在很多情况下是在客户和载体之间），后者应用于两台 ATM 交换机（ATM 意义上的路由器）之间。两种格式的 ATM 信元头如图 6-26。信元传输是最左边的字节优先，其中各个字段的含义及功能如下：

① 一般流量控制字段 GFC（Generic Flow Control），又称接入控制字段。当多个信元等待传输时，用以确定发送顺序的优先级。

② 虚通道标识字段 VPI（Virtual Path Identifier）和虚通路标识字段 VCI（Virtual Channel Identifier）用做路由选择。

③ 负荷类型字段 PT（Payload Type）用以标识信元数据字段所携带的数据的类型。

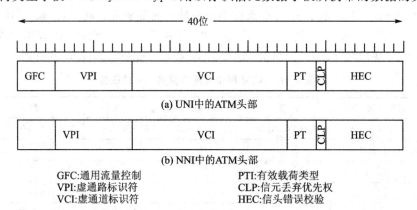

图 6-26　两种格式的 ATM 信元头部

④ 信元丢失优先级字段 CLP（Cell Loss Priority）用于阻塞控制，若网络出现阻塞时，首先丢弃 CLP 置位的信元。

⑤ 差错控制字段 HEC（Head Error Control）用以检测信头中的差错，并可以对其中的 1 位纠错。HEC 的功能在物理层实现。

4. ATM 交换机

（1）ATM 基本排队原理

ATM 交换有两条根本点：信元交换和各虚连接间的统计复用。信元交换将 ATM 信元通过各种形式的交换媒体，从一个 VP/VC 交换到另一个 VP/VC 上。统计复用表现在各虚连接的信元竞争传送信元的交换介质等交换资源，为解决信元对这些资源的竞争，必须对信元进行排队，在时间上将各信元分开。借用电路交换的思想，可以认为统计复用在交换中体现为时分交换，并通过排队机制实现。

排队机制是 ATM 交换中一个极为重要的内容，队列的溢出会引起信元丢失，信元排队是交换时延和时延抖动的主要原因，因此，排队机制对 ATM 交换机性能有着决定性的影响。基本排队机制有 3 种：输入排队、输出排队和中央排队。这 3 种方式各有缺点，如输入排队有信头阻塞，交换机的负荷达不到 60%；输出排队存储器利用率低，平均队长要求长，而中央排队存储器速率要求高、存储器管理复杂。同时，3 种方式各有优点，输入队列对存储器速率要求低，中央排队效率高，输出队列则处于两者之间，所以在实际应用中并没有直接利用这 3 种方式，而是加以综合，采取了一些改进的措施。改进的方法主要有：

① 减少输入排队的队头阻塞。

② 采用带反压控制的输入输出排队方式。

③ 带环回机制的排队方式。

④ 共享输出排队方式。

⑤ 在一条输出线上设置多个输出子队列，这些输出子队列在逻辑上作为一个单一的输出队列来操作。

（2）ATM 交换机构

为实现大容量的交换，也为了增加 ATM 交换机的可扩展性，往往构造小容量的基本交换单元，再将这些交换单元按一定的结构构造成 ATM 交换机构（fabric），对于 ATM 交换机构来说，研究的主要问题是各交换单元之间的传送介质结构及选路方法，以及如何降低竞争，减少阻塞。ATM 交换机构分类方法不一，有一种分法为：时分交换和空分交换，其中时分交换包括共享总线、共享环和共享存储器结构，空分交换包括全互联网和多级互联网。

（3）ATM 交换机

ATM 信元交换机的通用模型如图 6 - 27 所示。它有一些输入线路和一些输出线路，通常在数量上相等（因为线路是双向的）。在每一周期从每一输入线路取得一个信元（如果有的话）。通过内部的交换结构（switching fabric），并且逐步在适当的输出线路上传送。

交换机可以是流水线的，即进入的信元可能过几个周期后才出现在输出线路上。信元实际上是异步到达输入线路的，因此有一个主时钟指明周期的开始。当时钟滴答时，完全到达的任何信元都可以在该周期内交换，未完全到达的信元必须等到下一个周期。

信元通常以 ATM 速率到达，一般在 150 Mbit/s 左右，即大约超过 360 000 信元/s，这意

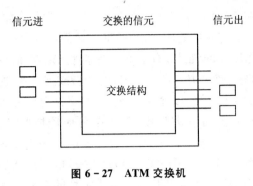

信元进　　交换的信元　　信元出

交换结构

图 6-27　ATM 交换机

味着交换机的周期大约为 2.7 μs。一台商用交换机可能有 16～1 024 条输入线路，即它必须能在每 2.7 μs 内接收和交换 16～1 024 个信元。在 622 Mbit/s 的速率上，每 700 ns 就有一批信元进入交换结构。由于信元是固定长度并且较小（53 字节），这就可能制造出这样的交换机。若使用更长的可变长分组，高速交换会更复杂，这就是 ATM 使用短的、固定长度信元的原因。

（4）ATM 交换机的分类

各种 ATM 交换设备由于应用场合的不同，完成的功能也略有差异，主要区别有接口种类、交换容量、处理的信令这几方面。

在公用网中，有接入交换机、节点交换机和交叉连接设备。接入交换机在网络中的位置相当于电话网中的用户交换机，它位于 ATM 网络的边缘，将各种业务终端连入 ATM 网中。节点交换机的地位类似于现有电话网中的局用交换机，它完成 VP/VC 交换，要求交换容量较大，但接口类型比接入交换机简单，只有标准的 ATM 接口，主要是 NNI 接口，还有 UNI 接口等。信令方面，只要求处理 ATM 信令。交叉连接设备与现有电话网中的交叉连接设备作用相似，它在主干网中完成 VP 交换，不需要进行信令处理，从而实现极高速率的交换。

在 ATM 专用网中，有专用网交换机、ATM 局域网交换机。专用网交换机作用相当于公用网中的节点交换机，具有专用网的 UNI 和 NNI 接口，完成 P-UNI 和 P-NNI 的信令处理，有较强的管理和维护功能。ATM 局域网交换机完成局域网业务的接入，ATM 局域网交换机应具有局域网接口和 ATM P-UNI 接口，处理局域网的各层协议以及 ATM 信令。

6.3　接入网技术

6.3.1　铜线接入网技术

1. xDSL 技术

DSL（Digital Subscriber Line），意即数字用户线路，是以铜电话线为传输介质的点对点传输技术。xDSL 即铜线回路接入技术是一系列用户数字线技术的总称。DSL 技术包含几种不同的类型，它们通常称为 xDSL，其中 x 将用标识性字母代替。DSL 技术在传统的电话网络（POTS）的用户环路上支持对称和非对称传输模式，解决了经常发生在网络服务供应商和最终用户间的"最后一英里"的传输瓶颈问题。由于电话用户环路已经被大量铺设，如何充分利用现有的铜缆资源，通过铜质双绞线实现高速接入就成为业界的研究重点，因此 DSL 技术很快就得到重视。

在语音基础设施上传输数据的主要问题,是传统的调制解调技术严重限制了最大的数据传输速率。对于一般情况下的中心局到用户的距离的研究表明,这个长度一般限制在 18 000 英尺以内。因此,研究人员开始研究在普通电话铜质双绞线上,为了使接收器收到足够强度的信号,应当如何对数据比特进行调制解调以及编码变换。在这些研究基础上,形成了一系列接入技术。它们统称为 xDSL 技术。

xDSL 也称为"最后一英里技术",是美国贝尔通信研究所于 1989 年为推动视频点播(VOD)业务开发出的用户线高速传输技术,后因 VOD 业务受挫而被搁置了很长一段时间。它是以大量部署的电信基础设施为基本出发点的。xDSL 与 ISDN,POTS 一样,向每个用户提供连接到中心局的一对或者多对专用铜线,而不提供交换式语音网络。随着近年来 internet 和 intranet 迅速发展,对固定连接的高速接入的需求也日益高涨。而基于双绞线的 xDSL 技术以其低成本实现用户线高速化而重新崛起,打破了宽带通信由光纤独揽的局面。

电信企业的主干网已采用 2.5 Gbit/s 和 10 Gbit/s 的超高速光纤,但由于连接用户和交换局的用户线绝大多数仍是电话铜双绞线,以现有的调制技术不能满足用户高速接入的需求。采用 xDSL 技术后,即可在双绞线上传送高达数 M bit/s 速率的数字信号。如果配置了分离音频频带和高频带的分离器,则可同时提供电话和高速数据业务。

与其他的宽带网络接入技术相比,xDSL 技术的优势在于:

① 能够提供足够的带宽以满足人们对于多媒体网络应用的需求。

② 与 Cable Modem、无线接入等接入技术相比,xDSL 性能和可靠性更加优越。

③ xDSL 技术利用现有的接入线路,能够平滑地与人们现有的网络进行连接,是过渡阶段比较经济的接入方案之一。

图 6 - 28 是 xDSL 接入与其他接入技术之间的比较。

从图 6 - 28 中可以看出:

① xDSL 技术比现有的其他接入方式能够提供更快的接入速度。

② 网络服务提供者可以通过 xDSL 接入为用户提供增值服务,比如视频会议等。

③ 网络服务提供者可以为用户提供 QOS 服务,也就是说用户可以根据自己的需要选择不同的 xDSL 传输速度和传输方式(用户需要交纳的费用也会有所区别)。

④ xDSL 传输技术能够与网络服务提供者现有的网络(如帧中继、ATM 或 IP 网络)无缝地整合在一起。也就是说,网络服务提供商不需要重新架构新的网络。这为 xDSL 技术的推广应用创造了良好的条件。

总之,xDSL 技术利用现有的电信基础设施实现宽带接入的要求,可以最大限度地保护网络服务商现有的网络投资,并且满足用户的需求,所以 xDSL 技术已经成为"下一代数字接入网络"的重要组成部分。

现有的已经标准化或者正在进一步进行标准化的 xDSL 技术主要包括以下几个方面:

● ADSL(Asymmetric Digital Subscribe Line,非对称数字用户线)

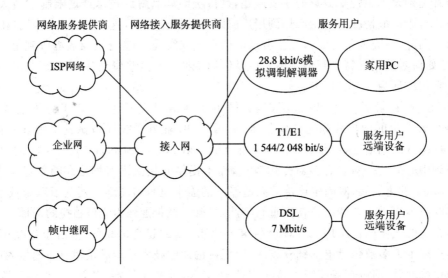

图 6-28　xDSL 接入与其他接入技术之间的比较

- RADSL(Rate Adaptive DSL,速率自适应数字用户线)
- ADSL Lite(G. Lite)简化 ADSL
- HDSL(High bit rate DSL,高比特率数字用户线)
- SDSL(Single line DSL,HDSL 的单线版本)
- MVL(Multiple Virtual Line,多虚拟数字用户线)
- IDSL(1SDN DSL,ISDN 数字用户线)
- HDSL 2(HDSL 的单线版本)
- G. SHDSL(HDSL 的单线版本)
- VDSL(Very High Bit Rate DSL,甚高比特率用户数字线)

(1) ADSL

ADSL 是 DSL 技术的一种。它以现有普通电话线为传输介质,能够在普通电话线,即铜双绞线上提供远高于 ISDN 速率的高达 32 kbit/s～8. 192 Mbit/s 的高速下行速率和高达 32 kbit/s～1. 088 Mbit/s 的上行速率,同时传输距离可以达到 3～5 km。只要在线路两端加装 ADSL 设备即可使用 ADSL 提供的高宽带服务。通过一条电话线,便可以比普通 Modem 快 100 倍的速度浏览因特网,通过网络进行学习、娱乐、购物,更可享受到网上视频会议、视频点播、网上音乐、网上电视和网上 MTV 的乐趣,还能以很高的速率下载文件。同时还可以与普通电话共用一条电话线上网,使上网与接听、拨打电话互不影响。

从总体上来说,ADSL 是一种通过现有普通电话线为家庭、办公室提供宽带数据传输服务的技术。其主要技术特点如下:

① ADSL 能够在现有铜双绞线,即普通电话线上提供高速达 1.5～9.0 Mbit/s 的高速下行速度,远高于 ISDN 速率;而上行速率有 16 kbit/s～1 Mbit/s,传输距离达 3～5 km。这种技术固有的非对称性非常适合于因特网浏览,因为浏览因特网网页时往往要求下行信息比上行信息的速率更高。

②改进的 ADSL 具有速率自适应功能。这样就能在线路条件不佳的情况下,通过调整传输速率来实现"始终接通"。

③ ADSL 技术可以充分利用现有的铜缆网络(电话线网络),在线路两端加装 ADSL 设备即可为用户提供高宽带服务。安装 ADSL 也极其方便快捷。在现有的电话线上安装 ADSL,除了在用户端安装 ADSL 通信终端外,不用对现有线路做任何改动。

④ ADSL 可以与普通电话共存于一条电话线上,在一条普通电话线上接听、拨打电话的同时进行 ADSL 传输而又互不影响。研究人员建议使用防护频带把音频和宽带信号隔离开,这样就提高了铜线回路固有的带宽。

⑤ 用户通过 ADSL 接入宽带多媒体信息网和因特网,同时可以收看电视节目,举行一个视频会议,以很高的速率下载文件,还可以在这同一条电话线上使用电话而又不影响以上所说的其他活动。

(2) RADSL

RADSL 技术允许服务提供者调整 xDSL 连接的带宽以适应实际需要,并且通过牺牲线长的方法来解决存在的 ADSL 的质量问题。RADSL 的主要特点在于:

① 利用一对双绞线传输;

② 支持同步和非同步传输方式;

③ 速率自适应,下行速率从 640 kbit/s～12 Mbit/s,上行速率从 128 kbit/s～1 Mbit/s;

④ 支持同时传输数据和语音。

(3) G. Lite(ADSL. Lite)

因为其选用了 1.5 Mbit/s 的下行速率又被称为"轻量级的 ADSL"。之所以选择这个速率,是有其内在的技术和经济原因。从该项技术的用途来看,对于上网浏览,1.5 Mbit/s 正是一个十分理想的闭值。由于 Internet 骨干网传输速率的限制,因此 1.5 Mbit/s 的传输速率已经足够;从 ADSL 的另一个用途视频点播来看,1.5 Mbit/s 的传输速率对于传输 MPEG1 的信号来说也是绰绰有余。与 ADSL 的主要竞争对手 Cable Modem 相比,1.5 Mbit/s 也是一个不错的选择。由于通过 Cable Modem 共享技术,当用户数激增时,速率会下降很快。而 G. Lite的 1.5 Mbit/s 是独享的,因而在速率上更有保证。就这点而言,G. Lite 毫不逊色。1.5 Mbit/s的传输速率正好达到了单向 T1 的速率,这在某种程度上也使得它成为商业用户的一种选择:

① 利用一对双绞线传输;

② 上/下行速率 512 kbit/s～1.5 Mbit/s;

③ 不需要室内分离器；

④ 只支持 ATM 传输，不支持 STM 传输；

⑤ 只支持单一传输时延；

⑥ 具有快速训练和电源管理等新特性。

（4）HDSL

HDSL 是 xDSL 技术中最成熟的一种，已经得到了较为广泛的应用。这种技术可以通过现有的铜双绞线以全双工 T1 或 E1 方式传输。与传统的 T1 或 E1 技术相比，HDSL 可以实现在 3.6 km 的距离上传输而不用放大器，不需要每隔 0.9～1.8 km 就安装一个放大器。而且除了安装方便以外，HDSL 的价格也比 T1/E1 要便宜。HDSL 的特点主要是：

① 利用两对双绞线传输；

② 支持 $N\times64$ kbit/s 各种速率，最高可达 E1 速率；

③ HDSL 主要用于数字交换机的连接、高带宽视频会议、远程教学、蜂窝电话基站连接和专用网络建立等。

（5）SDSL

SDSL 可以在一对双绞线上，提供双向高速可变比特率连接，速率范围从 160 kbit/s～2.084 Mbit/s。SDSL 的主要特点如下：

① 利用单对双绞线；

② 支持多种速率最高达到 T1/E1；

③ 用户可根据数据流量选择比较经济合适的速率，最高可达 E1 速率，比用 HDSL 节省一对铜线；

④ 在 0.4 mm 双绞线上的最大传输距离为 3 km 以上。

（6）MVL

MVL 是 Paradyne 公司开发的低成本 DSL 传输技术。其基本特点如下：

① 利用一对双绞线；

② 安装简便，价格低廉；

③ 功耗低，可以进行高密度安装；

④ 利用与 ISDN 技术相同的频率段，对同一电缆中的其他信号干扰非常小；

⑤ 支持语音传输，在用户端无需语音分离器；

⑥ 支持同一条线路上同时连接多至 8 个 MVL 用户设备，动态分配带宽；

⑦ 上/下行共享速率可达 768 kbit/s；

⑧ 传输距离可达 7 km。

（7）IDSL

IDSL 在用户端使用 ISDN 终端适配器，在双绞线的另一端使用与 ISDN 兼容的接口卡，这种技术可以提供 128 kbit/s 的服务。

(8) VDSL

VDSL 技术类似于 ADSL,但是它所传输的速率几乎要比 ADSL 高 10 倍。VDSL 速率的大小取决于传输线的长度,最大下行速率目前考虑为 51～55 Mbit/s,长度不超过 300 m,13 Mbit/s 以下的速率可传输距离为 1.5 km 以上。这样的传输速率可扩大现有铜线传输容量达 400 倍以上。一般下行速率从 13～55 Mbit/s,传输距离不超过 1.5 km,VDSL 目前尚处于定义阶段,与此相关的一些标准化小组如美国的 ANSI TlEl.4 小组、欧洲 ETSI 小组、DAVIC(The Digital Audio – Visual Council)、ATM 论坛以及 ADSL 论坛正尝试着对它做出一些规范。VDSL 在用户回路长度小于 5 000 英尺的情况下,可以提供的速率高达 13 Mbit/s 甚至还可能更高,这种技术可作为光纤到路边网络结构的一部分。此技术可在较短的距离上提供极高的传输速率,但应用还不是很多。其主要特点是:

① 可以支持不对称和对称业务;

② 在频段上与 ADSL 互补;

③ 支持一点对多点的配置。

(9) G.SHDSL

G.SHDSL 是国际电信联盟(ITU)于 2000 年 4 月在瑞士的日内瓦通过的关于对称高比特数字用户环路的标准。G.SHDSL 可以比其他 DSL 技术产品传输更远的距离。G.SHDSL 所采用的核心技术同当前 ANSI T1.418 规定的 HDSL2 标准很相近。G.SHDSL 具有速率距离自适应的能力,与当今的基于 2B1Q 技术的 HDSL 相对比具有更优越的性能,并同 ADSL 相匹配。G.SHDSL 标准中对时分复用(TDM)和 ATM 网络的适应性也做了详细的说明。SHDSL 在未来也将应用于基于 ATM 的网络。其主要特点是:

① 在一对铜双绞线上支持对称的 192 kbit/s～2.312 Mbit/s 的可变速率;

② 如果使用两对铜缆,G.SHDSL 可以达到 384 kbit/s～4.72 Mbit/s 的速率;

③ SHDSL 的设备能够支持 TDM 和 ATM 的操作;

④ 有自适应功能。

xDSL 主要应用于专线网的接入线、Internet 的接入线以及 ATM 的接入线。

专线提供上、下行速率对称的通信业务,因此可采用 IDSL,SDSL 和 HDSL 型 Modem,终端通过 V.35 或 X.21 等串口与其相连,其双向传输速率为 128 kbit/s～2 Mbit/s。

在 Internet 中,浏览 Web 等客户/服务器业务的下行数据量要大得多,因此可采用下行高速化的 ADSL Modem。

主干线路 ATM 化已成为全球通信发展的趋势,因此如何使 xDSL 用做 ATM 业务的接入线已成为当前研究与开发的热点。ANSI,ETSI,ITU – T,ADSL 论坛和 ATM 论坛等机构也正在对 ATM over ADSL 技术进行标准化。

2. CATV

CATV 即有线电视网或称电缆电视网,是由广电部门规划设计的用来传输电视信号的网络。其覆盖面广,用户多。在 1999 年 1 月我国的有线电视用户已经达到了 1 亿。我国的有线电视网虽然没有得到国家投资。但却依靠自身力量发展起来了。目前它的覆盖范围比电信网还广,已经建成 12 989 km 的国家级干线光缆网络,在许多地方已建成光缆和同轴电缆混合网,联通全国 22 个省、市、自治区。从用户数量看,我国已拥有世界上最大的有线电视网络。

目前,我国有线电视网有两大优势:"最后一英里"带宽很宽,覆盖率高于电信网。电信网形成时,只是为了一个业务,那就是打电话,而打电话只要求 64 kHz 的带宽。所以整个网络的设计也就仅局限于这 64 kHz,包括入户的双绞线。这样一来,电信网的"最后一英里"就成了瓶颈,限制了网络速度的提高。尽管电信业采取了 ISDN(综合服务数字网)、ADSL(非对称线性环路),目前可以做到 10 MHz,8 MHz,6 MHz,但在当前价位上提高的余地不大。再往前走,成本将非常高。而 CATV(有线电视)的同轴电缆的带宽很容易可以做到 800 MHz,就现在的带宽需求而言,CATV 网的"最后一英里"是畅通的。

有线电视网是单向的,只有下行信道。因为它的用户只要求能接受电视信号,而并不上传信息。如果要将有线电视网应用到 Internet 业务,则必须对其进行改造,使之具有双向功能。

总的来说,有线电视网比起电信网有自己的优势,最主要的是:带宽大、速率高;线路不用拨号,始终畅通;多用户使用一条线路;不占用公用电话线;提供真正的多媒体功能。

(1) CATV 结构

CATV 特点是单向、广播型的;传统的传输媒质是同轴电缆,信号采取的调制方式是 AM(模拟调幅)和 FM(调频);结构呈树形分支型。

CATV 网络分 3 部分:干线、配线和引入线,如图 6-29 所示。

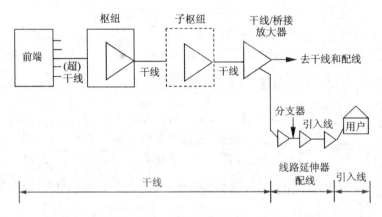

图 6-29 CATV 网络的组成

干线:前端和干线/桥接放大器之间的部分。

配线:干线桥接放大器到分支器之间的部分。

引入线:分支器到用户设备之间的部分。

前端是接收和处理信号的,它首先接收空中的广播电视信号以及卫星电视信号,然后将这些来自不同信源,具有不同制式的信号统一成同一种形式,再以频分复用的方式送到用户。有时还会加入本地电视台自己制作的节目。一般各电视转播站就是前端。

从前端出来的信号,经过沿途的中继电缆,会有衰减。为了补偿传输时的信号衰减,中间加入了干线放大器。传统的铜轴电线传输,衰减比较大,一般每隔 600 m 左右就需要设置一个干线放大器,所以过去一般需要几十个干线放大器;改用光纤传输后,只需要保留几个干线放大器就行了。当干线上的信号需要分路时,必须通过干线/桥接放大器,这类放大器既具备信号放大功能,又具备信号分支功能。

分支器处于用户端,将配线网来的信号分成多路经过一段引入线送到各用户处。

CATV 网的树形分支结构最大的优点是技术成熟,成本低,而且非常适合传送单向的广播电视业务。同样它的缺点也是很明显的:

① 很难传送双向业务,如果需要的话,必须进行较大的改造。

② 网络比较脆弱,因为任何一个放大器的故障都可能会影响到许多用户,如果是在干线上的放大器故障,甚至将影响到上万的用户。

③ 对用户提供的业务质量不一致。离前端较近的用户,由于沿途经过的放大器少,信号质量和可靠性都比较好,但离前端较远的用户,由于沿途经过的放大器可多达 40~50 个,信号质量和可靠性都不是很理想。

④ 不太适合网络的监控和管理。自身很难监视故障,只有等待用户报障后才知,而且知道后也难以确定故障的位置。

(2) CATV 网的改进与未来

CATV 有着丰富的带宽资源,国内外很多厂商都寻求在有线电视网上实现业务综合化。但实现业务综合化之前,要面对 CATV 网自身的一系列缺陷,需要对原来的 CATV 网进行改造。

改造一:用光纤代替同轴电缆,这是一种最理想的办法。光纤信道是一种衰减小、干扰小的理想信道,用它替代同轴电缆,就可以节省大量的放大器,甚至可以取消放大器,电视信号的质量将大大提高,网络的可靠性极大增强,减少了维护费用,同时整个网络的带宽得到进一步拓宽,为提供新的宽带业务创造条件。但完全用光纤代替同轴电缆的做法在经济上是行不通的,没有哪个投资商能投得起或愿意投这么一个耗资巨大而回收期又长的工程。所以最经济现实的方法就是只在干线上用光纤代替同轴电缆,而在 CATV 网的其他部分仍然保持原来的同轴电缆不变,这样投资要比完全替代少得多,也能实现上述的一些目的。

改造二:为了克服 CATV 网络单向的缺陷,采取在光缆和同轴电缆主干线放大器中插入模块的方法解决双向化问题,并在用户端安装一个调制解调器,给用户提供上行通道。

还有一种不用对 CATV 网络改造的方法:充分利用有线电视网的宽带资源,实现因特网、有线电视网和电信网"三网合一",这种做法可以大大降低成本投资,比较适合我国的国情。

6.3.2　光纤接入网技术

　　光纤由于其容量大、保密性好、不怕干扰和雷击、重量轻等诸多优点,正在得到迅速发展和应用。主干网线路迅速光纤化,光纤在接入网中的广泛应用也是一种必然趋势。所谓光纤接入网(OAN)就是指采用光纤传输技术的接入网,泛指本地交换机或远端模块与用户之间采用光纤通信或部分采用光纤通信的系统。通常,OAN 指采用基带数字传输技术,并以传输双向交互式业务为目的的接入传输系统,将来应能以数字或模拟技术升级传输带宽的广播式和交互式业务。

　　从光纤接入网系统接入方式看,主要有 3 类接入方式:综合的 OAN 系统、通用的 OAN 系统以及专用交换机的 OAN 系统。

　　(1) 综合的 OAN 系统

　　综合的 OAN 系统的主要特点是通过一个开放的高速数字接口与数字交换机相连。由于接口是开放的,因而 OAN 系统与交换机制造厂商无关,可以工作在多厂家环境,有利于将竞争机制引入接入网,从而降低用户接入网的成本。这种方式代表了 OAN 的主要发展方向。

　　(2) 通用的 OAN 系统

　　通用的 OAN 系统在 OAN 和交换机之间需要应用一个局内终端设备,在北美称之为局端(COT),功能是进行数模转换并将来自 OAN 系统的信号分解为单个话带信号,以音频接口方式经音频主配线架与交换机相连。由于接口是音频话带接口,因而这种方式适合于任何交换机环境,包括模拟交换机和尚不具备标准开放接口的数字交换机。但由于需要增加局内终端设备、音频主配线架和用户交换终端,因此这种方式的成本和维护费用要比综合的 OAN 系统高,其好处是通用性强。

　　(3) 专用交换机的 OAN 系统

　　专用交换机的 OAN 系统与交换机之间不存在开放的标准接口,而是工厂自行开发的专用内部接口,因而交换机和 OAN 系统必须由同一制造厂家生产。这往往是迫不得已的方法,不是发展方向,将逐渐淘汰。

　　从接入网的网络结构看,主要分为有源和无源两种。

　　有源光纤网络 AON(Active Optical Network)也存在几种形式,其中一种是以光纤替代原有的铜线主干网,从交换局通过光纤用 V5 接口连接到远端单元,然后经铜线分配到各终端用户,提高了复用率。这种技术本质上还是一种窄带技术,不能适应高速业务的需求。另外一种形式就是有源双星 ADS(Active Dual Star)光纤接入网结构。采用有源光节点可降低对光器件的要求,采用性能低、价格便宜的光器件,但是初期投资较大,作为有源设备存在电磁信号干扰、雷击以及有源设备固有的维护问题,因而有源光纤接入网不是接入网长远的发展方向。

　　目前光纤接入网几乎都采用无源光纤网络 PON(Passive Optical Network)结构,PON 成为光纤接入网的发展趋势,它采用无源光节点将信号传送给终端用户,初期投资小,维护简单,易于扩展,结构灵活,只是要求采用性能好、带宽宽的光器件,大量的费用将在宽带业务开展后支出。和 AON 相比,由于无源光节点损耗较大,因此传输距离较短,另外还需解决信号的同步和复用等问题。PON 中 ONU(Optical Network Unit,光网络单元)到 OLT(Optical Line Terminal,光线路终端)的上行信号的传输,多采用时分多址 TDMA(Time Division Multiple Access)、波分多址 WDMA(Wavelength Division Multiple Access)或码分多址 CDMA(Code Division Multiple Access)等先进的多址传输技术。

光纤接入网具有以下特点:

① 带宽高。由于光纤接入网本身的特点,可以提高高速接入因特网、ATM 以及电信宽带 IP 网的各种应用系统,从而享用宽带网提供的各种宽带业务。

② 网络的可升级性好。光纤网易于通过技术升级成倍扩大带宽,因此,光纤接入网可以满足近期各种信息的传送需求。以这一网络为基础,可以构建面向各种业务和应用的信息传送系统。

③ 经验丰富。电信网的运营者具有丰富的基础网运营经验、经营经验和各种成熟的应用系统,并拥有分布最广的享用宽带交换业务的用户群。

④ 双向传输。电信网本身的特点决定了这种组网方式的交互性能好这一优点,特别是在向用户提供双向实时业务方面具有明显优势。

⑤ 接入简单、费用少。用户端只需要一块网卡,投资百元左右,就可高速接入因特网,完成 10 Mbit/s 局域网到桌面的接入。

6.3.3　无线接入网技术

无线接入技术(也称空中接口)是无线通信的关键问题。它是指通过无线介质将用户终端与网络节点连接起来,以实现用户与网络间的信息传递。无线信道传输的信号应遵循一定的协议,这些协议即构成无线接入技术的主要内容。无线接入技术与有线接入技术的一个重要区别在于可以向用户提供移动接入业务。

无线接入网是指部分或全部采用无线电波这一传输媒质连接用户与交换中心的一种接入技术。在通信网中,无线接入系统的定位为:是本地通信网的一部分,是本地有线通信网的延伸、补充和临时应急系统。

下面介绍两种无线接入网技术。

1. GSM/GPRS

GSM 是欧洲电信标准协会 ETSI(European Telecommunications Standard Institute)于 1990 年底所制定的数字移动网络标准,该标准主要是说明如何将模拟式的语音转换为数字信号,再通过无线电波传送出去。

既然是采用无线电波,那当然要提到所使用的频带。因为各国对无线电频率的规定各有不同,因此 GSM 可以应用在 3 个频带上:900 MHz,1 800 MHz 及 1 900 MHz。

在 GSM 系统中,信号的传送方式和传统有线电话的方式相同,都采用电路交换的信息传输技术。电路交换技术是让通话的两端独占一条线路,在未结束通话时,该线路将一直被占用。

但是 GSM 有一个致命的缺陷,就是数据传输的速率只有 9.6 kbit/s,这使得想用手机上网的用户感到非常的不便。试想一下,当用户上网时,用 56 kbit/s 的调制解调器拨号都很慢,若用手机上网,居然只有 9.6 kbit/s,难道会想去尝试吗?因此,为了解决这个问题,专家们在 1998 年提出了一种新的技术来加速 GSM 的数据传输速度,这就是 GPRS。

GPRS(General Packet Radio Services,通用分组无线业务)是 GSM 数据业务的关键技术,是向第三代移动通信发展的重要一环。GPRS 将 GSM 的每个频道的传输速度从 9.6 kbit/s 提高到 14.4 kbit/s,同时增加了数据压缩技术,利用现有 GSM 站点的基础设备,能以高达 115 kbit/s 甚至 170 kbit/s 的传输速率实现端到端的分组交换数据业务,将要传输的数据按一定的长度分组,然后把来自不同数据源的数据分组在一条信道上交织地进行传输。它可以实现通信资源的共享,大大地提高了信道的利用率,降低了通信成本。

顾名思义,通用分组无线业务(GPRS)是以端到端的分组传输与交换方式为用户提供的发送和接收高速数据、低速数据以及信令的多种业务集合。与电路交换方式相比,GPRS 不仅能够经济、有效地利用网络资源,而且能够优化利用更为稀缺的无线资源。

GPRS 的系统由无线分系统和网络分系统组成,两者之间严谨定义的界面可以使其网络分系统为其他无线接入系统所利用。从逻辑机制方面来看,GPRS 系统可以通过增加两种网络节点在 GSM 结构基础上实现,即 GPRS 业务支持节点(SGSN)和 GPRS 网关支持节点(GGSN)。同时,还有必要命名若干新的接口,以表明 GPRS,GSM 及其他外部网络的各实体之间的逻辑关系。不难看出,GPRS 网络分系统无需强行改变已建的 GSM 网络和交换分系统,两者重叠,各司其职。

GPRS 无线分系统与网络分系统之间的接口仍称无线接口(Vm),但定义了新的 GPRS 无线信道。这些信道的划分十分灵活:可以由每个 TDMA 帧的 1 个时隙、2 个时隙、……直至 8 个时隙组成 8 种不同速率的 GPRS 信道,各信道均可由各在线用户共享;上行链路和下行链路可分别划分为时隙数目不等的信道,满足上下行流量不对称的数据业务需求;在语音业务和数据业务之间可以根据业务负荷和实际情况动态共享无线资源;可以规定各种不同的无线信道编码方案,使每个用户的比特速率在 9~150 kbit/s 之间。

GPRS 定义了两种不同类型的承载业务,一是点对点(PTP)业务,二是点对多点(PTM)业务。PTP 可以包括检索业务,如从因特网的万维网下载数据文件;消息存储转发业务和消息处理业务,如电子邮件、消息编辑和变换;双向实时通信业务,如因特网的远程登录(telnet);远程监控业务,如信用卡确认、远程读表等。PTM 可以包括消息发布业务,如新闻、广告和天气预报等;调度业务,如出租车辆及其他公用服务的调度;实时会议业务,如分散相关用户间的多方向通信。此外,PTM 业务还可以附加地域选取和限制能力,定期发送和重复发送能力。

GPRS 网络是在基于现有的 GSM 网络中增加 GPRS 支持节点 GSN(GPRS Supporting

Node)来实现的。GSN 具有移动路由管理功能;它可以连接各种类型的数据网络,并且完成移动终端和各种数据网络之间的数据传送和格式转换。对移动用户来说,GPRS 网络可看做是一个具有无线接入能力的数据网(如因特网)的子网,除电话号码以外,GPRS 系统还将引入 IP 地址。

GSN 有两种:一种是 SGSN(Serving GPRS Supporting Node,GPRS 业务支持节点),另一种是 GGSN(Gateway GPRS Supporting Node,GPRS 网关支持节点)。SGSN 的主要作用是跟踪、记录支持分组交换数据业务的移动终端的当前位置,同时执行安全保障职能和接入控制功能,完成移动终端和 GGSN 之间移动分组数据的发送和接收。GGSN 主要是起网关作用,它是 GPRS 和外部分组交换数据网络的接口节点,负责提供路由寻址的地址,使传送的数据单元到达移动终端或使移动终端发出的数据到达目的地。GGSN 可以和多种不同的数据网络连接,如 ISDN,PSPDN 和 LAN 等。它可以把 GSM 网络中的 GPRS 分组数据包进行协议转换,从而可以把这些分组数据包传送到远端的 TCP/IP 或 X.25 网络。SGSN 和 GGSN 之间使用 IP 通过 GPRS 骨干网络相连接。

除此之外,GPRS 系统中还有用于计费的计费网关(charge gateway),用于跟其他 PLMN 网相连的边缘网关 BG(Border Gateway)以及防火墙(firewall)等。

GPRS MS 可以工作在 3 种工作方式之一,一方面取决于 MS 上网(attach)接入的业务集合,是仅为 GPRS 业务集合,还是 GPRS 业务或其他 GSM 业务集合;另一方面取决于 MS 同时工作在 GPRS 和其他 GSM 业务的能力。3 种工作方式如下。

A 类工作方式:MS 可以同时支持 GPRS 业务和其他 GSM 业务,并在上网操作时接入两种业务集合。

B 类工作方式:MS 可以同时监控 GPRS 和其他 GSM 业务的控制信道,上网时接入两种业务集合,但同一时间只能工作在一种业务集合。

C 类工作方式:MS 只支持 GPRS 业务集合,上网时仅仅接入 GRPS 业务集合。

GPRS 具有与现有 GSM 等效的安全功能和特性。在 GPRS 业务支持节点(SGSN),按照与 GSM 相同的算法、密钥和判定准则实现鉴权和加密功能,GPRS 也可以采用对分组数据传输优化的加密算法。一个 GPRS 的移动设备(ME)可以用非认知 GPRS SIM 卡和认知 GPRS SIM 卡接入 GPRS 业务。

为了接入 GPRS,MS(ME+SIM)应首先通过执行一次 GPRS 上网(attach)操作,将自己的出现告知网络。这一操作可在 MS 和 SGSN 之间建立一条逻辑链路,从而使 MS 能够在 GPRS 上传送短消息(SMS),经由 SGSN 发送寻呼以及得到来自 GPRS 数据的通知。

为了发送和接收 GPRS 数据,MS 应激活其所要使用的分组数据地址,这一操作将该 MS 告知相关的 GGSN,从而使之与外部数据网络开始相互通信。

在 MS 与外部数据网络之间用户数据是以透明方式传送的,所用的方法称之为封装和通道,即各数据分组用 GPRS 特定的协议信息进行装配,并在 MS 和 GGSN 之间透明直通。这种透明传送方法降低了对 GPRS 公用陆地移动网(PLMN)翻译外部数据协议的要求,并能在今后容易地引入新增加的互联互通协议。此外,还能对用户数据进行压缩和保护,用重传协议(ARQ)保证有效性和可靠性。

GPRS 系统的 MS 可以自动地进行小区选择,或是由 BS 指令 MS 选择某个小区。当 MS 重选另一个小区或称之为选路区的小区集合时,它会通知网络。GPRS 与 GSM 具有大体相同的小区选择和小区重选机制,但规定了适合分组数据业务小区选择和重选的参数和指标要求。

2. WAP

无线应用协议 WAP(Wireless Application Protocol)是由 WAP 论坛制定的一套全球化无线应用协议标准。WAP 论坛是由 Ericsson Motorola,Nokia 和 Phone. com 于 1997 年 6 月发起成立的一个工业组织。它的目标是使互联网的内容和各种增值服务适用于手机用户和各种无线设备用户,并创立一种全球化的无线应用协议,使其适用于不同的无线网络技术,并促使业界采用这种标准。目前 WAP 论坛的成员超过 100 个,其中包括全球 90% 的手机制造商、总用户数加在一起超过 1 亿的移动网络运营商以及软件开发商。WAP 论坛和其他电信标准化组织如欧洲电信标准委员会(ETSI)、万维网联盟(W3C)、电信工业协会(TIA)和因特网工程任务组(IETF)等有着密切的合作关系。

WAP 协议是基于已有的因特网标准,如 IP,HTTP,XML,SSL,URL,Scripting 等。并针对无线网络的特点进行了优化。WAP 是一个开放的标准,能保证不同厂家的产品之间互相兼容,并允许不断引入新技术。WAP 协议独立于底层的承载网络,可以运行于所有网络之上,包括现在的 GSM、窄带 CDMA,CDPD 以及将来的 GPRS、宽带 CDMA 等无线网络。WAP 标准和终端设备也相对独立,适用于各种型号的手机、寻呼机和 PDA。

WAP 网络架构由 3 部分组成,即 WAP 网关、WAP 手机和 WAP 内容服务器,这 3 方面缺一不可!其中 WAP 网关起着协议的“翻译”作用,是联系 GSM 网与万维网的桥梁;WAP 内容服务器存储着大量的信息,以提供给手机用户来访问、查询和浏览等。当用户从 WAP 手机键入所要访问的 WAP 内容服务器的 URL 后,信号经过无线网络,以 WAP 协议方式发送请求至 WAP 网关,然后经过“翻译”,再以 HTTP 协议方式与 WAP 内容服务器交互,最后 WAP 网关将返回的内容压缩、处理成二进制码流返回到客户的 WAP 手机屏幕上。编程人员所要做的是编写 WAP 内容服务器上的程序或是 WAP 网页。

WAP 协议包括以下 5 层。

第一层:无线应用环境(WAE)——应用层协议。

无线应用环境是建立在 WWW 技术和移动电话技术相结合的基础上的一个多用途应用环境。它的主要目标就是在用户和服务商之间建立一个交互式应用环境,使得彼此可以在各种无线平台上以一种高效的方式进行通信。WAE 包括一个具有以下功能的微型浏览器环境。

① 无线标记语言(WML):一个轻型标记语言,与 HTML 类似,但它是专门为手持式移动终端设计的。

② WML 描述语言：一种轻型描述语言，与 JavaScript 类似。

③ 无线电话应用（WTA，WTAI）：电话服务和程序接口。

④ 内容格式：一套精心定义的数据格式，包括图片、电话号码记录本和日历信息。

第二层：无线会话协议（WSP）——会话层协议。

WAP 有两种不同的会话服务，第一种是面向连接的会话服务，运行于事务处理层协议（WTP）之上，第二种是面向非连接的服务，运行于加密或非加密的数据报服务层协议（WDP）之上。会话层为这两种不同的会话服务向应用层提供一个一致的接口。

WSP 目前由适合于浏览的业务（WSP/B）组成。WSP/B 提供以下功能：

① 压缩编码的 HTTP 功能和语义。

② 长时间的会话状态。

③ 带有会话转移的会话终止和恢复。

④ 普通的可靠和非可靠的数据推送功能。

⑤ 协议特征协商。

WSP 协议对具有长时延的低带宽承载网络进行了优化。WSP/B 允许一个 WAP 代理服务器将一个 WSP/B 客户连接到一个标准的 HTTP 服务器。

第三层：无线事务处理协议（WTP）——事务处理层协议。

无线事务处理层协议运行于数据报服务层之上，提供了一个面向事务处理的轻量级协议，特别适合于小容量客户（移动站），WTP 可有效地运行于加密或非加密的无线数据报网络之上，提供以下功能：

① 三类事务处理服务：不可靠的单向请求、可靠的单向请求、可靠的双向请求——应答。

② 可选的用户到用户的可靠性——WTP 用户的确认功能。

③ 可选的带外数据确认。

④ 协议数据单元（PDU）的级联和延迟确认，用于减少信令信息的发送量。

⑤ 异步事务处理。

第四层：无线传输层的安全协议（WTLS）——安全层协议。

WTLS 是基于行业标准传输层安全（TLS）协议之上的一个安全协议，TLS 就是原来有名的安全字层（SSL）。WTLS 的目标是使用 WAP 传输层协议，并为在窄带通信信道上使用进行优化。WTLS 提供数据的完整性、保密险、验证和拒绝性业务保护等功能。

WTLS 也可用于终端之间的保密通信，例如在电子商务中用于信用卡的验证。根据业务的安全性要求以及底层网络的特性，用户可以选择启用或者关闭 WTLS 功能（例如在网络下层中已经提供了安全功能时就可将其关闭）。

第五层：无线数据报协议（WDP）——传输层协议。

在 WAP 中传输层协议也被称为无线数据报协议（WDP）。作为一般的传输服务，WDP 对上层协议提供一致性服务，并与各种可能的承载服务进行透明通信。

WDP 为上层协议提供了一个公共接口,故安全层、会话层和应用层就可以各自独立地运行下层无线网络的功能。通过保持传输层接口和基本特征的一致性,使用中介网关就可以实现全球交互式操作。

WAP 在设计上适用于大多数无线网络,有移动通信网(GSM,CDMA,TDMA),无绳电话网(PHS,DECT,PACS),寻呼网(如 FLEX),集群网(如 TETRA),移动数据网(如 CDPD)等,目前主要用于 GSM 网。

习题 6

1. 局域网的主要特点是什么?

2. 局域网主要的拓扑结构有哪几种?

3. 试述 CSMA/CD 的工作过程?

4. 交换式以太网的特点是什么?

5. 简述 10base5,10base2,10base-T 所代表的含义?

6. 为什么要划分 VLAN,VLAN 主要的分组标准有哪几种?

7. 简述 WLAN 组网方式。

8. 解释 WLAN 中 BSS 和 ESS 的含义。

9. 简述 AP 设备的作用。

10. WLAN 使用哪些无线传输技术?

11. 什么是广域网?广域网的构成是怎样的?

12. 广域网中的主机为什么采用层次结构方式进行编址?

13. 帧中继的数据链路连接标识符 DLCI 的用途是什么?

14. 异步传递方式 ATM 中的"异步"体现在什么地方?

15. ADSL 技术的技术特点是什么?

16. CATV 网络由哪几部分构成?

17. 光纤接入网有哪几类接入方式?光纤接入网的特点有哪些?

18. GPRS 系统的组成。

19. WAP 协议包括哪 5 层?

第7章　网络安全技术

本章学习目标

本章主要讲解网络安全相关内容。通过本章学习，读者应该掌握以下内容：

● 网络安全与安全威胁；

● 常规密钥密码体制与公开密钥密码体制；

● 数字签名与身份认证技术；

● 防火墙的概念与设计策略；

● 病毒与病毒的防治。

7.1　网络安全问题概述

7.1.1　网络安全的概念和安全控制模型

网络安全是指网络系统的硬件、软件及其系统中的数据受到保护，不会由于偶然或恶意的原因而遭到破坏、更改和泄露等意外发生。网络安全是一个涉及计算机科学、网络技术、通信技术、密码技术、信息安全技术、应用数学、数论和信息论等多种学科的边缘学科。

计算机网络是计算机系统的一个特例，一方面它具有信息安全的特点，另一方面又与主机系统式的计算机系统不同，计算机网络必须增加对通信过程的控制，加强网络环境下的身份认证，由统一的网络操作系统贯彻其安全策略，提高网络上各节点的整体安全性。根据这些特性，网络安全应包括以下几个方面：物理安全、人员安全、符合瞬时电磁脉冲辐射标准（TEMPEST）、信息安全、操作安全、通信安全、计算机安全和工业安全。如图7-1所示。

可以建立如图7-2所示的网络安全模型。信息需要从一方通过某种网络传送到另一方。在传送中居主体地位的双方必须合作起来进行交换。通过通信协议（如TCP/IP）在两个主体之间可以建立一条逻辑信息通道。它的所有机制包括以下两部分：

① 对被传送的信息进行与安全相关的转换。图7-2中包含了消息的加密和以消息内容为基础的补充代码。加密消息使对手无法阅读，补充代码可以用来验证发送方的身份。

② 两个主体共享不希望对手得知的保密信息。例如，使用密钥连接，在发送前对信息进行转换，在接收后再转换过来。

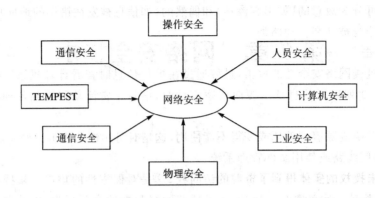

图 7－1　网络安全的组成

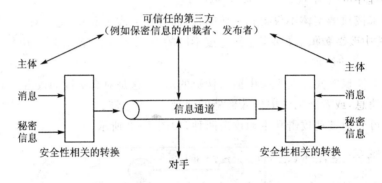

图 7－2　网络安全模型

　　为防止对手对信息的机密性、可靠性等造成破坏，需要保护传送的信息，保证安全性。

　　为了实现安全传送，可能需要可信任的第三方。例如，第三方可能会负责向两个主体分发保密信息，而向其他对手保密；或者需要第三方将两个主体间传送信息可靠性的争端进行仲裁。

　　这种通用模型指出了设计特定安全服务的 4 个基本任务：

① 设计执行与安全性相关的转换算法，该算法必须使对手不能破坏算法以实现其目的。

② 生成算法使用的保密信息。

③ 开发分发和共享保密信息的方法。

④ 指定两个主体要使用的协议，并利用安全算法和保密信息来实现特定的安全服务。

7.1.2　安全威胁

　　安全威胁是指某个人、物、事件或概念对某一资源的机密性、完整性、可用性或合法性所造成的危害。某种攻击就是某种威胁的具体实现。

安全威胁可分为故意的(如黑客渗透)和偶然的(如信息被发往错误的地址)两类。故意威胁又可进一步分为被动和主动两类。

1. 安全攻击

对于计算机或网络安全性的攻击,最好通过在提供信息时查看计算机系统的功能来记录其特性。图 7－3 列出了信息从信源向信宿流动时,信息正常流动和受到各种类型的攻击的情况。

中断是指系统资源遭到破坏或变得不能使用,这是对可用性的攻击。例如,对一些硬件进行破坏、切断通信线路或禁用文件管理系统。

截取是指未授权的实体得到了资源的访问权,这是对保密性的攻击。未授权实体可能是一个人、一个程序或一台计算机。例如,为了捕获网络数据的窃听行为,以及在未授权的情况下复制文件或程序的行为。

修改是指未授权的实体不仅得到了访问权,而且还篡改了资源,这是对完整性的攻击。例如,在数据文件中改变数值、改动程序使它按不同的方式运行、修改在网络中传送的信息的内容等。

捏造是指未授权的实体向系统中插入伪造的对象,这是对真实性的攻击。例如,向网络中插入欺骗性的消息,或者向文件中插入额外的记录。

这些攻击可分为被动攻击和主动攻击两种,如图 7－3 所示。

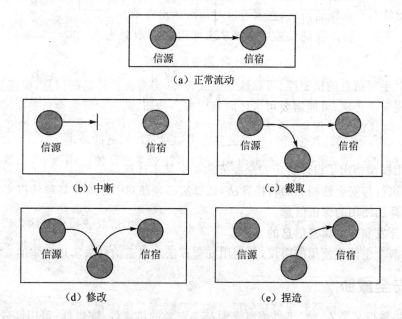

（a）正常流动

（b）中断　　　　　　　　　　（c）截取

（d）修改　　　　　　　　　　（e）捏造

图 7－3　安全攻击

被动攻击的特点是偷听或监视传送，其目的是获得正在传送的消息。被动攻击有：泄露信息内容和通信量分析等。

泄露信息内容容易理解。电话对话、电子邮件消息、传递的文件可能含有敏感的机密信息。要防止对手从传送中获得这些内容。

通信量分析则比较微妙。可以用某种方法将信息内容隐藏起来。常用的技术是加密，这样，即使对手捕获了消息，也不能从中提取信息。对手可以确定位置和通信主机的身份，可以观察交换消息频率和长度。这些信息可以帮助对手猜测正在进行的通信特性。

主动攻击涉及修改数据或创建错误的数据流，它包括假冒、重放、修改消息和拒绝服务等。假冒是一个实体假装成另一个实体，假冒攻击通常包括一种其他形式的主动攻击。重放涉及被动捕获数据单元及后来的重新传送，以产生未经授权的效果。修改消息意味着改变了真实消息的部分内容，或将消息延迟或重新排序，导致未授权的操作。拒绝服务是指禁止对通信工具的正常使用或管理。这种攻击拥有特定的目标，例如，实体可以取消送往特定目的地址的所有消息（例如安全审核服务）。另一种拒绝服务的形式是整个网络的中断，这可以通过使网络失效而实现，或通过消息过载使网络性能降低。

主动攻击具有与被动攻击相反的特点。虽然很难检测出被动攻击，但可以采取措施防止它的成功。相反，很难绝对预防主动攻击，因为这样需要在任何时候对所有的通信工具和路径进行完全的保护。防止主动攻击的做法是对攻击进行检测，并从它引起的中断或延迟中恢复过来。因为检测具有威慑的效果，它也可以对预防做出贡献。

另外，从网络高层协议的角度，攻击方法可以概括地分为两大类：服务攻击与非服务攻击。

服务攻击（application dependent attack）是指针对某种特定网络服务的攻击，如针对E-mail服务，Telnet，FTP，HTTP等服务的专门攻击。目前Internet应用协议集（主要是TCP/IP协议集）缺乏认证、保密措施，是造成服务攻击的重要原因。现在有很多具体的攻击工具，如Mailf Bomb（邮件炸弹）等，可以很容易实施对某项服务的攻击。

非服务攻击（application independent attack）不针对某项具体应用服务，而是基于网络层等低层协议而进行的。TCP/IP协议（尤其是Ipv4）自身的安全机制不足为攻击者提供了方便之门。

与服务攻击相比，非服务攻击与特定服务无法，往往利用协议或操作系统实现协议时的漏洞来达到攻击的目的，更为隐蔽，而且目前也是常常被忽略的方面，因而被认为是一种更为有效的攻击手段。

2. 基本的威胁

网络安全的基本目标是实现信息的机密性、完整性、可用性和合法性。4个基本的安全威胁直接反映了这4个安全目标。一般认为，目前网络存在的威胁主要表现在：

① 信息泄漏或丢失。指敏感数据在有意或无意中被泄漏出去或丢失，它通常包括，信息

在传输中丢失或泄漏,信息在存储介质中丢失或泄漏,通过建立隐蔽隧道等窃取敏感信息等。

② 破坏数据完整性。是指以非法手段窃得对数据的使用权,删除、修改、插入或重发某些重要信息,以取得有益于攻击者的响应;恶意添加、修改数据,以干扰用户的正常使用。

③ 拒绝服务攻击。它不断对网络服务系统进行干扰,改变其正常的作业流程,执行无关程序使系统响应减慢甚至瘫痪,影响正常用户的使用,甚至使合法用户被排斥而不能进入计算机网络系统或不能得到相应的服务。

④ 非授权访问。没有预先经过同意,就使用网络或计算机资源,被看做是非授权访问,如有意避开系统访问控制机制,对网络设备及资源进行非正常使用,或擅自扩大权限,越权访问信息。它主要有以下几种形式:假冒、身份攻击、非法用户进入网络系统进行违法操作、合法用户以未授权方式进行操作等。

3. 主要可实现的威胁

这些威胁可以使基本威胁成为可能,因此十分重要。它包括两类:渗入威胁和植入威胁。

(1) 渗入威胁

主要的渗入威胁有:假冒、旁路控制、授权侵犯。

① 假冒:这是大多数黑客采用的攻击方法。某个未授权实体使守卫者相信它是一个合法的实体,从而攫取该合法用户的特权。

② 旁路控制:攻击者通过各种手段发现本应保密却又暴露出来的一些系统"特征",利用这些"特征",攻击者绕过防线守卫者渗入系统内部。

③ 授权侵犯:也称为"内部威胁",授权用户将其权限用于其他未授权的目的。

(2) 植入威胁

主要的植入威胁有:特洛伊木马、陷门。

① 特洛伊木马:攻击者在正常的软件中隐藏一段用于其他目的的程序,这段隐藏的程序段常常以安全攻击作为其最终目标。

② 陷门:陷门是在某个系统或某个文件中设置的"机关",使得当提供特定的输入数据时,允许违反安全策略。

4. 潜在的威胁

对基本威胁或主要的可实现的威胁进行分析,可以发现某些特定的潜在威胁,而任意一种潜在的威胁都可能导致发生一些更基本的威胁。

5. 病 毒

病毒是能够通过修改其他程序而"感染"它们的一种程序,修改后的程序里面包含了病毒程序的一个副本,这样它们就能够继续感染其他程序。

通过网络传播计算机病毒,其破坏性大大高于单机系统,而且用户很难防范。由于在网络环境下,计算机病毒有不可估量的威胁性和破坏力,因此,计算机病毒的防范是网络安全性建设中重要的一环。网络反病毒技术包括预防病毒、检测病毒和消毒 3 种技术。

（1）预防病毒技术

它通过自身常驻系统内存，优先获得系统的控制权，监视和判断系统中是否有病毒存在，进而防止计算机病毒进入计算机系统和对系统进行破坏。这类技术有：加密可执行程序、引导区保护、系统监控与读写控制（如防病毒卡等）。

（2）检测病毒技术

它是通过对计算机病毒的特征来进行判断的技术，如自身校验、关键字、文件长度的变化等。

（3）消毒技术

它通过对计算机病毒的分析，开发出具有删除病毒程序并恢复原文件的软件。

网络反病毒技术的具体实现方法包括对网络服务器中的文件进行频繁地扫描和监测；在工作站上用防病毒芯片和对网络目录及文件设置访问权限等。

7.2　加密与认证技术

随着信息交换的激增，对信息保密的需求也从军事、政治和外交等领域迅速扩展到民用和商用领域。计算机技术和微电子技术的发展为密码学理论的研究和实现提供了强有力的手段和工具。密码学已渗透到雷达、导航、遥控、通信、电子邮政、计算机、金融系统、各种管理信息系统，甚至家庭等各部门和领域。密码学不仅仅是单纯为了"保密"，还有认证、鉴别和数据签名等新功能。

数据加密是计算机网络安全很重要的一个部分。由于因特网本身的不安全性，为了确保安全，不仅要对口令进行加密，有时也对在网上传输的文件进行加密。为了保证电子邮件的安全，人们采用了数字签名这样的加密技术，并提供基于加密的身份认证技术。数据加密也使电子商务成为可能。

7.2.1　密码学的基本概念

密码学（或称密码术）是保密学的一部分。保密学是研究密码系统或通信安全的科学，它包含两个分支：密码学和密码分析学。密码学是对信息进行编码实现隐蔽信息的一门学问。密码分析学是研究分析破译密码的学问。两者相互独立，而又相互促进。

采用密码技术可以隐藏和保护需要保密的消息，使未授权者不能提取信息。需要隐藏的消息称为明文。明文被变换成另一种隐藏形式称为密文。这种变换称为加密。加密的逆过程，即从密文恢复出明文的过程称为解密。对明文进行加密时采用的一组规则称为加密算清。对密文解密时采用的一组规则称为加密密钥，解密算法所使用的密钥称为解密密钥。

密码系统通常从 3 个独立的方面进行分类：

（1）按将明文转换成密文的操作类型分类

可分为：置换密码和易位密码。

所有加密算法都是建立在两个通用原则之上的：置换和易位。置换是将明文的每个元素（比特、字母、比特或字母的组合）映射成其他元素。易位是对明文的元素进行重新布置。没有信息丢失是基本的要求（也就是说，所有操作都是可逆的）。大多数系统（指产品系统）都涉及多级置换和易位。

（2）按明文的处理方法分类

可分为：分组密码和序列密码。

分组密码或称为块密码（block cipher）一次处理一块输入元素，每个输入块生成一个输出块。序列密码或称为流密码（stream cipher）对输入元素进行连续处理，每次生成一个输出块。

（3）按密钥的使用个数分类

可分为：对称密码体制和非对称密码体制。

如果发送方使用的加密密钥和接收方使用的解密密钥相同，或者从其中一个密钥易于得出另一个密钥，这样的系统就叫做对称的、单密钥或常规加密系统。如果发送方使用的加密密钥和接收方使用的解密密钥不相同，从其中一个密钥难以推出另一个密钥，这样的系统就叫做不对称的、双密钥或公钥加密系统。

1. 转换密码和易位密码

在转换密码（substation cipher）中，每个或每组字母由另一个或另一组伪装字母所替换。最古老的一种置换密码是 JuliusCaesar 发明的恺撒密码，这种密码算法对于原始消息（明文）中的每一个字母都用该字母后的第 n 个字母来替换，其中 n 就是密钥。例如使加密字母向右移 3 个字母，即 a 换成 D，b 换成 E，c 换成 F…z 换成 C。

由于恺撒密码的整个密钥空间只有 26 个密钥，只要知道圆圈密算法采用的是恺撒密码，对其进行破译就是轻而易举的事了，因为破译者最多只需尝试 25 次就可以知道正确的密钥。

对恺撒密码的一种改进方法是把明文中的字符换成另一个字符，如将 26 个字母中的每一个字母都映射成另一个字母。例如：

明文：a b c d e f g h i j k l m n o p q r s t u v w x y z

密文：Q B E L C D F H G I A J N M K O P R S Z U T W V Y X

这种方法称为单字母表替换，其密钥是对应于整个字母表的 26 个字母串。按照此例中的密钥，明文 attack 加密后形成的密文是 QZZQEA。

采用单字母表替换时，密钥的个数有 26！＝4×1026 个。虽然破译者知道加密的一般原理，但并不知道使用的是哪一个密钥。即使使用 1 µs 试一个密钥的计算机，试遍全部密钥也要用 1 013 年的时间。

这似乎是一个很安全的系统，但破译者通过统计所有字母在密文中出现的相对频率，猜测常用的字母、2 字母组、3 字母组，了解元音和辅音的可能形式，破译者就可逐字逐句地破解出明文。

易位密码(transposition cipher)只对明文字母重新排序,但不隐藏它们。列易位密码是一种常用的易位密码,该密码的密钥是一个不含任何重复字母的单词或词语。

要破译易位密码,破译者首先必须知道密文是用易位密码写的。通过查看 E,T,A,O,I,N 等字母的出现频率,容易知道它们是否满足明文的普通模式,如果满足,则该密码就是易位密码,因为在这种密码中,各字母就表示其自身。

破译者随后猜测列的个数,即密钥的长度,最后确定列的顺序。在许多情形下,从信息的上下文可猜出一个可能的单词或短语。破译者通过寻找各种可能性,常常能轻易地破解易位密码。

2. 分组密码和序列密码

分组密码的加密方式是首先将明文序列以固定长度进行分组,每一组明文用相同的密钥和加密函数进行运算。一般为了减少存储量和提高运算速度,密钥的长度有限,因而加密函数的复杂性成为系统安全的关键。

分组密码设计的核心是构造既具有可逆性又有很强的非线性的算法。加密函数重复地使用替换和易位两种基本的加密变换,也就是香农在 1949 年发现的隐蔽信息的两种技术:打乱和扩散。打乱(confusion)是改变信息块使输出位与输入位之间无明显的统计关系。扩散(diffusion)是通过密钥的效应把一个明文位转移到密文的其他位上。另外,在基本加密算法前后,还要进行移位和扩展等。

分组密码的优点是:明文信息良好的扩散性,对插入的敏感性,不需要密钥同步,较强的适用性,适合作为加密标准。

分组密码的缺点是:加密速度慢;错误扩散和传播。

序列密码的加密过程是把报文、话音、图像和数据等原始信息转换成明文数据序列,然后将它同密钥序列进行逐位模 2 加(即异或运算),生成密文序列发送给接收者。接收者用相同密钥序列进行逐位解密来恢复明文序列。

序列密码的安全性主要依赖于密钥序列。密钥序列是由少量的制乱元素(密钥)通过密钥序列产生器产生的大量伪随机序列。布尔函数是密钥序列产生器的重要组成部分。

序列密码的优点是:处理速度快,实时性好,错误传播小,不易被破译,适用于军事、外交等保密信道。

序列密码的缺点是:明文扩散性差,需要密钥同步。

3. 加密技术

数据加密技术可以分为 3 类,即对称型加密、非对称型加密和不可逆加密。

(1) 对称型加密

对称型加密使用单个密钥对数据进行加密或解密,其特点是计算量小、加密效率高。但是此类算法在分布式系统上使用较为困难,主要是密钥管理困难,从而使用成本较高,安全性能也不易保证。这类算法的代表是在计算机网络系统中广泛使用的 DES(Digital Encryption Standard)算法。

（2）非对称型加密

非对称型加密算法也称公开密钥算法，其特点是有两个密钥（即公用密钥和私有密钥），只有两者搭配使用才能完成加密和解密的全过程。由于非对称算法拥有两个密钥，它特别适用于分布式系统中的数据加密，在 Internet 中得到广泛应用。其中公用密钥在网上公布，为数据发送方对数据加密时使用，而用于解密的相应私有密钥则由数据的接收方妥善保管。非对称加密的另一用法称为"数字签名"(digital signature)，即数据源使用其私有密钥对数据的校验和(checksum)或其他与数据内容有关的变量进行加密，而数据接收方则用相应的公用密钥解读"数字签字"，并将解读结果用于对数据完整性的检验。在网络系统中得到应用的不常规加密算法有 RSA 算法和美国国家标准局提出的 DSA(Digital Signature Algorithm)算法。不常规加密法在分布式系统中应用时需注意的问题是如何管理和确认公用密钥的合法性。

（3）不可逆加密

不可逆加密算法和特征是加密过程不需要密钥，并且经过加密的数据无法被解密，只有同样的输入数据经过同样的不可逆加密算法才能得到相同的加密数据。不可逆加密算法不存在密钥保管和分发问题，适合于分布式网络系统上使用，但是其加密计算机工作量相当可观，所以通常用于数据量有限的情形下的加密，例如计算机系统中的口令就是利用不可逆算法加密的。近来随着计算机系统性能的不断改进，不可逆加密的应用逐渐增加。在计算机网络中应用较多的有 RSA 公司发明的 MD5 算法和由美国国家标准局建议的可靠不可逆加密标准 SHS(Secure Hash Standard)。

加密技术用于网络安全通常有两种形式，即面向网络或面向应用服务。

（1）面向网络服务

面向网络服务的加密技术通常工作在网络层或传输层，使用经过加密的数据包传送、认证网络路由及其他网络协议所需的信息，从而保证网络的连通性和可用性不受损害。在网络层上实现的加密技术对于网络应用层的用户通过是透明的。此外，通过适当的密钥管理机制，使用这一方法还可以在公用的互联网络上建立虚拟专用网络并保障虚拟专用网上信息的安全性。

（2）面向应用服务

面向网络应用服务的加密技术使用则是目前较为流行的加密技术的使用方法，例如使用 Kerberos 服务的 telnet、NFS，rlogin 等，以及用作电子邮件加密的 PEM(Privacy Enhanced Mail)和 PGP(Pretty Good Privacy)。这一类加密技术的优点在于实现相对较为简单，不需要对电子信息（数据包）所经过的网络的安全性能提出特殊要求，对电子邮件数据实现了端到端的安全保障。

从通信网络的传输方面，数据加密技术还可分为以下 3 类：链路加密方式、节点到节点加密方式和端到端加密方式。

（1）链路加密方式

链路加密方式是一般网络通信安全主要采用的方式。它对网络上传输的数据报文进行加密。不但对数据报文的正文进行加密，而且把路由信息、校验码等控制信息全部加密。所以，当数据报文到某个中间节点时，必须被解密以获得路由信息和校验码，进行路由选择、差错检测，然后再被加密，发送到下一个节点，直到数据报文到达目的节点为止。

（2）节点到节点加密方式

节点到节点加密方式是为了解决在节点中数据是明文的缺点，在中间节点里装有加、解密的保护装置，由这个装置来完成一个密钥向另一个密钥的交换。因而，除了在保护装置内，即使在节点内也不会出现明文。但是这种方式和链路加密方式一样，有一个共同的缺点：需要目前的公共网络提供者配合，修改其交换节点，增加安全单元或保护装置。

（3）端到端加密方式

在端到端加密方式中，由发送方加密的数据在没有到达最终目的节点之前是不被解破的。加、解密只在源、宿节点进行，因此，这种方式可以实现按各种通信对象的要求改变加密密钥以及按应用程序进行密钥管理等，而且采用这种方式可以解决文件加密问题。链路加密方式和端到端加密方式的区别是：链路加密方式是对整个链路的通信采用保护措施，而端到端方式则是对整个网络系统采取保护措施。因此，端到端加密方式是将来的发展趋势。

4．密码分析

试图发现明文或密钥的过程称为密码分析。密码分析人员使用的策略取决于加密方案的特性和分析人员可用的信息。

密码分析的过程通常包括：分析（统计所截获的消息材料）、假设、推断和证实等步骤。

表 7-1 总结了各类加密消息的破译类型，这些破译是以分析人员所知的信息总量为基础的。当一切都具备时，最困难的问题就是密文了。在一些情况下，分析人员可能根本就不知道加密算法，但一般可以认为已经知道了加密算法。这种情况下，最可能的破译就是用蛮力攻击（或称为穷举攻击）来尝试各种可能的密钥。如果密钥空间很大，这种方法就行不通了，因此，必须依赖于对密文本身的分析，通常会对它使用各种统计测试。为了使用这种方法，人们必须对隐藏明文的类型有所了解，如英文或法语文本、MS - DOS TXT 文本、Java 源程序清单、记账文本等。

只针对密文的破译是比较困难的，因为人们的可用信息量很少。但是，在很多情况下，分析者拥有更多的信息。分析者能够捕获一些或更多的明文信息及其密文，或者分析者已经知道信息中明文信息出现的格式，例如，Postscript 格式中的文件总是以同样的方式开始，或者电子资金的转账存在着标准化的报头或标题等。这些都是已知明文的示例。拥有了这些知识，分析者就能够在已知明文传送方式的基础上推导出密钥。

与已知明文的攻击方式密切相关的可能是词语攻击方式。如果分析者面对的是一般平铺而叙的加密消息，则它几乎就不能知道消息的内容。但是，如果分析者拥有一些非常特殊的信息，就有可能知道消息中其他部分的内容。

表 7-1 加密消息的破译类型

破译类型	密码分析人员已知的内容
仅密文	加密算法、要解密的密文
已知明文	加密算法、要解密的密文、使用保密密钥生成的一个或多个明文-密文对
选择明文	加密算法、要解密的密文、密码分析人员选择的明文消息，以及使用保密密钥生成的对应的密文对
选择密文	加密算法、要解密的密文、密码分析人员选择的密文，以及使用保密密钥生成的对应的解密明文
选择文本	加密算法、要解密的密文、密码分析人员选择的明文消息，以及使用保密密钥生成的对应的密文对、密码分析人员选择的密文，以及使用保密密钥生成的对应的解密明文

7.2.2 常规密钥密码体制

常规加密也叫做对称加密、保密密钥或单密钥加密，它是 20 世纪 70 年代之前使用的唯一一种加密机制。它现在仍是最常用的两种加密类型之一，另一种是公开密钥加密机制。

1. 常规加密的模型

常规加密又称对称加密，该方案有 5 个组成部分。

① 明文：作为算法输入的原始信息。

② 加密算法：加密算法可以对明文进行多种置换和转换。

③ 共享的密钥：共享的保密密钥也是对算法的输入，算法实际进行的置换和转换由保密密钥决定。

④ 密文：作为输出的混合信息。它由明文和保密密钥决定。对于给定的信息来讲，两种不同的密钥会产生两种不同的密文。

⑤ 解密算法：这是加密算法的逆向算法。它以密文和同样的保密密钥作为输入，并生成原始明文。

目前经常使用的一些常规加密算法有：数据加密标准 DES(Data Encryption Standard)、三重 DES(3DES，或称 TDEA)、Rivest Cipher5(RC-5)、国际数据加密算法 IDEA(International Data Encryption Algorithm)。

2. 常规加密的要求

① 需要强大的加密算法。算法至少应该满足：即使对手知道了算法并能访问一些或更多的密文，也不能破译密文或得出密钥。通常，这个要求以更强硬的形式表达出来，那就是，即

使对方拥有一些密文和生成密文的明文,也不能破译密文或发现密钥。

② 发送方和接收方必须用安全的方式来获得保密密钥的副本,必须保证密钥的安全。如果有人发现了密钥,并知道了算法,则使用此密钥的所有通信便都是可读取的。

最重要的是要注意,常规机密的安全性取决于密钥的保密性,而不是算法的保密性。也就是说,如果知道了密文和加密及解密算法的知识,解密消息也是不可能的。换句话说,算法可以不保密,而只需要对密钥进行保密即可。

3. 一些常用的常规加密算法

最常用的加密方案是美国国家标准和技术局(NIST)在 1977 年采用的数据加密标准(DES),它是联邦信息处理的第 46 号标准(FIPS PUB 46)。1984 年,NIST"再次肯定"DES 以 FIPS PUB 46-2 的名义供联邦再使用 5 年。算法本身以数据加密算法 DEA(Data Encryption Algorithm)被引用。DES 本身虽已不再安全,但其改进算法的安全性还是相当可靠的。

TDEA(三重 DEA,或称 3DES)最初是由 Tuchman 提出的,在 1985 年的 ANSI 标准 X9.17 中第一次为金融应用进行了标准化。在 1999 年,TDEA 合并到数据加密标准中,文献号为 FIPS PUB 46-3。

RC5 是由 Ron Rivest(公钥算法 RSA 的创始人之一)在 1994 年开发出来的。其前身 RC4 的源代码在 1994 年 9 月被人匿名张贴到 Cypherpunks 邮件列表中,泄露了 RC4 的算法。RC5 是在 RFC2040 中定义的,RSA 数据安全公司的很多产品都已经使用了 RC5。

国际数据加密算法 IDEA 完成于 1990 年,开始时称为 PES(Proposed Encryption Standard)算法,1992 年被命名为 IDEA。IDEA 算法被认为是当今最好、最安全的分组密码算法。

7.2.3 公开密钥加密技术

公开密钥加密又叫做非常规加密,公钥加密最初是由 Diffie 和 Hellman 在 1976 年提出的,这是几千年来文字加密的第一次真正革命性的进步。因为公钥是建立在数学函数基础上的,而不是建立在位方式的操作上的。更重要的是,公钥加密是不对称的,与只使用一种密钥的对称常规加密相比,它涉及两位独立密钥的使用。这两种密钥的使用已经对机密性、密钥的分发和身份验证领域产生了深远的影响。

公钥加密算法可用于下面一些方面:数据完整性、数据保密性、发送者不可否认和发送者认证。

1. 公钥加密体制的模型

与对称密码体制相比,公钥密码体制有两个不同的密钥,它可将加密功能和解密功能分开。一个密钥称为私钥,它被秘密保存。另一个密钥称为公钥,不需要保密。对于公开密钥加密,正如其名所言,公钥加密的加密算法和公钥都是公开的。算法和密钥可能发表在一篇可供任何人阅读的文章中。

公钥密码体制有两种基本的模型,一种是加密模型,另一种是认证模型,如图 7-4 所示。

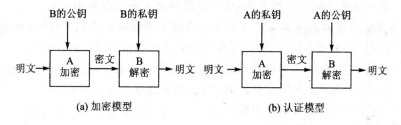

(a) 加密模型　　　　　　　　　　(b) 认证模型

图 7－4　公钥密码体制模型

在这里先讨论公钥加密模型。公钥加密方案由 6 个部分组成,如图 7－5 和图 7－6 所示。

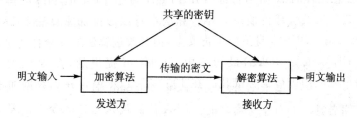

图 7－5　常规加密体制模型

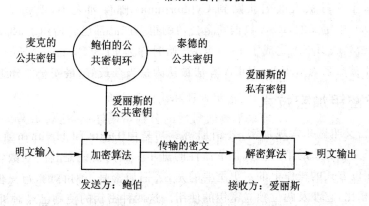

图 7－6　公共密钥算法的演示

① 明文:作为算法输入的可读消息或数据。

② 加密算法:加密算法对明文进行各种各样的转换。

③ 公共的和私有的密钥:选用的一对密钥,一个用来加密,一个用来解密。解密算法进行的实际转换作为输入提供的公钥或私钥。

④ 密文:作为输出生成的杂乱的消息。它取决于明文和密钥。对于给定的消息,两种不同的密钥会生成两种不同的密文。

⑤ 解密算法:这个算法以密文和对应的私有密钥为输入,生成原始明文。顾名思义,密钥中的公钥是要公开使用的,而私钥则只有所有者知道。通常公钥加密算法在加密时使用一

个密钥,在解密时使用不同但相关的密钥。

公钥加密技术的基本步骤如下:

① 每个用户都生成一对加密和解密时使用的密钥。

② 每个用户都在公共寄存器或其他访问的文件中放置一个密钥,这个就是公钥。另一个密钥为私钥。每个用户都要保持从他人那里得到的公钥集合。

③ 如果鲍伯想要向爱丽斯发送私有消息,鲍伯可以用爱丽斯的公钥加密消息。

④ 当爱丽斯收到消息时,她可以用自己的私钥进行解密。其他接收方不能解密消息,因为只有爱丽斯知道她自己的私钥。

用这种方法,所有的参与者都可以访问公钥,而生成的私钥却由每个参与者个人生成并拥有,不需传送。只要用户能够保护好自己的私钥,接收的消息就是安全的。用户可以随时改变私钥并发布新的公钥来替换旧公钥。

2. 一些常用的公钥体制

RSA 公钥体制是 1978 年 Rivest,Shamir 和 Adleman 提出的一个公开密钥密码体制,RSA 就是以其发明者姓名的首字母命名的。RSA 体制被认为是迄今为止理论上最为成熟完善的一种公钥密码体制。该体制的构造基于 Euler 定理,它利用了如下的基本事实:寻找大素数是相对容易的,而分解两个大素数的积在计算上是不可行的。

RSA 算法的安全性建立在难以对大数提取因子的基础上。所有已知的证据都表明,大数的因子分解是一个极其困难的问题。

与对称密码体制如 DES 相比,RSA 的缺点是加密、解密的速度太慢。因此,RSA 体制很少用于数据加密,而多用在数字签名、密钥管理和认证等方面。

1985 年,Elgamal 构造了一种基于离散对数的公钥密码体制,这就是 Elgamal 公钥体制。Elgamal 公钥体制的密文不仅依赖于待加密的明文,而且依赖于用户选择的随机参数,即使加密相同的明文,得到的密文也是不同的。由于这种加密算法的非确实性,又称其为概率加密体制。在确定性加密算法中,如果破译者对某些关键信息感兴趣,则可事先将这些信息加密后存储起来,一旦以后截获密文,就可以直接在存储的密文中进行查找,从而求得相应的明文。概率加密体制弥补了这种不足,提高了安全性。

与既能做公钥加密又能做数字签名的 RSA 不同,Elgamal 签名体制是在 1985 年仅为数字签名而构造的签名体制。NIST 采用修改后的 Elgamal 签名体制作为数字签名体制标准。破译 Elgamal 签名体制等价于求解离散对数问题。

背包公钥体制是 1978 年由 Merkle 和 Hellman 提出的。背包算法的思路是假定某人拥有大量的物品,质量各不相同。此人通过秘密地选择一部分物品并将它们放到背包中来加密消息。背包中的物品总质量是公开的,所有可能的物品也是公开的,但背包中的物品却是保密的。附加一定的限制条件,给出质量,而要列出可能的物品,在计算上是不可实现的。这就是公开密钥算法的基本思想。

大多数公钥密码体制都会涉及到高次幂运算,不仅加密速度慢,而且会占用大量的存储空间。背包问题是熟知的不可计算问题,背包体制以其加密、解密速度快而引人注目。但是,大多数一次背包体制均被破译了,因此很少有人使用它。

目前许多商业产品采用的公钥算法还有:Diffie – Hellman 密钥交换、数据签名标准 DSS 和椭圆曲线密码术等。

7.2.4　数字签名

数字签名提供了一种签别方法,普遍用于银行、电子商业等,以解决下列问题。

① 伪造:接收者伪造一份文件,声称是对方发送的。

② 冒充:网上的某个用户冒充另一个用户发送或接收文件。

③ 篡改:接收者对收到的文件进行局部的修改。

④ 抵赖:发送者或接收者最后不承认自己发送或接收的文件。

数字签名一般往往通过公开密钥来实现。在公开密钥体制下,加密密钥是公开的,加密和解密算法也是公开的,保密性完全取决于解密密钥的秘密。只知道加密密钥不可能计算出解密密钥,只有知道解密密钥的合法解密者,才能正确解密,将密文还原成明文。从另一角度,保密的解密密钥代表解密者的身份特征,可以作为身份识别参数。因此,可以用解密密钥进行数字签名,并发送给对方。接收者接收到信息后,只要利用发信方的公开密钥进行解密运算,如能还原出明文来,就可证明接收者的信息是经过发信方签名了的。接收者和第三者不能伪造签名的文件,因为只有发信方才知道自己的解密密钥,其他人是不可能推导出发信方的私人解密密钥的。这就符合数字签名的唯一性、不可仿冒、不可否认的特征和要求。

7.2.5　身份认证技术

网络用户的身份认证可以通过下述 3 种基本途径之一或它们的组合来实现。

① 所知(knowledge)个人所掌握的密码、口令等。

② 所有(possesses)个人的身份认证、护照、信用卡、钥匙等。

③ 个人特征(characteristics)人的指纹、声音、笔记、手型、血型、视网膜、DNA 以及个人动作方面的特征等。

根据安全要求和用户可接受的程度,以及成本等因素,可以选择适当的组合,来设计一个自动身份认证系统。

在安全性要求较高的系统,由口令和证件等提供的安全保障是不完善的。口令可能被泄漏,证件可能被伪造。更高级的身份验证是根据用户的个人特征来进行确认,它是一种可信度高,而又难于伪造的验证方法。

新的、广义的生物统计学正在成为网络环境中身份认证技术中最简单而安全的方法。它是利用个人所特有的生理特征来设计的。个人特征包括很多,如容貌、肤色和身材等。当然,采用哪种方式还要看是否能够方便地实现,以及是不是能够被用户所接受。个人特征都具有"因人而异"和随身"携带"的特点,不会丢失且难于伪造,适用于高级别个人身份认证的要求。

7.3 防火墙技术

7.3.1 防火墙概述

一般来说,防火墙是设置在被保护网络和外部网络之间的一道屏障,以防止发生不可预测的、潜在破坏性的侵入。它可以通过监测、限制和更改跨越防火墙的数据流,尽可能的对外部屏蔽内部网络的信息、结构和运行状况,以此来实现网络的安全保护。

一个防火墙可以是一个实现安全功能的路由器、个人计算机、主机或主机的集合等,通常位于一个受保护的网络对外的连接处,若这个网络到外界有多个连接,那么需要安装多个防火墙系统。

防火墙可以提供以下服务:
① 限定人们从一个特别的控制点进入或离开;
② 保证对主机的应用安全访问;
③ 防止入侵者接近用户的其他防御设施;
④ 有效防止破坏者对客户机和服务器所进行的破坏;
⑤ 监视网络。

7.3.2 防火墙系统结构

防火墙的系统结构一般分为以下几种:
(1)屏蔽路由器
一般采用路由器连接内网和外网,如图 7-7 所示,此路由器可以起到一定的防火墙作用,通过设置路由器的访问控制表,基于 IP 进行包过滤,这种方法不具备监控和认证功能,最多可以进行流量记录。

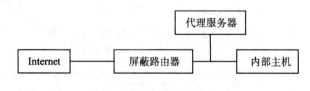

图 7-7 屏蔽路由器实现防火墙

(2)双目主机结构
它包含一个有两个网络接口的代理服务器系统,关闭正常 IP 路由功能,并安装运行网络代理服务程序。有一个包过滤防火墙,用于连接 Internet,如图 7-8 所示。

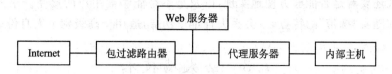

图 7-8　双目主机实现防火墙

不像屏蔽路由器,双目主机是一个保护内部网络不受攻击的完整方案,服务和访问通过代理服务器来提供,这是一个简单但十分安全的防火墙方案。

（3）屏蔽主机结构

实际上是屏蔽路由器加壁垒主机模式。屏蔽路由器位于内外网之间,提供主要的安全功能,在网络层次化结构中基于低三层实现包过滤;壁垒主机位于内网,提供主要的面向外部的应用服务,基于网络层次化结构的最高层应用层实现应用过滤,如图 7-9 所示。

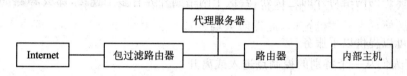

图 7-9　屏蔽主机实现防火墙

这种结构和双目主机防火墙的不同点是:由于代理服务器主机只有一个网络接口,内部网络只需一个子网,这样整个防火墙的设置灵活,但相对而言安全性不如双目主机防火墙。

（4）屏蔽子网结构

将网络划分为 3 个部分:Internet(外网)、DMZ(分军事区)和内网。Internet 与 DMZ 区通过外部屏蔽路由器隔离,DMZ 区与内网通过内部屏蔽路由器隔离,如图 7-10 所示。

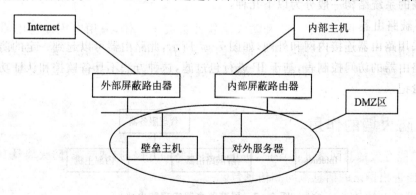

图 7-10　屏蔽子网防火墙

内部网都能访问 DMZ 区上的某些资源,但不能通过 DMZ 让内部网和 Internet 直接进行信息传输。

外部屏蔽路由器用于防范来自因特网的攻击,并管理因特网到 DMZ 的访问;内部屏蔽路由器只能接收壁垒主机发出的数据包,并管理 DMZ 到内部网络的访问。对于内部访问因特网,内部屏蔽路由器管理内网到 DMZ 的访问,它允许内部主机访问 DMZ 上的壁垒主机及信息服务器;外部屏蔽路由器屏蔽路由器的过滤规则,只接受来自壁垒主机的数据包。

目前大多数防火墙将上述结构集于一体来实现,具有更高、更全面的安全策略。

7.3.3 防火墙分类

从构成上可以将防火墙分为以下几类。

(1) 硬件防火墙

这种防火墙用专用芯片处理数据包,CPU 只做管理之用;具有高带宽,高吞吐量的特点,是真正的线速防火墙;安全与速度同时兼顾;使用专用的操作系统平台,避免了通用性操作系统的安全性漏洞;没有用户限制,性价比高,管理简单、快捷,有些防火墙还提供 Web 方式管理。这类产品外观为硬件机箱形,此类防火墙一般不会对外公布其 CPU 或 RAM 等硬件水平,其核心为硬件芯片。

(2) 软件防火墙

这类防火墙运行在通用操作系统上,能安全控制存取访问的软件,性能依赖于计算机的 CPU、内存等;基于众所周知的通用操作系统,对底层操作系统的安全依赖性很高;由于操作系统平台的限制,极易造成网络带宽瓶颈,实际达到的带宽只有理论值的 20%~70%;有用户限制,一般需要按用户数购买;性价比极低,管理复杂,与系统有关,要求维护人员必须熟悉各种工作站及操作系统的安装及维护。此类防火墙一般都有严格的系统硬件与操作系统要求,产品为软件。

(3) 软硬结合防火墙

这类防火墙一般将机箱、CPU 和防火墙软件集成于一体,采用专用或通用的操作系统。容易造成网络带宽瓶颈;只能满足中低带宽的要求,吞吐量不高,通用带宽只能达到理论值的 20%~70%。这类防火墙外观为硬件机箱形,一般会对外强调其 CPU 或 RAM 等硬件水平,其核心为软件。

7.3.4 防火墙的作用

防火墙能有效地对网络进行保护,防止其他网络的入侵,归纳起来,防火墙具有以下作用:
① 控制进出网络的信息流向和信息包。
② 提供对系统的访问控制。
③ 提供使用和流量的日志和审计。
④ 增强保密性。使用防火墙可以阻止攻击者获取攻击网络系统的有用信息。

⑤ 隐藏内部 IP 地址及网络结构的细节。

⑥ 记录和统计网络利用数据以及非法使用数据的情况。

7.3.5 防火墙的设计策略

防火墙设计策略基于特定的防火墙,定义完成服务访问策略的规则。通常有两种基本的设计策略:允许任何服务除非被明确禁止;禁止任何服务除非被明确允许。第一种的特点是"在被判有罪之前,任何嫌疑人都是无罪的",它好用但不安全。第二种是"宁可错杀一千,也不放过一个",它安全但不好用。在实际应用中,防火墙通常采用第二种设计策略,但多数防火墙都会在两种策略之间采取折中。

1. 防火墙实现站点安全策略的技术

有些文献列出了防火墙用于控制访问和实现站点安全策略的 4 种一般性技术。最初防火墙主要用来提供服务控制,但是现在已经扩展为提供如下 4 种服务了:服务控制、方向控制、用户控制和行为控制。

(1) 服务控制

确定在围墙外面和里面可以访问的 Internet 服务类型。防火墙可以根据 IP 地址和 TCP 端口号来过滤通信量:可能提供代理软件,这样可以在继续传递服务请求之前接收并解释每个服务请求,或在其上直接运行服务器软件,提供相应服务,比如 Web 或邮件服务。

(2) 方向控制

启动特定的服务请示并允许它通过防火墙,这些操作是有方向性的,方向控制就是用于确定这种方向。

(3) 用户控制

根据请求访问的用户来确定是否提供该服务。这个功能通常用于控制防火墙内部的用户(本地用户)。它也可以用于控制从外部用户进来的通信量,后者需要某种形式的安全验证技术,比如 IPSec 就提供了这种技术。

(4) 行为控制

控制如何使用某种特定的服务。比如防火墙可以从电子邮件中过滤掉垃圾邮件,它也可以限制外部访问,使其只能访问本地 Web 服务器中的一部分信息。

2. 防火墙在大型网络系统中的部署

根据网络系统的安全需要,可以在如下位置部署防火墙:

① 在局域网内的 VLAN 之间控制信息流向时加入防火墙。

② Internet 与 Internet 之间连接时加入防火墙。

③ 在广域网系统中,由于安全的需要,总部的局域网可以将各分支机构的局域网看成不安全的系统,总部的局域网和各分支机构连接时,一般通过公网 ChinaPac,ChinaDD 和 NFrame Relay 等连接,需要采用防火墙隔离,并利用某些软件提供的功能构成虚拟专

网 VPN。

④ 总部的局域网和分支机构的局域网是通过 Internet 连接的,需要各自安装防火墙,并组成虚拟专网。

⑤ 在远程用户拨号访问时,加入虚拟专网。

⑥ 利用一些防火墙软件提供的负载平衡功能,ISP 可在公共访问服务器和客户端间加入防火墙进行负载分担、存取控制、用户认证、流量控制和日志记录等功能。

⑦ 两网对接时,可利用硬件防火墙作为网关设备实现地址转换(NAT)、地址映射(MAP)、网络隔离(DMZ,De - Militarized Zone,非军事区,其名称来源于朝鲜战争的三八线)及存取安全控制,消除传统软件防火墙的瓶颈问题。

设置防火墙还要考虑到网络策略和服务访问策略。

影响防火墙系统设计、安装和使用的网络策略可分为两级,高级的网络策略定义允许和禁止的服务以及如何使用服务,低级的网络策略描述防火墙如何限制和过滤在高级策略中定义的服务。

服务访问策略集中在 Internet 访问服务以及外部网络访问(如拨入策略、SLIP/PPP 连接等)。服务访问策略必须是可行的和合理的。可行的策略必须在阻止已知的网络风险和提供用户服务之间获得平衡。典型的服务访问策略是:允许通过增强认证的用户在必要的情况下从 Internet 访问某些内部主机和服务;允许内部用户访问指定的 Internet 主机和服务。

7.4 病毒与病毒的防治

7.4.1 病毒的种类及特点

1. 病毒种类

(1) 文件型的病毒

文件型的病毒将自身附着到一个文件当中,通常是附着在可执行的应用程序上(如一个字处理程序或 DOS 程序)。通常文件型的病毒是不会感染数据文件的,然而数据文件可以包含有嵌入的可执行的代码,如宏,它可以被病毒使用或被"特洛伊木马"的作者使用。新版本的 Microsoft Word 尤其易受到宏病毒的威胁。文本文件,如批处理文件、Postscript 语言文件和那些可被其他程序编译或解释的含有命令的文件都是 Malware(怀有恶意的软件)潜在的攻击目标。

(2) 引导扇区病毒

引导扇区病毒改变每一个用 DOS 格式来格式化的磁盘的第一个扇区里的程序。通常引导扇区病毒先执行自身的代码,然后再继续 PC 机的启动进程。大多数情况下,如果在这台染有引导型病毒的机器上对可读写的软盘进行读写操作,那么这张软盘就会被感染。

（3）宏病毒

宏病毒主要感染一般的配置文件，如 Word 模板，导致以后所编辑的文档都会带有可感染的宏病毒。

（4）欺骗病毒

欺骗病毒能够以某种特定长度存在，从而将自己在可能被注意的程序中隐蔽起来。欺骗病毒也称为隐蔽病毒。

（5）多形性病毒

多形性病毒通过在可能被感染的文件中搜索专门的字节序列使自身不易被检测到，这种病毒随着每次复制而发生变化。

（6）伙伴病毒

伙伴病毒通过一个文件传播，该文件首先将代替脚本希望运行的文件被执行，之后再运行原始的文件。此外，随着互联网的流行，又出现了以"美丽莎"等为代表的网络病毒，而且其队伍日益壮大，已成为目前主流病毒。

2. 网络病毒的特点

Internet 的发展孕育了网络病毒，由于网络的互联性，病毒的威力也大大增强。网络病毒具有以下特点：

① 破坏性强。一旦文件服务器的硬盘被病毒感染，就可能导致分区中的某些区域上的内容损坏，使网络服务器无法起动，导致整个网络瘫痪，造成不可估量的损失。

② 传播性强。网络病毒普遍具有较强的再生机制，可通过网络扩散与传染。根据有关资料介绍，网络上病毒传播的速度是单机的几十倍。

③ 具有潜伏性和可激发性。网络病毒与单机病毒一样，具有潜伏性和可激发性。在一定的环境下受到外界因素刺激便能活跃起来，这就是病毒的激活。一个病毒程序可以按照病毒设计者的预定要求，在某个服务器或客户机上激活，并向各网络用户发起攻击。

④ 针对性强。网络病毒并非一定对网络上所有的计算机都进行感染与攻击，而是具有某种针对性。例如，有的网络病毒只能感染 IBM - PC 工作站，有的却只能感染苹果计算机，有的病毒则专门感染使用 UNIX 操作系统的计算机。

⑤ 扩散面广。由于网络病毒能通过网络进行传播，所以其扩散面很大，一台 PC 的病毒可以通过网络感染与之相连的众多机器。由于网络病毒造成网络瘫痪的损失是难以估计的，一旦网络服务器被感染，其解毒所需的时间将是单机的几十倍以上。

7.4.2　病毒的传播途径与防治

1. 计算机病毒的传播途径

第一种途径：通过不可移动的计算机硬件设备进行传播，这些设备通常有计算机专用芯片和硬盘等。这种病毒虽然极少，但破坏力极强。目前尚没有较好的检测手段检测这种病毒。

第二种途径：通过移动存储设备来传播，这些设备包括软盘、磁盘等。在移动存储设备中，软盘是使用最广泛、最频繁的存储介质，因此也成了计算机病毒寄生的"温床"。目前，大多数计算机都是从这类途径感染病毒的。

第三种途径：通过计算机网络进行传播。现代信息技术的巨大进步已使空间距离不再遥远，"相隔天涯，如在咫尺"，但也为计算机病毒的传播提供了新的"高速公路"。计算机病毒可以附着在正常文件中，通过网络进入一个又一个系统，国内计算机感染一种"进口"病毒已不再是什么大惊小怪的事了。在信息国际化的同时，病毒也在国际化。这种方式已经成为最主要的传播途径，而且，目前网络病毒层出不穷，构成了对联网计算机的很大威胁。

第四种途径：通过点对点通信系统和无线通道传播。目前，这种传播途径还不是十分广泛，但预计在未来的信息时代，这种途径很可能与网络传播途径成为病毒扩散的两大主要渠道。

2. 病毒的防治

病毒在发作前是难以发现的，因此所有的防病毒技术都是在系统后台运行的，先于病毒获得系统的控制权，对系统进行实时监控，一旦发现可疑行为，就阻止非法程序的运行，利用一些专门的技术进行判别，然后加以清除。反病毒技术包括检测病毒和清除病毒两个方面，而病毒的清除都是以有效的病毒探测为基础的。目前广泛使用的主要检测病毒的方法有特征代码法、校验和法、行为监测法和感染实验法等。

特征代码法被用于 SCAN，CPAV 等著名的病毒监测工具中。国外专家认为特征代码法是检测已知病毒的最简单、开销最小的方法。其特点是从采集的病毒样本中抽取适当长度的、特殊的代码作为该病毒的特征码，然后将该特征代码纳入病毒数据库。这样在监测文件时，通过搜索该文件中是否含有病毒数据库中的病毒特征码即可判定是否染毒。

校验和法是对正常文件的内容计算其校验和，将该校验和写入文件中或写入别的文件中保存。在文件使用过程中，定期或在每次使用前，检查文件现在内容算出的校验和与原来保存的校验和是否一致，若改变则判定该文件被外来程序修改过，很可能是病毒所致。这种方法既能发现已知病毒，也能发现未知病毒，但是不能识别病毒种类，不能报出病毒名称。另外，由于病毒感染并非文件内容改变的唯一原因，文件内容的改变有可能是正常程序引起的，所以校验和法常常误报警。该方法对隐秘病毒无效，因为隐秘病毒进驻内存后，会自动剥去染毒程序中的病毒代码，使校验和法受骗。

行为监测法是利用病毒的行为特性来检测病毒的。通过对病毒多年的观察研究，人们发现病毒有一些共同行为，而且比较特殊，在正常程序中，这些行为比较罕见。当程序运行时，监视其行为，如果发现了这些病毒行为，立即报警。该方法的长处是可以发现未知病毒，并且可以相当准确地预报多数未知病毒。

感染实验法利用了病毒的最重要的特征——感染特性。所有的病毒都会进行感染，如果不会感染，就不能称其为病毒。如果系统中有异常行为，最新版的检测工具都查不出是什么病毒,就可以做感染实验,运行可疑系统中的程序以后,再运行一些确切知道不带毒的正常程序,然后观察这些正常程序的长度和校验和,如果发现有的程序长度增加,或者校验和变化,就可断言系统中有病毒。

与传统防杀毒模式相比,病毒防火墙在网络病毒的防治上有着明显的优越性。

首先,它对病毒的过滤有良好的实时性,也就是说病毒一旦入侵系统或从系统向其他资源感染时,它就会自动将其检测到并加以清除,这就最大可能地避免了病毒对资源的破坏。

其次,病毒防火墙能有效地阻止病毒通过网络向本地计算机系统入侵。这一点恰恰是传统杀毒工具难以实现的,因为它们顶多能静态清除网络驱动器上已被感染文件中的病毒,对病毒在网络上的实时传播却根本无能为力,而"实时过滤性"技术却是病毒防火墙的拿手好戏。

再次,病毒防火墙的"双向过滤"功能保证了本系统不会向远程(网络)资源传播病毒,这一优点在使用电子邮件时体现得最为明显,因为它能在用户发出邮件前自动将其中可能含有的病毒全部过滤掉,确保不会对他人造成无意的损害。

最后,病毒防火墙还具有操作更简便、更透明的好处,有了它自动、实时的保护,用户再也无需隔三差五就得停下正常工作而去费时费力地查毒和杀毒了。

习题 7

1. 简述网络安全的概念及网络安全威胁的主要来源。

2. 简述明文、密文的概念。

3. 简述常规加密模型的 5 个组成部分。

4. 简述数字签名技术。

5. 对下列密码进行解密,明文是从一计算机教科书中摘录的,可能会出现诸如"computer"之类的词汇,明文只包含字母,没有空格。加密方法是变换(transposition)法,为了阅读方便,密文被分成 5 个字母一组。

aauan　cvlre　rurnn　dltme　aeepb　ytust　iceat　npmey　iicgo　gorch　srsoc
nntii　imiha　oofpa　gsivt　tpsit　lbolr　otoex

6. 简述防火墙的作用。

7. 简述防火墙的设计策略。

8. 常见病毒的种类和病毒的防治方法。

9. 计算机病毒有几种传播途径。

10. 简述网络管理的 5 个功能域。

11. 简述 CMIP 与 SNMP 的异同。

12. 简述电子邮件病毒的特点及防止方法。

第8章　网络管理与维护

本章学习目标

网络是一个复杂的系统,越复杂的系统出现问题的几率就越大。一个庞大的网络应当有一套完善的网络管理机制来保障网络的正常运行,并且当故障发生时,要求管理人员能够充分利用强大、丰富的网络维护工具分析、查找故障原因,然后对症下药,予以解决。通过本章的学习,读者应该掌握以下内容:

- ● ISO 网络管理模式;
- ● CMIP 与 SNMP 管理协议;
- ● Windows 自带的网络工具箱;
- ● 上网常见的故障分析与排除;
- ● 局域网常见的故障排除。

8.1　网络管理技术

花费大量时间和资金建立起来的计算机网络,需要不断地进行维护。网络管理包括5个功能:配置管理、故障管理、性能管理、安全管理和计费管理。

8.1.1　网络管理概述

随着计算机网络的发展与普及,一方面对于如何保证网络的安全,组织网络高效运行提出了迫切的要求;另一方面,计算机网络日益庞大,使管理更加复杂。这主要表现在如下几个方面:

① 网络覆盖范围越来越大。

② 网络用户数目不断增加。

③ 网络共享数据量剧增。

④ 网络通信量剧增。

⑤ 网络应用软件类型不断增加。

⑥ 网络对不同操作系统的兼容性要求不断提高。

这种大型、复杂、异构型的网络靠人工是无法管理的,随着网络管理技术的日益成熟,网络管理显得越来越重要。

　　网络管理是控制一个复杂的计算机网络,使它具有最高的效率和生产力的过程。从进行网络管理的系统的能力来看,这一过程通常包括数据收集、数据处理、数据分析和产生用于管理网络的报告。

　　第一个使用的网络管理(简称网管)协议称为简单网络管理协议 SNMP(又称 SNMP 第一版或 SNMPv1),当时这个协议被认为是临时的、简单的、解决当时急需解决的问题的协议,而复杂的、功能强大的网络管理协议需要进一步设计。

　　到 20 世纪 80 年代,在 SNMP 的基础上设计了两个网络管理协议:一个称为 SNMP 第二版(简称 SNMPv2),它包含了原有的特性,这些特性目前被广泛使用,同时增加了很多新特性以克服原先 SNMP 的缺陷;第二个网络管理协议称为公共管理信息协议(简称 CMIP),它是一个组织得更好,并且比 SNMPv1 和 SNMPv2 有更多特性的网络管理协议。对用户而言,要求网络管理协议具有好的安全性、简单的用户界面、价格相对低廉而且对网络管理是有效的。由于 Internet 的大规模发展以及用户的要求,使得 SNMPv1 和 SNMPv2 成为业界事实上的标准而被广泛使用。

8.1.2　ISO 网络管理模式

　　目前国际标准化组织 ISO 在网络管理的标准化上做了许多工作,它特别定义了网络管理的 5 个功能域:

- 配置管理——管理所有的网络设备,包括各设备参数的配置与设备账目的管理。
- 故障管理——找出故障的位置并进行恢复。
- 性能管理——统计网络的使用状况,根据网络的使用情况进行扩充,确定设置的规划。
- 安全管理——限制非法用户窃取或修改网络中的重要数据等。
- 计费管理——记录用户使用网络资源的数据,调整用户使用网络资源的配额和记账收费。

1. 配置管理

　　配置管理的目的在于随时了解系统网络的拓扑结构以及所交换的信息,包括连接前静态设定的和连接后动态更新的。配置管理调用客体管理功能、状态管理功能和关系管理功能。

　　(1)客体管理功能

　　客体管理功能为管理信息系统用户(MIS 用户)提供一系列功能,完成被管理客体的产生、删除报告和属性值改变的报告。

　　(2)状态管理功能

　　① 通用状态属性。指客体应具有的操作态、使用态和管理态 3 种通用状态属性。

　　② 状况属性。定义了下列 6 个属性以限制操作态、使用态和管理态,表示应用于资源的特定条件:告警状况属性、过程状况属性、可用性状况属性、控制状况属性、备份状况属性和未

知状况属性。

（3）关系管理功能

管理者需有检查系统不同部件间和不同系统间关系的能力，以确定系统某部分的操作如何依赖于其他部分或如何被依赖。用户需有能力改变部分之间、系统之间以及系统与部件之间的关系，也应有能力得知是何原因导致这种变化。

2. 故障管理

故障管理的目标是自动监测、记录网络故障并通知用户，以便网络有效地运行。

故障管理包含以下几个步骤：

① 判断故障症状；

② 隔离该故障；

③ 修复该故障；

④ 对所有重要子系统的故障进行修复；

⑤ 记录故障的监测及其结果。

3. 性能管理

性能管理的目标是衡量和呈现网络性能的各个方面，使人们可在一个可接受的水平上维护网络的性能。性能变量的例子有网络吞吐量、用户响应时间和线路利用率。

性能管理包含以下几个步骤：

① 收集网络管理者感兴趣的那些变量的性能参数。

② 分析这些数据，以判断是否处于正常水平。

③ 为每个重要的变量决定一个适合的性能门限值，超过该限值就意味着网络有故障。

4. 安全管理

安全管理的目标是按照本地的指导来控制对网络资源的访问，以保证网络不被侵害，并保证重要的信息不被未授权的用户访问。

安全管理子系统将网络资源分为授权和未授权两大类。它执行以下几种功能：

① 标识重要的网络资源。

② 确定重要的网络资源和用户集间的映射关系。

③ 监视对重要网络资源的访问。

④ 记录对重要网络资源的非法访问。

5. 计费管理

计费管理的目标是衡量网络的利用率，以便一个或一组用户可以按规则利用网络资源，这样的规则使网络故障降低到最小，也可以使所有用户对网络的访问更加公平。

为了达到合理的计费管理目的，首先必须通过性能管理测量出所有重要网络资源的利用率，对其结果进行分析，使得对当前的应用模式有更深入的了解，并在该点设置定额。对资源利用率的测量可以产生计费信息，并产生可用来估价费率的信息，以及可用于资源利用率优化的信息。

8.1.3 公共管理信息协议 CMIP

在网络管理模型中,网络管理者和代理之间需要交换大量的管理信息。这一过程必须遵循统一的通信规范,通常把这个通信规范称为网络管理协议。网络管理协议是高层网络应用协议,它建立在个体物理网络及其基础通信协议基础之上,为网络管理平台服务。

网络管理协议提供了访问任何生产厂商生产的任何网络设备,并获得一系列标准值的一致性方式。对网络设备的查询包括:设备的名字;设备中软件的版本;设备中的接口数;设备中一个接口的每秒包数等。用于设置网络设备的参数包括:设备的名字;网络接口的地址;网络接口的运行状态;设备的运行状态等。

目前使用的标准网络管理协议包括:简单网络管理协议(SNMP)、公共管理信息服务/协议(CMIS/CMIP)和局域网个人管理协议(LMMP)等。

CMIS/CMIP 是 ISO 定义的网络管理协议,它的制定受到了政府和工业界的支持。ISO 首先在 1989 年颁布了 ISO DIS7498 - 4(X.400)文件,定义了网络管理的基本概念和总体的框架。后来在 1991 年颁布了两个文件,规定了网络管理提供的服务和网络管理协议,这两个文件是 ISO 9595 公共管理信息服务规范 CMIS(Common Management Information Service)和 ISO 9596 公共管理信息协议规范 CMIP(Common Management Information Protocol)。1992 年公布的 ISO 10164 文件规定了系统管理功能 SMF(System Management Functions),ISO 10165 文件定义了管理信息结构 SMI(Structure of Management Information)。这些文件共同组成了 ISO 的网络管理标准。这是一个复杂的管理协议体系,管理信息采用了面向对象的模型,管理功能包罗万象,致使其进展缓慢,少有适用的网管产品。

CMIP 的优点是安全性高,功能强大,不仅可用于传输管理数据,而且可执行一定的任务。但由于 CMIP 对系统的处理能力要求过高,操作复杂,覆盖范围广,因而难以实现,限制了它的使用范围。

CMIP 采用管理者/代理模型,当对网络实体进行监控时,管理者只需向代理发出一个监控请求,代理会自动监视指定的对象,并在异常事件(如线路故障)发生时向管理者发出指示。CMIP 的这种管理监控方式称为委托监控,委托监控的主要优点是开销小、反应及时,缺点是对代理的资源要求高。

8.1.4 简单网络管理协议 SNMP

SNMP 是由因特网工程任务组 IETF(the Internet Engineering Task Force)提出的面向 Internet 的管理协议,其管理对象包括网桥、路由器、交换机等内存和处理能力有限的网络互联设备。

SNMP 采用轮询监控的方式,管理者隔一定时间间隔向代理请求管理信息,管理者根据返回的管理信息判断是否有异常事件发生。轮询监控的主要优点是对代理资源的要求不高，缺点是管理通信的开销大。SNMP 由于其简单性得到了业界广泛的支持，成为目前最流行的网络管理协议。

SNMP 位于 ISO/OSI 参考模型的应用层，它遵循 ISO 的网络管理模型。SNMP 模型由管理节点和代理节点构成，采用的是代理/管理站模型，如图 8-1 所示。

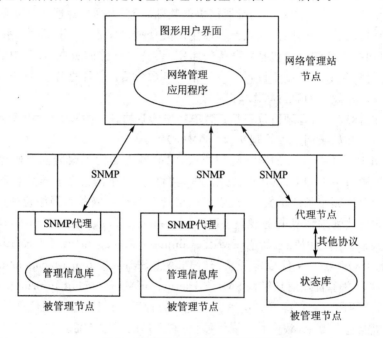

图 8-1　SNMP 网络管理参考模型

管理节点一般是面向工程应用的工作站级计算机，拥有很强的处理能力，在它的上面运行SNMP 管理软件。在网络中可以存在多个网络管理节点，每个网络管理节点可以同时和多个SNMP 代理节点通信，SNMP 软件一般采用图形用户界面来显示网络的状况，并接受管理员的操作指示，不断地调整网络的运行。

代理节点可以是网络上任何类型的节点，如主机、服务器、路由器和交换机等，这些设备运行 SNMP 代理进程，用于接收和发送 SNMP 数据包，代理节点只需与管理节点通信，它们占用很少的处理器和内存资源。

SNMP 是一个应用层协议，在 TCP/IP 网络中，它使用传输层和网络层的服务向其对等层传输消息。物理层协议和链路层协议依赖于所使用的媒介。一般以所希望的传输效率为基础，根据要完成的特定网络管理功能选择传输层协议。SNMPv2 规范定义了可以使用的 5 种传输服务，如图 8-2 所示。这 5 种传输层映射是：

① UDP　用户数据报协议。

② CLNS　OSI 无连接的传输服务。

③ CONS　OSI 面向连接的传输服务。

④ DDP　Apple Talk 的 DDP 传输服务。

⑤ IPX　Novell 公司的网间分组交换协议。

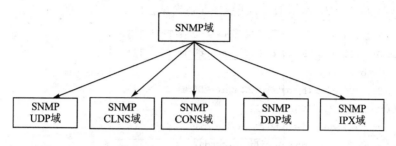

图 8－2　SNMP 传输层映射

8.2　网络维护工具

　　作为局域网中广泛使用的操作系统,Windows 自带了网络维护工具,它们简单易用,功能强大,熟练掌握这些工具软件,将使网络维护事半功倍。

　　Ping,Ipconfig,Tracert,Netstat,Arp 是 Windows 自带的许多网络维护工具。下面以 Windows 2000 为例作简要介绍。

1. Ping

用法:

Ping[－t]［a]［－n count]［－I size]［－f]［－I TTL]［－v TOS]［－r count]［－s count]
［［－j host－list] | [－k host－list]]［－w timeout]

参数:

　　－t——用当前主机不断向目的主机发送数据包;

　　－n count——指定 ping 的次数;

　　－I size——指定发送数据包的大小;

　　－w timeout——指定超时时间的间隔(单位:ms,默认为 1000)。

　　这个程序用来检测 1 帧数据从本地传送到目的主机所需的时间。它通过发送一些小的数据包并接收应答信息来确定两台计算机之间的网络连接情况。当网络出现故障时,Ping 是第一个用到的工具,它可以有效地检测网络故障,因此下面详细介绍。

　　如果执行 Ping 不成功,则可以预测故障出现在以下几个方面:网线没有连通,网络适配器配置不正确,IP 地址不可用等等。如果 Ping 程序成功返回而网络仍无法使用,那么问题很可能出在网络系统的软件配置方面。Ping 成功只能保证本地与目的主机存在一条连通的物理途径。

通常,使用较多的参数是 - t, - n, - w。

例1

E:\>ping www.263.net

Pinging www.263.net[211.100.31.131]with32 bytes of data:

Reply from 211.100.31.131: bytes = 32 time = 50 ms TTL = 243

Reply from 211.100.31.131: bytes = 32 time = 60 ms TTL = 243

Request timed out.

Reply from 211.100.31.131: bytes = 32 time = 50 ms TTL = 243

Ping statistics for 211.100.31.131:

Packets: Sent = 4,Received = 3,Lost: 1(25 % loss),

Approximate round trip times in mili - seconds:

Minimum = 50 ms,Maximum = 60 ms,Average = 53 ms

从上面的返回结果可以知道,向 www.263.net(其 IP 为 211.100.31.131)发送的 4 个大小为 32 字节的测试数据包中,有 3 个得到了服务器的正常响应(reply from…),另一个响应超时(request timed out)。平均每个数据包自发送到收到服务器响应的时间间隔为 56 ms(最小为 50 ms,最大为 60 ms)。

这一结果显示,本机到 www.263.net 的网速较快(平均响应时间短),但是网络可能不大稳定(丢失了一个数据包)。

例2

E:\>ping 202.11.89.118

Pinging 202.112.89.118 with 32 bytes of data:

Request timed out.

Request timed out.

Request timed out.

Request timed out.

Ping statistics for 202.112.89.118:

Packets: Sent = 4,Received = 0,Lost = 4(100 % loss),

Approximate round trip timesin milli - seconds:

Minimum = 0 ms,Maximum = 0 ms,Average = 0 ms

上例中 4 个测试数据包均超时,说明本机很可能无法与 202.112.89.118 通信。

但是也存在例外情况,即 Ping"不通"但实际网络是连通的。这是因为 Ping 是用来检测最基本的网络连接情况的,Ping 程序所使用的数据包为 TCP/IP 协议族最基本的 ICMP 包。不幸的是,某些操作系统(尤其是 Windows)存在缺陷,面对对方发送过来的大的 ICMP 包,或者数量巨大的碎小的 ICMP 包,无法正常处理,可能导致网络堵塞、瘫痪,甚至整个系统崩溃、死机。目前的网络防火墙所采用的一种简便方法是，对方发来的 ICMP 包不做任何处理，直接抛弃。在 Ping 装有这样的防火墙的主机时，将被告知"Request time out"，其实这并不是网络不通。

例 3

```
E：\＞ping noabcd.com
Unknown host noabcd .com.
```

这一结果显示域名 noabcd .com 不存在。

2．Ipconfig

顾名思义，Ipconfig 用于显示和修改 IP 协议的配置信息。它适用于 Windows 9x，Windows NT 和 Windows 2000，但命令格式稍有不同。下面以 Windows 2000 为例做简要介绍。

用法：

```
ipconfig [/all |/release [adapter] |/renew [adapter]]
```

参数：

/all——显示所有的配置信息；
/release——释放指定适配器的 IP；
/renew——更新指定适配器的 IP。

例 4
用"ipconfig / renew 0"命令可以更新 0 号适配器的 IP。

例 5
用"ipconfig / all"命令可以显示有关本地 IP 配置的详细信息。显示结果如下：

```
E：\＞ ipconfig / all
Windows 2000 IP Configuration
Host Nam…………：WhatEver
Primary DNS Suffix………．：
Node Type………．,．：Hybrid
IP Routing Enabled………．：No
WINS Proxy Enabled………．：No
```

Ethernet adapter 本地连接：

```
Connection - specific DNS
Suffix .：
Description………．：
Realtek RTL8139/810X Family PCI
Fast
```

```
Ethernet NIC
Physical
Address··········: 00 - E0 - 4C - 3A - 28 - E9
DHCP
Enabled···········: No
IP
Address···········:
162.105.81.179
Subnet
Mask·········:
255.255.255.0
Default
Gateway··········:
162.105.81.1
ONS
Servers··········:
202.112.1.12
202.112.1.13
```

3. Tracert

用法：

tracert[- d] [- h maximum hops] [- j hostlist] [- w timeout]

参数：

- d——不解析主机名；

- w timeout——设置超时时间（单位：ms）；

Tracert 用于跟踪"路径"，即可纪录从本地至目的主机所经过的路径，以及到达时间。利用它，可以确切地知道究竟在本地到目的地之间的哪一环节上发生了故障。

例 6

```
E:\> tracert www.Yahoo.com
Tracing route to www.yahoo.akadns.net[216.115.102.75]]
Over a maximum of 30 hops:
1<10ms  <10ms  <10ms  166.111.174.1
2<10ms  <10ms  <10ms  166.111.1.73
3 *      *      *     Request timed out.
4 *      *      *     Request timed out.
5 *      *      *     Request timed out.
6 *      *      *     Request timed out.
```

```
7 *  *  ℃
E：\>
```

由上面的返回可以知道,本地路由器 166.111.174.1 转发给路由器 166.111.1.73,166. 111.1.73,拦截了本地到 www.yahoo.com 的国际流量。

4．Netstat

用法:

```
nestat [-a] [-e] [-n] [-s] [-p proto] [-r] [interval]
```

参数:

-a——显示主机的所有连接和监听端口信息;

-e——显示以太网统计信息;

-n——以数据表格显示地址端口;

-s——显示每个协议的使用状态(包括 TCP,UDP,IP);

-p proto——显示特定的协议的具体使用信息;

-r——显示本机路由表的内容;

interval——刷新显示的时间间隔(单位：ms)。

Netstat 程序可以帮助了解网络的整体使用情况。

例 7

netstat—p TCP 表示查看 TCP 连接。

netstat—a 表示查看所有信息。

8.3　局域网常见的故障排除

8.3.1　网络常见故障

故障概述:网络中可能出现各种各样的故障,故障现象也可能千奇百怪。但从宏观上看,问题只有一种,那就是网络不能提供服务。例如网络中的某个用户无法访问服务器,其原因可能是网线有问题,可能是该用户使用的计算机的网卡有问题,还可能是用户的 TCP/IP 属性配置不正确,也有可能是服务器本身的问题,因此查找故障发生的原因要有适当的步骤和方法。

在 TCP/IP 网络中,用户看到的只是应用层,体验到的是应用层中的各种服务。但应用层中的各种服务都要依靠下几层的正确设置与正确连接,所以网络问题的现象无非就是网络服务不能实现,也就是应用层的服务不能实现。但真正的原因却有可能出现在各个层次中,而且一项服务的实现依靠的不仅仅是服务器,同样也需要客户端作相应的配置,所以网络故障的原因有可能是客户端的某层中出了问题,也有可能是服务器的某层出了问题。

比如说文件服务无法实现是故障的现象，原因有可能出在网络接口层，如网线断了、集线器坏了等；还有可能出现在 Internet 层和传输层，如 IP 地址有问题，路由有问题等；也可能出现在应用层，如服务器的服务有问题，客户端没做相应配置等；所有这些都会引起网络服务不能实现。一旦出现问题不要慌张，只要按照系统的层次化结构来进行排除，一层一层的解决，检查完服务器再检查客户端，就一定能够找出问题的原因，一定能够解决问题。

1. 故障检测第一步——ping

ping 命令在网络故障排除中是非常有用的一个工具，往往作为网络管理员探测故障原因的首选。当 ping 一台主机时，实际上是向那台主机发出了一个 ICMP 数据包，而 ICMP 协议又是在 TCP/IP 协议中的第二层 Internet 层。当一台客户端无法享受服务器提供的服务时，可以首先试着 ping 一下服务器的 IP 地址，如果能够 ping 通，而且没有丢包现象，那么就可以确定 Internet 层以及它以下的各层，这样就可以将检测问题的主要精力放在应用层，试着去找出其中的问题所在。

如果 ping 不通或 ping 通了但有丢包现象，那么就可以先将问题锁定在 Internet 层和网络接口层，首先解决这两层的问题，再看上层是否有问题。

2. 网络接口层故障排除

当出现网络故障时，可以在客户端上首先使用 ping 命令，ping 服务器的 IP 地址，如果 ping 通，证明故障肯定不在网络接口层，如果 ping 不通或 ping 通了但有丢包现象，问题可能出现在网络接口层或 Internet 层，但根据层次结构，首先应该检查的还是网络接口层，排除了网络接口层的问题后，再进行后续的检查，网络接口层最有可能出现问题的地方是网线，集线器，网卡和交换机，检测时按照此顺序进行。

3. 网线问题

网络中的计算机互相连接都需要网线，而网线也处在整个层次结构中的最底层，也是最容易出问题的地方。必须首先了解网线的种类以及连接设备使用网线的情况后，才可以排除网线的故障。

4. 网线种类

直通缆（标准 568B）：两端线序一样，线序是：白橙，橙，白绿，蓝，白蓝，绿，白棕，棕。

交叉缆（568A）标准：一端为直通缆的线序，另一端为：白绿，绿，白橙，蓝，白蓝，橙，白棕，棕。

5. 设备连接使用网线情况

PC – PC：交叉缆；

PC – Hub：直通缆；

Hub – Hub 普通口：交叉缆；

Hub – Hub 级联口-级联口：交叉缆；

Hub – Hub 普通口-级联口：直通缆；

Hub – SWITCH：交叉缆；

Hub –级联口 SWITCH：直通缆；

SWITCH – SWITCH：交叉缆；

SWITCH – ROUTER：直通缆；

ROUTER – ROUTER：交叉缆。

100BaseT 连接双绞线，以 100 Mbit/s 的 EIA/TIA568B 作为标准规格。

8.3.2　网络故障的排除

1. 网线用错

故障原因：通过上面的讲解，可以知道直通缆和交叉缆在不同设备之间的应用情况，如果安装线缆或布线的时候用错网线就会导致网络不通。

查找方法：如果网线裸露在外，只要把网线的两头对在一起就很容易发现此网线是直通缆还是交叉缆。如果网线已经布好，就需要用测线仪来进行测量了。

解决方法：发现网线用错了就换一根对的网线，如果布好的网线用错了，就需要将某一头接一根转接线或转接头，将错误的网线转换成正确的线序。

2. 网线折断

故障原因：当网络不通时，有可能是网线折断或接触不良。

查找方法：电缆/光缆测试仪：用于测量电缆或光缆的连通状况和属性的其他信息。

数字万用表：测量经过电缆的电脉冲，确定电缆是否有短路或断路。

时域反射器（TDR）：可利用声脉冲找出电缆的断点位置。

解决方案：找到折断的网线，将此网线替换。

3. 集线器问题

如果通过上面的检测，证明连接客户端和服务器的网线没有问题，那么下一个检测目标就会锁定在集线器上。集线器的作用是把网线集中连接在一起，所以如果集线器有问题，网络自然也就不会通畅。

4. 集线器损坏

故障原因：当集线器损坏时，连接在集线器上的所有计算机都无法进行通信。

查找方法：确保网线没有问题后，如果客户端还 ping 不通服务器，首先测试其他客户端是否能够 ping 通服务器；如果其他客户端能够 ping 通服务器，证明集线器没有问题；如果 ping 不通证明问题也许出在集线器。再测试连接在此集线器上的其他客户端是否能够互相 ping 通，如果能够 ping 通，证明此集线器没有问题，问题可能出在别的方面。如果其他客户端都彼此 ping 不通，那么证明问题就出现在本地集线器。

解决方案：如果确定是集线器的问题，解决方案就是更换一个好的集线器。

故障原因：当集线器的某个端口损坏，此端口连接的计算机就无法与其他计算机通信了。

查找方法：如果通过上面的方法证明集线器没有损坏，但本地客户端还是无法 ping 通服务器，就可以尝试使用其他客户端 ping 本地客户端，如果集线器上所有其他客户端都能够互相 ping 通，而它们却都无法连接到本地客户端，本地客户端也连接不到其他任何一台机器，就可以证明是此计算机连接到的集线器的端口损坏或接触不良。

解决方案：找到此计算机在集线器上的网络连线，重新插好，如果故障依旧存在，就可将此计算机的网络连线换一个端口，或更换一个集线器。

5. 网卡问题

如果通过上面的测试，证明网线和集线器都没有问题，那么下一个需要测试的对象就是网卡。网卡是网络接口层的另外一个核心组件，不论是服务器还是客户端的网卡损坏，损坏一端的计算机都无法发送和接受任何信息。

6. 网卡端口接触不良

故障原因：客户端或服务器的网卡端口接触不好，所以有一方无法进行通信。

查找方法：确定网线，集线器都没有问题后，如果客户端还 ping 不通服务器，首先测试本地客户端的网卡，再测试服务器的网卡。首先在客户端上确定其 IP 地址设置没有问题，然后，重新插一下连接的网线，查看其他计算机能否 ping 通本地客户端，如果可以，再用本地客户端 ping 服务器，如果成功，则证明客户端的网卡有问题。

如果通过前面的实验发现本地客户端能够与其他计算机通信，问题就有可能出现在服务器。首先确定服务器的 IP 地址配置正确，然后，重新插一下连接的网线，查看其他计算机能否 ping 通服务器，如果通信成功，证明服务器的网卡有问题。

解决方案：重新插拔一下连接的网线。

7. 网卡损坏

故障原因：如果网卡的芯片损坏，网络中的计算机自然就无法通信。

查找方法：如果通过上面的方法，重新插拔网卡后问题依旧存在，则首先在客户端上确定其 IP 地址配置没问题，然后，更换一块网卡，查看其他计算机能否 ping 通本地客户端，如果可以，再用本地客户端 ping 服务器，如果成功，则证明客户端的网卡芯片有问题。

如果通过前面的实验发现本地客户端能够与其他计算机通信，问题就有可能出现在服务器。首先确定服务器的 IP 地址配置正确，然后，更换一块网卡，查看其他计算机能否 ping 通服务器，如果通信成功，证明服务器的网卡有问题。

解决方案：更换网卡。

8. 交换机问题

在现在的网络中，集线器往往被交换机替代，这样虽然增加成本，但是网络的整体性能会有很大提升。出于节省成本的目的，集线器之间也可以通过交换机来连接，这样通信速度有所提高，而且也不会增加太多成本。所以一旦交换机出现问题，往往查找和处理起来要比集线器复杂得多。

9. 交换机 MAC 地址列表有问题

故障原因：交换机是通过内置的 MAC 地址列表来帮助计算机之间通信的，所以一旦 MAC 地址列表出现问题，很有可能该收到数据的计算机收不到，不该收到信息的计算机可能会收到，而且也会产生丢包现象。

查找方法：通过 Windows 2000 内置的 Network Monitor 来检测是否能够收到不该收到的信息。首先选择 3 台计算机，一台作为 FTP 服务器，另一台作为 FTP 客户端，第三台作为监视客户端。

步骤如下：

① 首先配置好 FTP 服务器和客户端，然后在监视客户端上打开"添加删除程序"，在"添加删除 Windows 组件"中选择"管理和监视程序"来安装网络监视器，在监视客户端上启动网络监视器。

② 转到 FTP 客户端，以用户 administrator 连接 FTP 服务器。

③ 回到监视客户端，停止并显示捕获的数据。

④ 选中"显示"，"筛选程序"对捕获到的数据进行筛选。

⑤ 只显示 FTP 和 Telnet 协议数据，单击"确定"按钮。

⑥ 捕获结果，通过查找 FTP 协议，可以发现 pass 后面就是刚才访问 FTP 服务器用户 administrator的密码 123456。

交换机应该通过其 MAC 地址列表，将通信传输限制在 FTP 客户端和服务器之间。通过此实验可以看到，交换机将信息发送给了不该发送的计算机——监视客户端，所以证明交换机 MAC 地址列表已经失败。

解决方案：重新启动交换机，如果还解决不了，就更换交换机。

10. 交换机损坏

故障原因：交换机整个损坏。

查找方法：跟集线器的查找方法一样。

解决方案：更换交换机。

11. Internet 层和传输层故障排除

如果通过上述方法测试，发现网线、集线器、网卡和交换机都没有问题，就可以将问题检测提到解决方案 Internet 层和传输层。

12. IP 地址冲突

故障原因：如果在网络中发生两台计算机使用一个 IP 地址的情况，那么这两台计算机启动后，有一台计算机是可以进行正常通信的，而另外一台不行。

查找方法：如果一台计算机的 IP 地址已经配置，却不能跟其他计算机通信，那么就需要利用 IPCONFIG 工具查看其 IP 地址的真实运行状况。其真正的 IP 地址为 0.0.0.0，说明这台计算机上配置的 IP 地址正与其他计算机的地址冲突。

如果此计算机的 IP 地址是合法的,那么证明其他计算机在制造恶意冲突。可以在其他的计算机上用 nbtstat 查找计算机,在其他正常运行的计算机上敲入 nbtstat – a 冲突的 IP 地址,就可以找到恶意冲突的计算机。

解决方案:将其中一台计算机另外配置一个合法的 IP 地址。

13. IP 地址配置问题

故障原因:IP 地址配置不符合网段的配置要求,也会造成不能够跟其他计算机通信的故障。

查找方法:如果通过 IPCONFIG 发现本机的 IP 地址并没有出现 0.0.0.0 冲突现象,那就可以检查是否是 IP 地址配置问题。首先确定本网段的 IP 地址范围,如 192.168.1.0。然后在客户机上再次运行 IPCONFIG 工具,查看其 IP 地址是否是本网段的 IP 地址,如果不是,则修改本地计算机的 IP 地址。

解决方案:如果计算机使用静态的 IP 地址,就由网络管理员来为此计算机重新配置合法的本网段的 IP 地址。如果计算机是 DHCP 客户端,就在此计算机上运行 IPCONFIG/RELEASE 来释放原有的地址,再运行 IPCONFIG/RENEW 重新获得合法的 IP 地址。

14. 路由器问题

故障原因:本地的 IP 地址配置正确,服务器的 IP 地址配置也正确,但因为它们不在同一个网段,所以需要路由器来传递信息,如果路由器出现问题,客户端与服务器一样不能通信。

查找方法:在确定服务器和客户端双方的 IP 地址配置都没有问题后,首先使用 ping 命令查找主机,主机没有回应。

解决方案:联系路由器管理员,重新配置路由器的路由信息。

15. 应用层故障排除

应用层的故障可谓千奇百怪,因为应用层的软件与服务器有成千上万种,所以可能出现的问题也就非常多。在这里,不可能将所有的问题一一列举出来,所以这部分重点解决 Windows 2000 中各种服务容易出现的问题。

16. DHCP 故障排除

DHCP 故障虽然是在应用层的服务,但实质却是分配 IP 地址,所以错误往往影响的是 Internet 层,也就是 IP 地址故障。DHCP 大多数的故障现象就是配置好客户端和服务器后却发现客户端不能获得 IP 地址。但引起故障现象的原因却可能有很多种。

17. 授权问题

故障原因:DHCP 服务器需要经过授权后才能启动服务,所以如果未经授权,服务器是不能分配 IP 地址的。

解决方案:如果发现 DHCP 服务器未经授权,就必须使用管理员身份打开 DHCP 服务器控制台进行授权操作。

18. 服务器端 IP 地址问题

故障原因：检查服务器已经经过了授权，而且作用域已经激活。这时应该检查作用域的地址范围是否与 DHCP 服务器的 IP 地址属于一个地址范围。如果 DHCP 服务器的 IP 地址与作用域的地址不在同一个网段内，DHCP 服务器也是不能够分配 IP 地址的。

解决方案：将 DHCP 服务器的 IP 地址改为与作用域在同一个网段。

19. 客户端配置问题

故障原因：DHCP 分配出的地址与网络中的其他计算机有冲突，在客户端上显示 IP 地址为 0.0.0.0。

解决方案：在 DHCP 服务器上增加冲突检测次数，避免分配在网络上已存在的 IP 地址。

20. DNS 故障排除

DNS 在 Windows 2000 中起着举足轻重的作用，所以一旦 DNS 服务出现问题，可能影响的范围就会很广。DNS 出现问题的现象大多是上不去网，也就是解析不到远程主机的 IP 地址。还有可能就是客户端不能登录域控制器，因为 DNS 无法提供服务。

21. 服务器“.”问题

故障原因：很多网络管理员在安装或升级完 Windows 2000 后，经常会发现上不了网，其主要问题就是 Windows 2000 在安装完 DNS 服务后都会自动把代表根域的“.”加上，导致本地 DNS 服务器不能对不知道的名字到外网去作转寄查询，客户端也就不会收到希望解析域名的 IP 地址，也就无法访问远程主机。

解决方案：在服务器上删除“.”根域后故障解决。

22. 服务器网关问题

故障原因：当 DNS 服务器只能提供本地解析服务，而无法提供外部解析服务时，可以查看一下 DNS 服务器的网关是否已经设置，如果没有设置，DNS 无法到外网去作转寄查询，也无法完成客户端提交的外部主机查询请求。

解决方案：在 DNS 服务器上设置正确的网关地址。

23. DNS 的 SRV 记录

故障原因：当客户端启动后却无法找到域控制器，检查域控制器一切正常。故障往往都是由 DNS 服务器上的 SRV 记录引起的。

解决方案：确定域服务器已经指向相应的 DNS 服务器，然后在域服务器上找到“管理工具”中的“服务”，在服务中右击 NETLOGON，选择重新启动 NETLOGON 服务，重新注册 SRV 记录。

24. 客户端指向问题

故障原因：当客户端无法解析域名时，而 DNS 服务器一切正常，故障通常出在客户端没有正确的配置 DNS 指向。

解决方案：配置合法的 DNS 服务器地址。

25. 客户端缓存问题

故障原因：当某台计算机的 IP 地址与主机域名对应关系发生更改时，DNS 服务器已经为其作了更新，而其计算机通过自己的 DNS 名字解析得到的还是以前的 IP 地址，所以无法通信。

解决方案：由于客户端将以前解析过的 DNS 名字放在自己的缓存中，所以用户需要在客户端上运行 IPCONFIG/FLUSHDNS 清除 DNS 缓存，这样才能通过 DNS 服务器重新解析新的 IP 地址。

26. IIS 故障排除

当访问不到网站时，如果检查 DNS 记录没有问题，那故障有可能是在 IIS 服务器上，也有可能是客户端 IE 浏览器的问题。

27. 服务器站点不稳定问题

故障原因：如果 DNS 和客户端配置没有问题，那么故障很有可能就是由 IIS 本身的不稳定性造成的。Windows 2000 提供的 IIS 5.0 较以前的产品稳定性有了很大的提高，但是如果 IIS 服务器承载的网站过多，或访问量过大时，还是很容易引起不稳定的情况发生。

解决方案：重新启动 IIS，再重新启动访问不到的 Web 站点。

28. 客户端缓存问题

故障原因：网站内容已经更新了，但是客户端访问的还是旧的内容，那么故障很有可能就是客户端的缓存问题。

解决方案：在客户端的"Internet 选项"中，"常规"选项卡下单击"删除文件"。再选择"删除所有脱机内容"，单击"确定"按钮清除客户端的缓存。

习题 8

1. 国际标准化组织 ISO 定义的网络管理的功能域有哪些？
2. 请说明简单网络管理协议 SNMP 的特点？
3. 请练习以下命令的使用方法：Ping，Ipconfig，Tracert，Netstat，Arp。
3. 请说出上网常见故障的排除方法。
4. 交换机的 MAC 地址列表有问题，用什么方法解决？
5. 简述网线的种类及连接方法。
6. IP 地址配置有问题，用什么方法解决？
7. DHCP 有故障，用什么方法解决？
8. DNS 有故障，用什么方法解决？

第9章 网络布线技术

本章学习目标

本章主要介绍几种在不同场合下布线的方法,结构化布线是本章的重点。通过本章的学习,读者应该掌握以下内容:

● 结构化布线系统的划分及设计等级;

● 结构化布线系统各子系统的布线方法;

● 办公楼布线;

● 居民楼布线;

● 办公室内的设备连接;

● 设备间的连接。

网络是企业信息化的基础,而布线系统则是网络的基石。据统计,在局域网所出现的网络故障中,有75%以上的故障是由网络传输介质引起的。因此,解决好网络布线问题将对提高网络系统的可靠性和稳定性起到很重要的作用。根据应用场合的不同,要求有不同的布线方案。比如,办公楼与居民区布线就有很大的差别。

电话通信比计算机通信出现得早得多,在铺设电话线路方面早就有了各种各样的方法与标准,人们很自然地会想到将电话线路的连接方法应用于网络布线之中。这样就产生了专门用于计算机网络的结构化布线系统。因此,从某种意义上说,结构化布线系统并非什么新概念,它是将传统的电话、供电等系统所用的方法借鉴到计算机网络布线之中,并使之适应计算机网络与控制信息传输的要求。

9.1 办公楼内部布线方法

9.1.1 办公楼的结构特征

现代办公楼所提供的办公室多数为开放式办公环境,包括常见的模块化设备间、教室、培训设施和商店。这些办公室布置常用在许多有着为办公人员提供紧凑办公空间需求的大中型企业,各办公小间形成了相似类型的模块化设备布置。

现代的模块化办公室用模块化设备设计和模块化墙形成了带有内部办公桌的小间,它们有效地取代了固定墙办公室,并完全取代了开阔的办公桌"池"。这种布置通过消除封闭的办公室,更加有效地利用了办公室空间,并提供了相对独立的较安全、个性化的空间。

由于使用了模块化墙而不是固定墙来分隔各工作人员的工作空间,因此,整个楼层的办公区域很容易进行重新设置,设备组件很容易动来动去,即组件很容易以和初始装配相同的方法拆散,再根据需要移动并重新配置成满足个性化要求的办公室。

这些开放的办公室非常灵活的特性意味着用在其他办公环境中的固定布线是不可行的。另外,模块化设备经常在布线到位后很长时间才最后一步放进房间,存在一些使局域网变得复杂和为布线安装者制造麻烦的其他问题,因此,需要有一种标准的布线方法来解决这些问题。

美国电话电报(AT&T)公司贝尔(Bell)实验室的专家们经过多年的研究,在办公楼和工厂试验成功的基础上,于 20 世纪 80 年代末率先推出了 SYSTIMATMPDS(建筑与建筑群综合布线系统),现在已推出结构化布线系统 SCS。结构化布线是一种预布线,能够适应较长一段时间的需求。它与传统的布线系统的最大区别在于:结构化布线系统的结构与当前所连接的设备位置无关。在传统的网络布线系统中,设备安装在哪里,传输介质就要铺设到哪里,结构化网络布线系统则是预先按建筑物的结构,将建筑物中所有可能放置计算机及外部设备的位置都预先布好线,然后根据实际所连接的设备情况,通过调整内部跳线装置将所有计算机与外部设备连接起来。同一条线路的接口可以连接不同的设备,例如电话机、计算机、终端、工作站及打印机等外部设置。

9.1.2 结构化布线子系统划分

一个完整的结构化布线系统一般由以下 6 个部分组成:

- 工作区子系统;
- 水平子系统;
- 垂直干线子系统;
- 设备间子系统;
- 布线配线间子系统;
- 建筑群子系统。

对于上述的 6 个部分,不同的结构化布线系统产品的叫法有所不同。例如有的把工作区子系统叫做用户端子系统;把水平子系统叫做平面楼层子系统;把布线配线间子系统叫做管理子系统;把设备间子系统叫做机房子系统。无论采用什么名称,一个完整的结构化布线系统都是由这 6 部分组成,各部分的功能与相互间的关系也是相同的。6 个组成部分相互配合,就可以形成结构灵活、适合多种传输介质与各种信息传输的结构化布线系统。如图 9-1 所示为结构化布线系统的示意图。

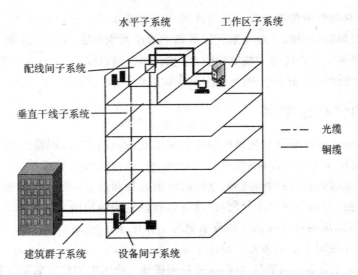

图 9-1 结构化布线系统示意图

9.1.3 结构化布线设计等级

综合布线系统的设计等级有 3 种,应根据需要选择适当等级的综合布线系统,其分级应符合以下要求。

1. 基本型

适用于综合布线系统中配置标准较低的场合,传输介质为铜芯电缆。基本型综合布线系统的配置如下:

- 每个工作区有一个信息插座;
- 每个工作区的配线电缆为一条 4 对屏蔽双绞线;
- 完全采用夹接式交接硬件;
- 每个工作区的干线电缆至少有 2 对双绞线。

2. 增强型

适用于综合布线系统中中等配置标准的场合,传输介质为铜芯电缆。增强型综合布线系统的配置如下:

- 每个工作区有两个以上的信息插座;
- 每个工作区的配线电缆为一条 4 对屏蔽双绞线;
- 采用夹接式或插接式交接硬件;
- 每个工作区的干线电缆至少有 3 对双绞线。

3. 综合型

适用于综合布线系统中配置标准较高的场合,传输介质为光缆和铜芯电缆混合组网。综合型综合布线系统的配置如下：

- 在基本型和增强型综合布线系统的基础上增设光缆系统。
- 在每个基本型工作区的干线电缆中至少配有 2 对双绞线。
- 在每个增强型工作区的干线电缆中至少配有 3 对双绞线。

9.1.4　结构化布线标准

TIA/EIA 568A 标准是商用建筑电信布线标准，它所规定的适用范围是面向办公环境的布线系统。TIA/EIA 568A 标准的主要技术要求有：结构化布线子系统、办公环境中电信布线的最小要求、建议的拓扑结构和距离、连接硬件的性能指标、水平电缆和主干布线的介质类型和性能指标、连接器和引脚功能分配，以及电信布线系统的使用寿命要求超过 10 年。TIA/EIA 568A 标准按照结构化布线系统的要求分为工作区子系统、水平布线子系统、通信间子系统、主干子系统、设备间子系统和入口设施子系统 6 个部分。

工作区子系统主要描述从信息插座/连接器连接到工作区中用户终端设备之间的布线标准。水平布线子系统描述从工作区的信息插座/连接器到通信间的布线标准。通信间子系统描述建筑物内用于端接水平电缆和垂直主干电缆的端接技术标准，以及放置通信设备和端接设备的房间标准。主干子系统描述通信间、设备间和入口设施之间如何实现互联的标准。设备间子系统描述为整栋建筑物或建筑物群提供服务的、支持大型通信服务和数据设备的特定房间的标准。入口设施子系统主要描述整栋大楼的内部电缆设施与大楼外部电缆设施连接的标准。

9.2　结构化布线方法

结构化布线系统是一个能够支持任何用户选择的话音、数据、图形和图像应用的电信布线系统。系统应能支持话音、图形、图像、数据多媒体、安全监控和传感等各种信息的传输，支持 UTP、光纤、STP、同轴电缆等各种传输载体，支持多用户多类型产品的应用，支持高速网络的应用。

结构化布线系统具有以下特点：

① 实用性。能支持多种数据通信、多媒体技术及信息管理系统等，能够适应现代和未来技术的发展。

② 灵活性。任意信息点能够连接不同类型的设备，如微机、打印机、终端、服务器和监视器等。

③ 开放性。能够支持任何厂家的任意网络产品，支持任意网络结构，如总线型、星形和环形等。

④ 模块化。所有的接插件都是积木式的标准件，方便使用、管理和扩充。

⑤ 扩展性。实施后的结构化布线系统是可扩充的，以便将来有更大需求时很容易将设备

安装接入。

⑥ 经济性。一次性投资,长期受益,维护费用低,使整体投资达到最少。

按照一般划分,结构化布线系统包括 6 个子系统:工作区子系统、水平子系统、垂直干线子系统、设备间子系统、布线配线子系统和建筑群子系统。下面分别讲述。

9.2.1　工作区子系统布线方法

工作区子系统由终端设备连接到信息插座的跳线组成。它包括信息插座、信息模块、网卡和连接所需的跳线,并在终端设备和输入/输出(I/O)之间搭接,相当于电话配线系统中连接话机的用户线及话机终端的部分。典型的终端连接系统如图 9 - 2 所示。终端设备可以是电话、微机和数据终端,也可以是仪器仪表、传感器的探测器。

一个独立的工作区通常是一部电话机和一台计算机终端设备。设计的等级有基本型、增强型和综合型。目前普遍采用增强型设计等级,这为语音点与数据点互换奠定了基础。

工作区可支持电话机、数据终端、微型计算机、电视机、监视及控制等终端设备的设置和安装。

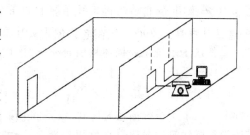

图 9 - 2　工作区子系统

工作区设计要考虑以下内容:

① 工作区内线槽要布得合理、美观。

② 信息插座要设计在距离地面 30 cm 以上。

③ 信息插座与计算机设备的距离保持在 5 m 范围内。

④ 购买的网卡类型接口要与线缆类型接口保持一致。

⑤ 所有工作区所需的信息模块、信息插座和面板的数量。

⑥ RJ - 45 接口所需的数量。

9.2.2　水平子系统布线方法

水平干线子系统的设计涉及水平子系统的传输介质和部件集成,主要有 6 点:

① 确定线路走向。

② 确定线缆、槽、管的数量和类型。

③ 确定电缆的类型和长度。

④ 订购电缆和线槽。

⑤ 如果打吊杆走线槽,需要用多少根吊杆。

⑥ 如果不用吊杆走线槽,需要用多少根托架。

水平布线是将电缆线从管理间子系统的配线间接到每一楼层的工作区的信息输入/输出

(I/O)插座上。设计者要根据建筑物的结构特点,从路由(线)最短、造价最低、施工方便和布线规范等方面考虑。由于建筑物中的管线比较多,往往要遇到一些矛盾,所以,设计水平子系统时必须折中考虑,优选最佳的水平布线方案。一般可采用 3 种类型:

① 直接埋管布线方式。

② 先走线槽,再走支管布线方式。

③ 地面线槽方式。

其余方式都是这 3 种方式的改良型和综合型。现对上述方式进行讨论。

1. 直接埋管布线方式

直接埋管布线方式如图 9-3 所示,由一系列密封在现浇混凝土里的金属布线管道或金属馈线走线槽组成。这些金属管道或金属线槽从水平间向信息插座的位置辐射。根据通信和电源布线的要求、地板厚度和占用的地板空间等条件,直接埋管布线方式可能要采用厚壁镀锌管或薄型电线管。这种方式在老式的设计中非常普遍。

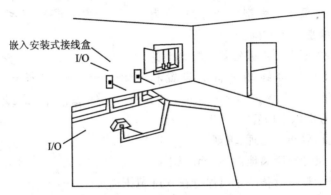

嵌入安装式接线盒

I/O

I/O

图 9-3 直接埋管布线方式

2. 先走线槽,再走支管布线方式

线槽由金属或阻燃高强度 PVC 材料制成,有单件扣合方式和合式两种类型。

线槽通常悬挂在天花板上方的区域,用在大型建筑物或布线系统比较复杂而需要有额外支持物的场合。用横梁式线槽将电缆引向所要布线的区域。由弱电井出来的缆线先走吊顶内的线槽,到各房间后,经分线槽从横梁式电缆管道分叉后将电缆穿过一段支管引向墙柱或墙壁,贴墙而下到本层的信息出口(或贴墙而上,在上一层楼板钻一个孔,将电缆引到上一层的信息出口);最后端接在用户的插座上,如图 9-4 所示。在设计、安装线槽时应多方考虑,尽量将线槽放在走廊的吊顶内,并且到各房间的支管应适当集中至检修孔附近,便于维护。如果是新楼宇,应赶在走廊吊顶前施工,这样不仅减少布线工时,还利于已穿线缆的保护,不影响房内装修;一般走廊处于中间位置,布线的平均距离最短,节约线缆费用,可提高综合布线系统的性能(线越短传输的质量越高)。尽量避免线槽进入房间,否则不仅费钱,而且影响房间装修,不利于以后的维护。

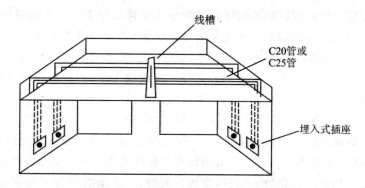

图 9 - 4　先走线槽，再走支管布线方式

弱电线槽能走综合布线系统、公用天线系统、闭路电视系统（24 V 以内）及楼宇自控系统信号线等弱电线缆，可降低工程造价。同时由于支管经房间内吊顶贴墙而下至信息出口，在吊顶与其他的系统管线交叉施工，减少了工程协调量。

3. 地面线槽方式

地面线槽方式就是弱电井出来的线走地面线槽到地面出线盒或由分线盒出来的支管到墙上的信息出口。由于地面出线盒或分线盒或柱体直接走地面垫层，因此这种方式适用于大开间或需要打隔断的场合。

地面线槽方式就是将长方形的线槽打在地面垫层中，每隔 4～8 m 拉一个过线盒或出线盒（在支路上出线盒起分线盒的作用），直到信息出口的出线盒。地面线槽方式有如下优点：

① 用地面线槽方式，信息出口离弱电井的距离不限。地面线槽每 4～8 m 接一个分线盒或出线盒，布线时拉线非常容易，因此距离不限。强、弱电可以同路由。强、弱电可以走同路由相邻的地面线槽，而且可接到同一线盒内的各自插座。当然地面线槽必须接地屏蔽，产品质量也要过关。

② 适用于大开间或需打隔断的场合。如交易大厅面积大，计算机离墙较远，用较长的线接墙上的网络出口及电源插座显然是不合适的。这时在地面线槽的附近留一个出线盒，联网及取电都解决了。又如一个楼层要出售，需视办公家具确定房间的大小与位置来打隔断，这时离办公家具搬入和住人的时间已经比较近了，为了不影响工期，使用地面线槽方式是最好的方法。

③ 地面线槽方式可以提高商业楼宇的档次。大开间办公是现代流行的管理模式，只有高档楼宇才能提供这种无杂乱无序线缆的大开间办公室。

地面线槽方式的缺点也很明显，主要体现在如下几个方面：

① 地面线槽做在地面垫层中，需要至少 6.5 cm 以上的垫层厚度，这对于尽量减少挡板及垫层厚度是不利的。

② 由于地面线槽做在地面垫层中，如果楼板较薄，有可能在装潢吊顶过程中被吊杆打中，

影响使用。

③ 不适合楼层中信息点特别多的场合。如果一个楼层中有 500 个信息点,按 70 号线槽穿 25 根线算,需 20 根 70 号线槽,线槽之间有一定空隙,每根线槽大约占 100 mm 宽度,20 根线槽就要占 2.0 m 的宽度,除门可走 6～10 根线槽外,还需开 1.0～1.4 m 的洞,但弱电井的墙一般是承重墙,开这样大的洞是不允许的。另外地面线槽多了,被吊杆打中的机会相应增大。因此建议超过 300 个信息点时,应同时用地面线槽与吊顶内线槽两种方式,以减轻地面线槽的压力。

④ 不适合石质地面。地面出线盒宛如大理石地面长出了几只不合时宜的眼睛,地面线槽的路径应避免经过石质地面或不在其上放出线盒与分线盒。

⑤ 造价昂贵。地面出线盒为了美观,盒盖是铜的,一个出线槽盒的售价为 300～400 元。这是墙上出线盒所不能比拟的。

总体而言,地面线槽方式的造价是吊顶内线槽方式的 3～5 倍。目前地面线槽方式大多数用在资金充裕的金融业楼宇中。在选型与设计中还应注意以下几点:

① 选型时,应选择那些有工程经验的厂家,其产品要通过国家电气屏蔽检验,避免强、弱电同路对数据产生影响;敷设地面线槽时,厂家应派技术人员现场指导,避免打上垫层后再发现问题而影响工期。

② 应尽量根据甲方提供的办公家具布置图进行设计,避免地面线槽出口被办公家具挡住,无办公家具图时,地面线槽应均匀地布放在地面出口;对有防静电地板的房间,只需布放一个分线盒即可,出线盒敷设在静电地板下。

③ 地面线槽的主干部分尽量打在走廊的垫层中。楼层信息点较多时,应同时采用地面管道与吊顶内线槽相结合的方式。

9.2.3　垂直干线子系统布线方法

垂直干线子系统的任务是通过建筑物内部的传输电缆,把各个服务接线间的信号传送到设备间,直到传送到最终接口,再通往外部网络。它既要满足当前的需要,又要适应今后的发展。

垂直干线子系统包括:
① 供各条干线接线间之间的电缆走线用的竖向或横向通道。
② 主设备间与计算机中心间的电缆。
设计时要考虑以下几点:
① 确定每层楼的干线要求。
② 确定整座楼的干线要求。
③ 确定从楼层到设备间的干线电缆路由。
④ 确定干线接线间的接合方法。
⑤ 选定干线电缆的长度。

⑥ 确定敷设附加横向电缆时的支撑结构。

垂直干线子系统的结构是一个星形结构，如图 9-5 所示。垂直干线子系统负责把各个管理间的干线连接到设备间。

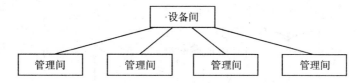

图 9-5　垂直干线子系统星形结构

确定从管理间到设备间的干线路由，应选择干线段最短、最安全和最经济的路由，在大楼内通常有如下两种方法：

（1）电缆孔方法

干线通道中所用的电缆孔是很短的管道，通常用直径为 10 cm 的钢性金属管做成。它们嵌在混凝土地板中，是在浇注混凝土地板时嵌入的，比地板表面高出 2.5～10 cm。电缆往往捆在钢绳上，钢绳又固定到墙上已铆好的金属条上。当配线间上下都对齐时，一般采用电缆孔方法，如图 9-6 所示。

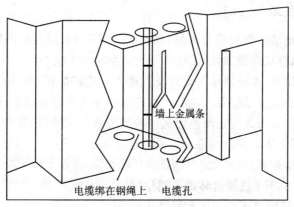

墙上金属条

电缆绑在钢绳上　　电缆孔

图 9-6　电缆孔方法

（2）电缆井方法

电缆井方法常用于干线通道。电缆井指在每层楼板上开出一些方孔，使电缆可以穿过这些电缆井从某楼层伸到相邻的楼层，如图 9-7 所示。电缆井的大小依所用电缆的数量而定。与电缆孔方法一样，电缆也是捆在或箍在支撑用的钢绳上，钢绳靠墙上金属条或地板三角架固定住。离电缆井很近的墙上的立式金属架可以支撑很多电缆。电缆井的选择非常灵活，可以让粗细不同的各种电缆以任何组合方式通过。电缆井方法虽然比电缆孔方法灵活，但在原有建筑物中开电缆井安装电缆造价较高，它的另一个缺点是使用的电缆井很难防火。如果在安装过程中没有采取措施防止损坏楼板支撑件，则楼板的结构完整性将受到破坏。在多层楼房中,经常需要使用干线电缆的横向通道才能从设备间连接到干线通道,以及在各个楼层上从二级交接间连接到任何一个配线间。记住,横向走线需要寻找一个易于安装的方便通道,因而两个端点之间很少是一条直线。

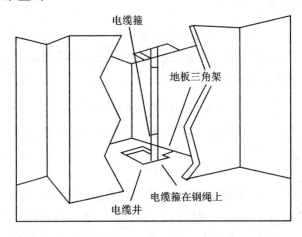

图 9-7 电缆井方法

9.2.4 设备间子系统设计

设备间是布线系统最主要的管理区域,所有楼层的资料都由电缆或光纤电缆传送至此。通常,此系统安装在计算机系统、网络系统和程控机系统的主机房内。设备间是在每一幢大楼的适当地点设置进线设备,进行网络管理以及管理人员值班的场所。设备间子系统应由综合布线系统的建筑物进线设备、电话、数据、计算机等各种主机设备及其保安配线设备等组成。设备间内的所有进线终端设备应采用色标区别各类用途的配线区,其位置及大小应根据设备的数量、规模和最佳网络中心等内容综合考虑确定。

在设计设备间时应注意:

① 设备间应设在位于干线综合体的中间位置。

② 应可能靠近建筑物电缆引入区和网络接口。

③ 设备间应在服务电梯附近,便于装运笨重设备。

④ 设备间内要注意:室内无尘土,通风良好,要有较好的照明亮度;要安装符合机房规范的消防系统;使用防火门,墙壁使用阻燃漆;提供合适的门锁,至少要有一个安全通道。

⑤ 防止可能的水害(如暴雨成灾、自来水管爆裂等)带来的灾害。

⑥ 防止易燃易爆物的接近和电磁场的干扰。

⑦ 设备间空间(从地面到天花板)应保持 2.55 m 高度的无障碍空间,门高为 2.1 m,宽为 0.9 m,地板承重压力不能低于 500 kg/m^2。

设备间在设计时必须把握下述要素:最低高度,房间大小,照明设施,地板负重,电气插座,配电中心,管道位置,楼内气温控制,门的大小、方向与位置,端接空间,接地要求,备用电源,保护设施,消防设施。

9.2.5　管理间布线方法

现在,许多大楼在综合布线时考虑在每一楼层都设立一个管理间,用来管理该层的信息点,摒弃了以往几层共享一个管理间子系统的做法,这也是布线的发展趋势。

作为管理间一般有以下设备:

- 机柜。
- 集线器。
- 信息点集线面板。
- 语音点 S110 集线面板。
- 集线器的整压电源线。

作为管理间子系统,应根据管理的信息点的多少安排使用房间的大小。如果信息点多,就应该考虑单独设立一个房间来放置;信息点少时,就没有必要单独设立一个管理间,可选用墙上型机柜来处理该子系统。

在不同类型的建筑物中管理子系统常采用单点管理单交接、单点管理双交接和双点管理双交接 3 种方式。

1. 单点管理单交接

这种方式使用的场合较少,结构图如图 9-8 所示。

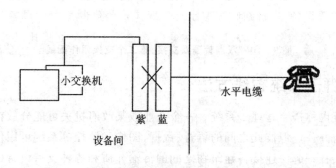

图 9-8　单点管理单交接

2. 单点管理双交接

管理子系统宜采用单点管理双交接。单点管理位于设备间里面的交换设备或互联设备附近,通过线路不进行跳线管理,直接连至用户工作区或配线间中的第二个接线交接区。如果没有配线间,第二个交接可放在用户间的墙壁上,如图 9-9 所示。

用于构造交接场的硬件所处的地点、结构和类型决定综合布线系统的管理方式。交接场的结构取决于工作区、综合布线规模和选用的硬件。

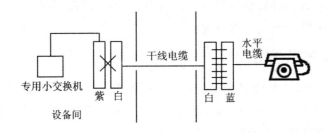

图 9 - 9　单点管理双交接,第二个交接在配线间用硬接线实现

3. 双点管理双交接

当低矮而又宽阔的建筑物管理规模较大、复杂(如机场、大型商场)时,多采用二级交接间,设置双点管理双交接。双点管理除了在设备间里有一个管理点之外,在配线间仍为一级管理交接(跳线)。在二级交接间或用户房间的墙壁上还有第二个可管理的交接。双交接要经过二级交接的设备。第二个交接可能是一个连接块,它对一个接线块或多个终端块(其配线场与站场各自独立)的配线和站场进行组合,如图 9 - 10 所示。

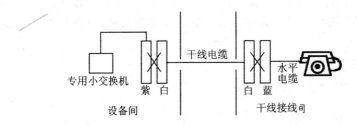

图 9 - 10　双点管理双交接,第二个交接用作配线

9.2.6　建筑群子系统布线方法

建筑群子系统也称楼宇管理子系统。一个企业或某政府机关可能分散在几幢相邻建筑物或不相邻建筑物内办公。但彼此之间的语音、数据、图像和监控等系统可用传输介质和各种支持设备(硬件)连接在一起。连接各建筑物之间的传输介质和各种支持设备(硬件)组成一个建筑群综合布线系统。连接各建筑物之间的缆线组成建筑群子系统。

建筑群子系统布线时,AT & T PDS 推荐的设计步骤如下:

① 确定敷设现场的特点。
② 确定电缆系统的一般参数。
③ 确定建筑物的电缆入口。
④ 确定明显障碍物的位置。
⑤ 确定主电缆路由和备用电缆路由。

⑥ 选择所需电缆类型和规格。

⑦ 确定每种选择方案所需的劳务成本。

⑧ 确定每种选择方案的材料成本。

⑨ 选择最经济、最实用的设计方案。

在建筑群子系统中,电缆布线方法有 4 种。

1. 架空电缆布线

架空安装方法通常只用于现有电线杆,而且电缆的走法不是主要考虑内容的场合,从电线杆至建筑物的架空进线距离不超过 30 m 为宜。建筑物的电缆入口可以是穿墙的电缆孔或管道。入口管道的最小口径为 50 mm。建议另设一根同样口径的备用管道,如果架空线的净空有问题,可以使用天线杆型的入口。该天线的支架一般不应高于屋顶 1 200 mm。如果再高,就应使用拉绳固定。此外,天线型入口杆高出屋顶的净空间应有 2 400 mm,该高度正好使工人可摸到电缆。

通信电缆与电力电缆之间的距离必须符合我国室外架空线缆的有关标准。

架空电缆通常穿入建筑物外墙上的 U 形钢保护套,然后向下(或向上)延伸,从电缆孔进入建筑物内部,如图 9 - 11 所示,电缆入口的孔径一般为 50 mm,建筑物到最近处的电线杆通常相距小于 30 m。

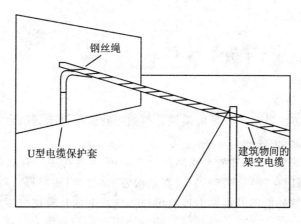

图 9 - 11　架空布线法

2. 直埋电缆布线

直埋布线法优于架空布线法,影响选择此法的主要因素有初始价格,维护费,服务可靠,安全性和外观。

切不要把任何一个直埋施工结构的设计或方法看做是提供直埋布线的最好方法或唯一方法。在选择某个设计或几种设计的组合时,重要的是采取灵活的、思路开阔的方法。这种方法既要适用,又要经济,还能可靠地提供服务。直埋布线的选取地址和布局实际上是针对每项作业对象专门设计的,而且必须对各种方案进行工程研究后再作出决定。工程的可行性决定了哪种是最实际的方案。

在选择最灵活、最经济的直埋布线线路时,主要的物理因素如下:

- 土质和地下状况。
- 天然障碍物,如树林、石头以及不利的地形。
- 其他公用设施(如下水道、水、气、电)的位置。
- 现有或未来的障碍,如游泳池、表土存储场或修路。

由于发展趋势是让各种设施不在人的视野里,所以,话音电缆和电力电缆埋在一起将日趋普遍,这样的共用结构要求有关部门从筹划阶段直到施工完毕,以至未来的维护工作中密切合作。这种协作会增加一些成本。但是,这种共用结构也日益需要用户的合作。PDS为改善所有公用部门的合作而提供的建筑性方法将有助于使这种结构既吸引人,又很经济。

请遵守所有的法令和公共法则。有关直埋电缆所需的各种许可证书应妥善保存,以便在施工过程中可立即取用。

需要申请许可证书的事项如下:

① 挖开街道路面。
② 关闭通行道路。
③ 把材料堆放在街道上。
④ 使用炸药。
⑤ 在街道和铁路下面推进钢管。
⑥ 电缆穿越河流。

3. 管道系统电缆布线

管道系统的设计方法就是把直埋电缆设计原则与管道设计步骤结合在一起。当考虑建筑群管道系统时,还要考虑接合井。

在建筑群管道系统中,接合井的平均间距约 180 m,或者在主结合点处设置接合井。接合井可以是预制的,也可以是现场浇筑的。应在结构方案中标明使用哪一种接合井。

预制接合井是较佳的选择。现场浇筑的接合井只在下述几种情况下才允许使用:

① 该处的接合井需要重建。
② 该处需要使用特殊的结构或设计方案。
③ 该处的地下或头顶空间有障碍物,因而无法使用预制接合井。
④ 作业地点的条件(例如沼泽地或土壤不稳固等)不适于安装预制人孔。

4. 隧道内电缆布线

在建筑物之间通常有地下通道,大多是供暖供水的,利用这些通道来敷设电缆不仅成本低,而且可利用原有的安全设施。如考虑到暖气泄漏等条件,电缆安装时应与供气、供水和供暖的管道保持一定的距离,安装在尽可能高的地方,可根据民用建筑设施的有关条例进行施工。

以上叙述了管道内、直埋、架空和隧道 4 种建筑群布线方法，它们的优缺点如表 9-1 所列。

表 9-1　4 种建筑群布线方法的优缺点

方　　法	优　　点	缺　　点
管道内	提供最佳的机构保护 任何时候都可敷设电缆电缆的敷设、扩充和加固都很容易	挖沟、开管道和人孔的成本很高
直埋	保持建筑物的外貌 提供某种程度的机构保护保持建筑物的外貌	挖沟成本高 难以安排电缆的敷设位置 难以更换和加固
架空	如果本来就有电线杆，则成本最低	没有提供任何机械保护 灵活性差 安全性差 影响建筑物美观
隧道	保持建筑物的外貌，如果本来就有隧道，则成本最低、安全	热量或漏泄的热水可能会损坏电缆，可能被水淹没

9.3　居民楼布线

　　实际上，前面介绍的布线方法是以办公楼这种结构的建筑物为环境。对于居民楼这样的按门栋结构排列的建筑物，本章的布线方法不完全适用。但是，仍具有普遍的参考价值。因为两种结构建筑物的空间关系恰好对称，即居民楼的垂直子系统相当于办公楼的水平子系统，而居民楼的水平子系统相当于办公楼的垂直子系统。

　　居民楼布线一般按照如图 9-12 所示的结构设计。

　　图中矩形阴影方框代表以下两种情形：

　　(1) 设备间机柜

　　由于居民楼或公寓没有多余的房间作为配线间，因此，机柜直接摆放在楼道内。尤其是建筑结构与办公楼相似的学生公寓或单身宿舍，经常采用这种做法。

　　(2) 外挂交换机

　　在不需要机柜时，交换机直接外挂在底层楼道外墙上的简易金属机箱内。

　　图中圆形阴影代表地下设备井，每个楼栋的交换机与中心交换机的连接通过井内的转接设备和管道实现。

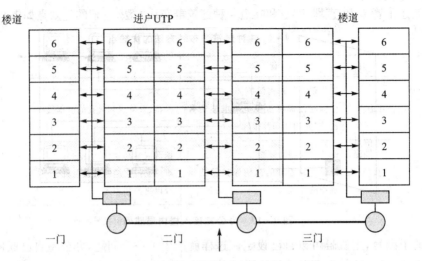

干线子系统和楼内电话线一起埋在地下

图 9 – 12　居民楼布线

9.4　办公室内的设备连接

本章介绍的结构化布线方法在工作区墙上只预留安装了 1～2 个 RJ－45 插头。当办公室内计算机数量较多时,如果大家都要联网,显然墙上的插座不够用。怎么能够让一个插头为多台机器服务呢? 可以采用下面的方法。

① 把办公室内的多台计算机连接到室内的一台集线器上(交换机更好),构成一个办公室内的局域网。这台集线器需要办公室自己购买,结构化布线的公司不负责提供。

② 把办公室集线器连接到墙上的 RJ－45 插头,这样,办公室内的所有计算机既可以实现办公室内的联网,又可以通过楼内的网线连接到其他办公室的计算机了,如图 9－13 所示。

上述方法简单易行,不需要花费很大的成本,但需要注意以下问题:

① 在办公室内联网时,要注意集线器的摆放位置,避免因布线影响办公室的整洁。另外,要注意集线器的配电,防止触电。

② 办公室的集线器与墙上的插头连接时要使用集线器上的 Uplink 端口。该端口是专用于与其他设备连接的,因为墙上插头的另一端连接的是楼层交换机。

③ 选购办公室的集线器时要保证其端口数量够用,换句话说,端口数量要大于(至少等于)办公室内现有机器的数量,最好有一定的冗余。

④ 一般在网络布线结束后,网络可以使用之前,每层楼内办公室墙上的插头都被网络管理员划分到一个 IP 子网中,通过该插头连接到网上的计算机在设置 IP 地址时要使用网络管

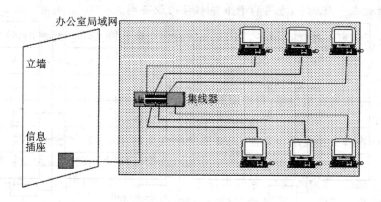

图 9 – 13　办公室接入楼内局域网

理员规定的子网号,主机号可以自己设定。这样就产生了一个问题,办公室自己联网的多台计算机怎样设置 IP 地址? 有两种作法:第一种方法,按照全网的规定设置。此时,子网的地址数量要够用。当地址不够用时,要使用第二种方法。第二种方法是给办公室内的计算机分配自己定义的私有 IP 地址,可以不遵守全网的规定,给集线器与墙上插头连接的 Uplink 端口分配全网规定的地址,让它代表办公室内的计算机与其他外部的计算机通信。但这种方法需要集线器设备具有相应的功能,例如路由功能,因为连接在集线器上的办公室计算机的子网号与Uplink 端口的子网号不一样,不在一个 IP 子网内,所以要有路由功能。

9.5　设备间的连接

9.5.1　设备的种类

　　设备间内的设备种类比较复杂,由于用途不同,其性能的差别较大。设备间内的设备主要包括以下两种:

　　(1) 楼层交换机

　　每一层楼在设备间都有一个楼层交换机,它通过水平布线子系统与一层楼各个房间的插座相连接。楼层交换机的端口数量一般稍多于楼层中办公室的插座数量的总和。楼层交换机端口的数据率是 10/100 Mbps 自适应的,即当插座相连的网卡是 10 Mbps 时,端口工作在10 Mbps;当网卡工作在 100 Mbps 时,端口工作在 100 Mbps。

　　(2) 中心交换机

　　它用于连接各个楼的局域网。各个楼的局域网之间的通信要经过中心交换机。它的性能要比楼层交换机高一个档次。

　　注意:并非每个楼的设备间都要有一个中心交换机,实际上,一般全网只有一台中心交换机,它可以单独放在一个地方,也可以放在某栋楼的设备间。

另外,设备间还有一些辅助设备,用于配电、固定交换机和束缚网线之用,这些设备包括以下两种。

(1)机　柜

交换机逐层地摆列在机柜里,每个交换机固定在机柜的侧壁上。

(2)配线架

网线插头在连接交换机端口之前,先要插到配线架的端口上,然后把网线一束束地(每层楼一束)捆好,每根线上标明是哪个房间的。然后,再把配线架上的端口与交换机的对应端口通过专用的网线连接(称为跳线)。这样做便于以后调整线路。当要调整线路时,只需改动楼层交换机与配线架之间的一小段跳线,避免打开整捆网线束。

9.5.2　设备连接类型与方法

在结构化布线系统内有 6 种连接类型。

① 房间插座到楼层配线间配线架的连接。该连接使用双绞线。有时,楼层结构允许或在楼层工作区信息插座数量较少时,也可以不设楼层配线间,水平子系统的网线直接进入干线子系统。

② 楼层配线间到设备间配线架的连接,由干线子系统网线连接。

③ 配线架到楼层交换机的跳接。

④ 楼层交换机之间的级联(同级设备之间的连接)。

⑤ 楼层交换机到中心交换机的上联。

⑥ 可能存在的中心交换机到其他网络的外部设备的连接,例如与广域网的接入设备连接。

这 6 种连接的示意图如图 9 - 14 所示。

1. 房间插座到楼层配线架的连接方法

房间内的计算机通过室内工作区网线连接到墙上的局域网插座,从而接入楼内的局域网。水平子系统的网线一般在楼道顶部的塑料走线槽内。走线槽从楼层配线间延伸到楼道的两端,它在每个房间的楼道外墙有一个穿孔,工作区网线通过墙壁的穿孔和布线槽的穿孔进入布线槽,进而连接到楼层配线间。

2. 楼层配线架到设备间配线架的连接方法

楼层配线架到设备间配线架的连接通过垂直子系统网线实现。垂直子系统网线可以是水平子系统网线的延伸,此时,配线架只起到走线和固定的作用。这种做法要求信息插座到设备间配线架的距离小于 100 m。如果距离大于 100 m,则楼层配线间要提供中继器,水平子系统网线与垂直子系统网线之间需要通过中继器转接。当楼层配线架与设备间配线架之间的距离较大时(185～500 m),可以使用同轴电缆。

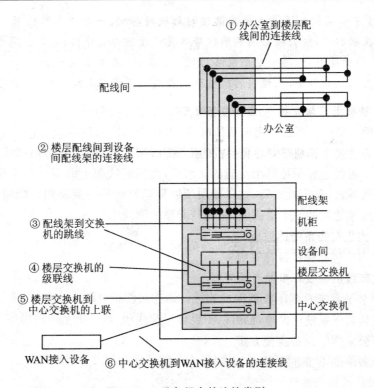

图 9 - 14　设备间内的连接类型

3．设备间配线架到设备间内楼层交换机的跳接方法

双绞线在连接信息插座和配线架端口之前要在两端标识房间号。连接到配线架时，要记录所在的端口号。网线插头插到配线架以后，要把双绞线固定好，做法是一层楼的网线捆成一束，然后固定在金属走线槽里，再引入机柜。

用跳线（双绞线）把配线架上的另一组（与已连接双绞线的端口对应的）端口连接到交换机上的端口，并记录哪个房间使用了哪个端口。跳线一般是比较软的、带颜色的双绞线，而且 RJ - 45 的插头比水平子系统使用的 UTP 双绞线的插头长一些，一般带护套。

4．楼层交换机的级联方法

楼层交换机垂直排列在机柜里，它们之间通过 Uplink 端口与其他交换机级联，作法是：用跳线的一头连接一个楼层交换机的 Uplink 端口，用跳线的另一头连接另一个交换机的普通端口。

5．楼层交换机到中心交换机的上联方法

并非每个楼层交换机都要与中心交换机连接，常用的作法是楼层交换机先级联在一起，形成楼内扩展式局域网，然后再通过某台楼层交换机的 Uplink 端口连接到中心交换机的普通端口。

提示：由于中心交换机还要连接其他楼的局域网，如果一个楼内的楼层交换机都要独立连接到中心交换机的话，楼内楼层间的通信势必要经过中心交换机，就要占用中心交换机的资源，带来不必要的资源浪费，影响整个网络的性能。因此，楼层交换机到中心交换机的上联方法按照先级联再上联的作法，把楼内的通信限制在楼层交换机之间，而不必通过中心交换机。

6. 中心交换机与广域网接入设备的连接方法

当中心交换机要进行更远距离的通信时，就需要使用广域网接入设备。中心交换机与广域网接入设备的连接作法是把中心交换机的广域网端口与广域网接入设备上的端口连接。

习题 9

1. 说明结构化布线系统的组成。
2. 结构化布线包括哪些设计等级？
3. 结构化布线的主要标准是什么？
4. 简述各个子系统的设计步骤。
5. 简述建筑群子系统中的电缆布线方法。
6. 简述办公室内的设备连接方法。
7. 简述设备间的设备连接方法。

第 10 章 网络操作系统

本章学习目标

本章主要讲解网络操作系统的相关知识及目前流行的几种典型网络操作系统。通过本章学习，读者应该掌握以下内容：

● 网络操作系统的类型及功能；

● 能够比较目前流行的网络操作系统；

● Windows 2000 操作系统；

● Linux 操作系统；

● 选择操作系统的原则。

10.1 网络操作系统概述

操作系统是计算机系统的一个重要组成部分，计算机网络通过它来管理资源，实现用户通信。与单机操作系统相比，网络操作系统 NOS(Network Operating System)地位更为重要，功能更为强大。

10.1.1 网络操作系统的基本概念

首先，了解一下计算机操作系统的概念，以便掌握网络操作系统与计算机操作系统的区别与联系。

计算机操作系统是控制和管理计算机系统内的硬件和软件资源及运行的程序，组织计算机的工作流程，是用户与计算机之间的接口，为用户提供软件的开发和运行环境，通常包括：处理机调度管理、存储器管理、设备管理、文件管理和用户接口等功能。常见的操作系统有 Windows 操作系统、DOS 操作系统和 Unix 操作系统等。

通俗地说，计算机网络操作系统是网络用户与计算机网络之间的接口，是一种能为网络用户提供资源共享与数据传输的软件环境并提供安全保证的系统软件。通常提供网络登陆、网络协议、网络服务、网络通信、网络安全等方面的网络控制和管理功能。目前主要的网络操作系统有 Microsoft 公司的 Windows 系列（如 Windows 2000 Server）、Unix 系列、Novell 公司的 Netware 系列以及近年来蓬勃发展的自由软件 Linux 操作系统等。

10.1.2　网络操作系统的类型

网络操作系统有 3 种类型:

1. 集中式

集中式网络操作系统实际上是从分时操作系统加上网络功能演变而成的,这种系统的基本单元是一台主机和若干台与主机相连接的终端,将多台主机连接就构成了网络。Unix 系统是典型的例子。由于 Unix 系统发展时间长、性能可靠,并且多用于大型主机,所以在关键任务场合仍是首选的系统,金融行业至今仍以 Unix 系统为主。

2. 客户/服务器模式

这种模式代表了现代网络的潮流,在网络中连接多台计算机,有的计算机提供文件、打印等服务,被称为服务器。而另外一些计算机则向服务器请求服务,被称为客户机或工作站。客户机与集中式网络中的终端不同的是,客户机有自己的处理能力,仅在需要通信时才向服务器发出请求,而典型的终端一般称为傻终端,没有自己的处理能力,是靠主机的 CPU 分时完成各种处理。服务器在性能上要求往往没有主机高,在中等应用场合较为流行。Novell 的 Netware 和 Microsoft 的 Windows NT 是这种网络操作系统的典型代表。

3. 对等式

与客户/服务器模式相关的另一种模式是对等式,它使网络中每一台计算机都具有客户和服务器两种功能,既可向其他机器提供服务又可向其他机器请求服务。这种模式适用于两种场合。

(1) 简单网络连接

适用于工作组内几台计算机之间仅需提供简单的通信和资源共享,这种情况下无须购置专用服务器。Novell 的 Netware Lite 和 Microsoft 的 Windows for Workgroup,Windows 95/98 就是这一类的典型代表。在小规模应用时是投资少、实施简单的方案。

(2) 分布式计算

把处理和控制分布到每个计算机的分布式计算模式是极其复杂的,目前尚无成熟的系统。一般所说的对等式网络是指前一种应用。

在集中式网络中,网络操作系统仅用于主机,终端本身不需要安装系统;在客户/服务器网络中,网络操作系统实际上是由两部分组成,一部分是服务器软件,另一部分是客户机软件,其中服务器软件是网络操作系统中主要组成部分,而客户端要简单得多,主要提供用户访问网络的接口。在这种模式下,对于连接在网络中的计算机,哪一台安装了服务器软件,就被称之为服务器,反之,则称之为客户机。当然,服务器软件一般装在网络中性能最好的计算机上,以便提供最好的服务。在对等式网络中,所有的计算机安装的都是同一系统,提供客户/服务器两种功能。

10.1.3　网络操作系统的基本功能

从面向应用的角度来看,网络操作系统可以实现以下功能:

1. 资源共享

资源共享包括文件、打印机等设备的共享。例如,文件共享是指授权的网络用户可以通过网络对其他计算机上的文件进行读、写和执行等远程访问操作;打印机共享是指在一个网络内的多个用户可以远程使用一台被共享的打印机进行打印操作。

2. 信息传输

信息从网络上的一台计算机传输到另一台计算机。例如,文件传输(包括文件上传和下载):将一个或多个文件从一台计算机有条件地传送到另一台计算机上;电子邮件收发:通过网络将文本、图像和音视频等数据以电子邮件的形式传送给网络中的指定用户。

3. 信息检索和发布

网络用户通过网络查找自己所需要的信息,同时也可以发布自己的信息。例如,网页发布:通过 Web 服务器发布 HTML 网页;网页浏览:通过 Web 浏览器查看 HTML 网络。

4. 远程交互通信

用户通过网络可以与异地的网络用户进行远程实时交流。例如 BBS、聊天室、QQ 和网络会议等。

5. 网络计算

将一个复杂而耗时的计算问题通过网络提交给网络中的不同计算机进行分步计算,网络操作系统负责管理如何分配任务。

6. 网络控制

用户通过本地计算机对具备网络功能的各种信息设备进行远程控制。

7. 电子商务

用户通过网络完成各种授权网络交易,从事例如网络购物、网络股市和网络银行等。

为了实现上述高层应用,网络操作系统不仅应具备普通操作系统的基本功能,还必须提供更多特有的功能。

8. 程序与进程管理

由于网络操作系统具有多用户多任务的特点,因此系统必须能管理多个程序和进程的协同工作,为程序和进程的建立、运行和结束提供支持。

9. 内存管理

在多用户、多任务的网络操作系统中,内存是一种宝贵的资源,内存合理而有效地管理,不仅是优化系统性能的需要,而且也是系统乃至整个网络可靠运行的需要。

10. 文件系统管理

在网络中,一方面要为授权用户提供文件资源的共享,另一方面为了保护重要的数据,防止系统遭受人为侵犯，必须建立文件保护机制。

11. 磁盘管理

磁盘管理是指提供磁盘调度、空间分配、磁盘容错和数据一致性控制等服务。

12. 设备管理

这里主要指设备的安装、控制、分配和共享等。

13. 日志管理

网络操作系统还应该能够记录系统的使用情况，如对特定资源的访问、性能监视和事件记录等。系统管理员可利用这些数据判断事件发生原因，优化系统性能。

14. 多用户管理

多用户管理是指提供用户账号、权限、安全和验证管理。

15. 网络管理

网络管理主要包括支持多个服务器、用户登录、数据备份、安全性管理、容错和性能控制、路由管理、错误检测和处理等网络管理功能。

10.2 目前流行的网络操作系统

服务器使用的操作系统主要有：SCOUnix，Solaris，Windows 2000 Server，Unix，Windows NT 4，Novell Netware 和 Linux 等。目前 Windows 操作系统占据服务器操作系统将近 50％的份额，而近两年迅速发展的 Linux 操作系统则迅速上升到 20％左右的市场份额，而服务器操作系统中最为稳定、历史最为悠久、价格最为昂贵的 Unix 系列则占据约 28％的市场份额，余下的则是由 Novell Netware 等系统所占据。而对于各种服务器网络操作系统，其又有相应的应用软件。

10.2.1 Windows 2000 操作系统

1. Windows 2000 平台介绍

Windows 2000 的目标是使终端用户和系统管理员不必了解太多系统内部细节就可以操作使用。Windows 2000 有 4 个正式版本：1 个是工作站版本，3 个是服务器版本，但都基于相同的核心代码。尽管 4 个版本具有相同核心代码、相同的用户界面及相同的基本特征，但每个版本都有其特有的特征，且所有的版本都是为企业环境中不同用户而设计的。

（1）Windows 2000 Professional（Windows 2000 专业版）

Windows 2000 Professional 其实是 Windows NT Workstation（Windows NT 工作站）的更新版本，是专门为各种桌面计算机和便携机开发的新一代操作系统。它继承了 Windows NT 的先进技术，提供了高层次的安全性、稳定性和系统性能。同时，它帮助用户更加容易的使用计算机、安装和配置系统、脱机工作和使用 Internet 等。对于电脑和网络系统的管理员而言,Windows 2000 Professional 是一套更具有可管理性的桌面系统,无论是部署、管理还是为它提供技术支持都更加容易。

(2) Windows 2000 Server (Windows 2000 服务器版)

Windows 2000 Server 是在 Windows NT Server 4.0 的基础上开发出来的。Windows 2000 Server 是为服务器开发的多用途操作系统,可为部门工作小组或中小型公司用户提供文件、打印、Web 和通信等各种服务。它是一个性能更好、工作更加稳定、更容易管理的平台。Windows 2000 Server 最重要的改进是在"活动目录"目录服务技术的基础上,建立了一套全面的、分布式的底层服务。"活动目录"是集成在系统中的,采用了 Internet 的标准技术,是一套具有扩展性的多用途目录服务技术。它能有效的简化网络用户及资源的管理,并使用户更容易地找到企业网为他们提供的资源。Windows 2000 Server 支持 4 路对称多处理器(SMP)系统,是中小型企业应用程序开发、Web 服务器、工作组和分支部门的理想操作系统。

(3) Windows 2000 Advanced Server (Windows 2000 高级服务器版)

Windows 2000 Advanced Server 除具有 Windows 2000 Server 的所有功能和特性外,还提供了如下比之更强的特性和功能。

① 更强的 SMP 扩展能力:Windows 2000 Advanced Server 提供了更强的对称多处理器支持,支持数达到 8 路。更强大的群集功能。

② 更高的稳定性:可为核心业务提供更高的稳定性,例如,把两台基于 Intel 结构的服务器组成一个群集,可以获得很高的可用性和可管理性。

③ 网络负载平衡:为网络服务和应用程序提供可用性和扩展能力,例如,TCP/IP 和 Web 服务。

④ 组建负载平衡:为 COM+组件提供高可用性和扩展能力。

⑤ 高性能排序:Windows 2000 Advanced Server 优化了大型数据库的排序功能。

这些功能和特性是 Windows 2000 Advanced Server 比 Windows 2000 Server 具有更高的扩展性、互操作性和可管理性,可应用于拥有多种操作系统和提供 Internet 服务的部门和应用程序服务器。

(4) Windows 2000 Dadacenter Server (Windows 2000 数据中心服务器版)

这个版本是 Windows 2000 的高端服务器版本。该版本最多可支持的物理内存为 64 GB,提供高可靠的群集服务和负载平衡,支持多达 32 个通道的 SMP,并支持 4 个节点的群集。它最适合于大规模企业的解决方案,是建立数据仓库、进行工程模拟及构建高要求的电子商务应用的理想平台。

2. Windows 2000 平台的新特性

(1) 基本管理类

1) 活动目录

Windows 2000 的目录管理能力由活动目录来完成。活动目录采用可扩展的对象存储方式存储网络上所有对象的信息,并使得这些信息更容易被查找到。活动目录有灵活的目录结构,允许委派对目录安全的管理,提供更有效的权限管理。因此,活动目录集成域名系统(DNS),包含有高级程序设计接口。开发人员可使用标准的接口方便地访问和修改活动目录中的信息。

2)微软管理控制台

为了减少新管理员培训的时间,提高工作效率,微软提供了一个用于监测网络功能和使用管理工具的统一界面。微软管理控制台的功能接近于人们生活中的"工具箱",它集中了管理员经常使用的管理工具。微软管理控制台提供使用管理工具的标准界面。管理控制台是完全可定制的,允许管理员创建仅包含有他们需要使用的管理工具的控制台。此外在微软管理控制台中非常容易实现远程管理。

3)组策略

管理员可以通过修改活动目录中的组策略配置客户端的桌面环境、安装应用程序,控制计算机和用户的状态。组策略对象可以管理少量的策略而不是大量的用户和计算机。它减少了管理员直接访问每个计算机配置设置、安装应用程序的时间。

4)Windows 管理规范(WIM)

公共信息模型(CIM)是由分布式管理任务标准协会(DMTF)设计的一种可扩展的、面向对象的架构,用于管理系统、网络、应用程序、数据库和设备。Windows 管理规范也称做 CIM-FOR Windows,提供了统一的访问管理信息的方式。利用 WIM,可以监视、跟踪和控制有关的软件应用程序、硬件组件和网络的系统事件,将不同来源的数据用通用、标准且逻辑上有组织的方式映像出去,以便在管理数据之间建立相互关系和关联,而不必考虑这些数据的类型、内容或来源。

(2)桌面管理类

1)IntelliMirror

管理员可以使用 IntelliMirror 按照用户的特性,如职务、组成员身份和位置为用户定义一些策略,用户每次登录网络时这些策略生效,自动地将 Windows 2000 操作系统的桌面重新配置为符合该用户特定需求的系统,而不论其在何处登录。这样无论用户使用那台计算机工作,都可以为他们提供一致的系统环境。通过在服务器和客户端同时使用 IntelliMirror,用户的数据、应用程序和设置在所有的环境中都跟随用户。

2)Windows 安装程序

Windows 安装程序是一种允许操作系统管理安装过程的操作系统服务。Windows 安装程序管理软件组件的安装、添加和删除,监视文件复原,以及通过复原方式维护基本的灾难性故障恢复。Windows 安装程序技术由用于 Windows 操作系统的 Windows 安装程序服务以及用来保留关于应用程序安装信息的程序包文件格式组成。Windows 安装程序允许管理员远程部署和维护客户端的应用程序,减少动态链接库的冲突,允许应用程序在出现损坏后自动修复。

3）远程安装

使用远程安装服务，管理员不用物理地访问每一台客户机即可给客户机设置新的操作系统。过程如下：客户机通过系统 BIOS 或远程引导盘启动提出网络服务引导的请求，接下来客户机通过 DHCP 协议的过程得到网际协议（IP）地址和当前远程安装服务器的 IP 地址。客户机联系远程安装服务器请求操作系统映像，远程安装服务器检查活动目录是否可以对该机进行远程安装，如果可以，远程安装服务器向客户机发送映像，安装开始。通过远程安装服务，可以减少管理员不必要的负担，让管理员集中注意力于重要的事务上。

4）磁盘复制

提供给管理员简单的方法，在配置相似的计算机上成批量的安装 Windows 2000 平台下的操作系统和应用程序。实现方法：管理员在一台测试计算机上安装好操作系统并配置好应用程序，接下来在该机上运行 Sysprep. exe，重新启动测试机，运行第三方的映像工具创建磁盘映像，最后再把该映像分发到其他计算机上。如果该方法同时指定配置文件可以在目标计算机安装工程中，则不需要用户的直接干预。

（3）安全类

1）安全模板

安全模板是安全配置的物理表示方法，由 Windows 2000 支持的安全属性的文件（.inf）组成。它将所有现有的安全属性组织到一个位置，以简化安全性管理。安全模板所包含的安全性信息有这样 7 类：账户管理、本地策略、时间日志、受限组、文件系统、注册表及系统服务。安全模板也可用作安全分析。

2）Kerberos 验证

Kerberos 验证是 Windows 2000 域中和域间提供验证的主要协议。Kerberos 验证提供更快、更安全的验证和响应，允许用户只登录一次就可以访问网络资源。此外如果目标平台支持 Kerberos 验证也可以利用该方法实现跨操作系统平台的资源访问。

3）公钥基础结构 PKI（Public Key Infrastructure）

现在的网络已不再是封闭的网络系统，有许多潜在的机会可未经授权访问网络上的信息。PKI 能够给用户带来强大的安全性，其技术包括智能卡（Smart Card，一种信用卡大小的设备，可用于存储公钥、私钥、密码、及其他类型的信息）、网际协议的安全机制（IPSec，对传输在 TCP/IP 网络上的数据进行加密来保护通信）、加密文件系统（EFS，通过对文件或文件夹加密保护文件）

4）二次登录（secondary logon）

允许用户以普通账户的身份登录，以另一个用户的身份运行应用程序。在 Windows 2000 中建议管理员以一个普通账户的身份登录，在执行必要的管理任务时才以管理员的身份运行管理工具。这种方法可以减少恶意用户通过监测网络数据包获得管理员身份的机会。

（4）信息发布和共享类

1）集成 Web 服务

Microsoft Windows 2000 Server 平台上提供 Internet 信息服务（IIS），该服务可提供在 Intranet 或 Internet 上共享文档和信息的能力。利用 IIS，可以部署灵活可靠、基于 Web 的应用程序，并可将现有的数据和应用程序转移到 Web 上。IIS 包括了 Active Server Pages（ASP 是一个基于服务器端的脚本运行环境）、Windows Media 服务（可以将高质量的流式多媒体传送给 Internet 和 Intranet 上的用户）、分布式创作和版本编辑（使远程作者通过 HTTP 连接，编辑、移动或删除服务器上的文件、文件属性和目录属性）。

2）索引服务（indexing services）

索引服务不仅可以对本地硬盘驱动器及共享网络驱动器上的文档的内容和属性编制索引，还可以控制索引中包括哪些信息。索引服务能够连续运行并且几乎不需要维护。利用索引服务可以使用户轻松、安全地搜索本地或网络上的信息，提高工作效率。

3）打印支持

Windows 2000 提供了更灵活的打印支持，包括在 Intranet 或 Internet 上把打印作业发送到 URL 地址上，从浏览器中以 HTML 的方式察看打印机和打印作业的信息。此外，当客户端连接到 Windows 2000 打印服务器时，自动下载安装打印机驱动程序。这些新特性大大简化了打印机的配置和使用。

（5）应用程序服务类

1）消息队列服务（message queuing services）

消息队列是用来确保消息能够到达目标的临时存储位置。消息队列服务确保应用程序可靠地接收和发送消息，支持路由、安全性以及基于优先级的消息传递。使用消息队列，最终用户能够在时断时连的网络和计算机之间通信，而不必考虑网络和计算机的当前状态如何。通过使用消息队服务可以简化系统管理员、MIS 决策者及开发人员的负担。

2）事务服务（transaction services）

事务是一系列工作的集合，事务服务确保事务作为一个整体成功或失败。事务服务允许以部件的方法开发应用。一个事务典型地包含一个或多个部件，每个部件做事务的一部分工作。事务的执行由事务服务通过创建上下文对象来管理。开发人员可以利用部件灵活性的特性简化开发过程。

（6）可扩展性和可用性类

1）企业级内存结构（FMA）

Windows 2000 Advanced Serer 在 Alpha 平台上支持最多 32 GB 的物理内存，在 Intel 平台上支持最多 8 GB 的物理内存。Windows 2000 Datacenter Server 在 Alpha 平台上支持最多 32 GB的物理内存，在 Intel 平台上支持最多 64 GB 的物理内存。企业级内存结构允许应用程序使用更多的内存空间，提供更好的性能。

2）增强的对称多处理能力 SMP(Symmetric Multiprocessing)

Windows 2000 Advanced Server 支持最多 8 个处理器，Windows 2000 Advanced Server 支持最多 32 个处理器。

3）群集服务(cluster service)

Windows 2000 Advanced Server 允许把多个服务器连接在一起形成一个系统整体，通常称它为群集。Windows 群集分为两种：网络负载平衡群集和服务器群集。网络负载平衡群集最多可把 32 台 Windows 2000 Advanced Server 合成一个单一群集，网络负载平衡群集为基于 TCP/IP 的服务和应用程序提供了可扩展性和可用性。服务器群集是由几个独立的计算机系统构成的组，每个计算机系统被称为一个节点。服务器群集通过资源的故障转移(服务器群集如果其中某个节点出故障，另一个节点将开始提供服务)，可以为应用程序提供更高的可用性。

4）终端服务(terminal services)

终端服务提供了客户端远程访问服务器桌面的能力，客户机向服务器送出键盘和鼠标动作，终端服务把该程序的用户界面传给客户机。因为所有的应用程序和数据处理都发生在服务器上，所以客户端对于内存和处理器的速度没有太高要求，这就可以充分利用已有的硬件。应用程序只要在服务器上安装一次，很多客户端就可以同时使用，以减少应用程序的维护开销。此外，终端服务的客户端种类非常多，除了 Windows 的网络操作系统之外，Macintosh 计算机或基于 UNIX 的工作站使用其他第三方的软件也可连接到终端服务器。终端服务提供了远程访问的能力，可以从网络上的任何地方管理服务器。应用程序或用户的数据没有放在客户端，可以提供更好的安全性控制。

（7）网络和通信类

1）域名服务器(DNS)

Windows 2000 中的域名服务支持动态更新(dynamic update)、增量区域传送(incremental zone transfer)和服务记录(SRV Record)，动态更新允许 DNS 客户机在发生改动后，自动到 DNS 服务器更新其资源记录。减少了管理员对区域记录进行手动管理的需要。增量区域传送提供在同一区域内传送每个数据库文件版本之间的增量资源记录变化，养活了数据库文件的传输流量。

2）服务质量 QoS(Quality of Service)

使用 Windows 服务质量 Qos，可以控制如何为应用程序分配网络带宽。在应用过程中可以给重要的应用程序分配较多的带宽，而给不太重要的应用程序分配较少的带宽。基于 QoS 的服务和协议，为网络上的信息提供了可靠的、端对端快速传送系统。

3）资源保留协议 RSVP(Resource Reservation Protocol)

资源保留协议是沿着预先由网络路由选择协议确定的数据路径传送带宽保留的信号传输协议。集成的资源保留协议，允许通信中的发送方和收方建立用于保留的 QoS 高速通道，提高连接的可靠性。

4）异步传输模式 ATM(Asynchronous Transfer Mode)

ATM 和其他现有的 LAN 和 WAN 技术不同，它是专门设计用来支持高速通信的。如果在 Windows 2000 上安装了 ATM 适配器，就可以用附带的 Windows ATM 服务软件来使用 ATM 网络。Windows 2000 中的 ATM 允许网络以最大效率使用带宽资源，并且为有严格的服务要求的用户和程序维持服务质量。

5）Windows Media 服务

将高质量的流式多媒体传送给 Internet 和 Intranet 上的用户。

(8) 存储管理类

1）远程存储(remote storage)

远程存储允许用户使用磁带库来扩充服务器上的磁盘。远程存储功能使用用户指定的策略自动将不常使用的文件复制到可移动媒体上。如果可用硬盘空间量降到了一定的级别（可自定义），远程存储功能从硬盘上移走（缓存的）文件内容。如果以后需要该文件，文件的内容又会自动从存储中重新调出来。利用远程存储可把暂时不用的数据存放在相对廉价的介质上，从而大大降低数据存储的成本。

2）可移动存储(removable storage)

管理员可给应用程序创建媒体池（具有相同管理策略的可移动媒体的逻辑集合）。允许管理员通过控制数据存放的位置来优化网络性能。可移动存储功能可以很容易地跟踪可移动存储媒体（磁带和光盘），并管理包含这些媒体的硬件库。可移动存储使多个程序可以共享相同的存储媒体资源，从而减少开销。

3）加密文件系统(EFS)

可以在 NTFS 文件系统格式化过的卷上通过对文件或文件夹加密来保护文件。一旦加密了文件或文件夹，用户就可以像使用其他文件和文件夹一样使用它们。对加密该文件的用户来说，加密是透明的，对其他用户则拒绝访问。使用 EFS 可以防止在未经授权的情况下获取对物理存储的敏感数据访问，以确保文档安全。

4）磁盘配额(disk quotas)

可以在 NTFS 文件系统格式化过的卷上使用磁盘配额来监视和限制每个用户磁盘空间使用量，也可定义当用户使用的磁盘空间超过指定的阈值时，如何做出响应（如拒绝使用，记录事件等）。

5）分布式文件系统 DFS(Distributed File System)

管理员利用分布式文件系统把分布在网络上的资源信息虚拟地存放在一个逻辑位置下。这样用户不必到网络上的多个位置去查找所需的信息，只需要连接到这个逻辑位置上就可以找到这些资源。分布式文件系统使用户可以更容易地访问文件。

6) 碎片整理(disk defragmenter)

卷中的碎片越多,计算机的文件系统的 I/O 性能就越差。Windows 2000 中带有碎片整理工具,可用于分析文件系统的碎片程度,并可对卷进行整理。

10.2.2　Unix 操作系统

Unix 最早是指由美国贝尔实验室发明的一种多用户、多任务的通用操作系统。经过长期的发展和完善,目前已成长为一种主流的操作系统和基于这种技术的产品大家族。其中最为著名的有 SCO XENIX,SNOS,Berkeley BSD 和 AT&T 系统 V。由于 Unix 具有技术成熟、可靠性高、网络和数据库功能强、伸缩性突出和开放性好等特色,可满足各行各业的实际需要,特别能满足企业重要业务的需要,已经成为主要的工作站平台和重要的企业操作平台。目前还是以每年两位数字以上的速度稳步增长。早期 Unix 的主要特色是结构简练、便于移植和功能相对强大。经过多年的发展和进化,又形成了一些极为重要的特色,其中主要包括以下几点。

(1) 技术成熟,可靠性高

经过 30 年开放式道路的发展,Unix 的一些基本技术已变得十分成熟,有的已成为各类操作系统的常用技术。实践表明,Unix 是能达到主机(mainframe)可靠性要求的少数操作系统之一。目前许多 Unix 主机和服务器在国内外的大型企业中每天 24 小时、每年 365 天不间断地运行。

(2) 极强的伸缩性(scalability)

Unix 系统是世界上唯一能在笔记本电脑、PC、工作站、直至巨型机上运行的操作系统,而且能在所有主要体系结构上运行。迄今为止,世界上没有第二个系统能做到这一点。此外,由于 Unix 系统能很好地支持 SMP,MPP 和 Cluster 等技术,使其可伸缩性又有了很大的增强。

(3) 强大的网络功能

网络功能是 Unix 系统的又一重要特色,作为 Internet 网络技术基础和异种连接重要手段的 TCP/IP 协议就是在 Unix 上开发和发展起来的。TCP/IP 是所有 Unix 系统不可分割的组成部分。因此,Unix 服务器在 Internet 服务器中占 70% 以上,占绝对优势。此外,Unix 还支持所有常用网络通信协议,包括 NFS,DCE,IPX/SPX,SLIP 和 PPP 等,使得 Unix 能方便地与已有的主机系统以及各种广域网和局域网连接,这也是 Unix 具有出色的互操作性(interoperbility)的根本原因。

(4) 强大的数据库支持能力

由于 Unix 具有强大的支持数据库的能力和良好的开发环境,故多年来,所有主要数据库厂商,包括 Oracle,Informix,Sybase 和 Progress 等,都把 Unix 作为主要的数据库开发和运行平台,并创造出一个又一个性能价格比的新记录。

（5）功能强大的开发平台

Unix系统从一开始就为软件开发人员提供了丰富的开发工具。成为工程工作站的首选和主要的操作系统和开发环境。可以说，工程工作站的出现和成长与Unix是分不开的。迄今为止，Unix工作站依然是软件开发商和工程研究设计部门主要的工作平台。有重要意义的软件新技术几乎都出现在Unix上，如TCP/IP，WWW等。

（6）开放性好

开放性是Unix最重要的本质特征。开放系统概念的形成与Unix是密不可分的。Unix是开放系统的先驱和代表。由于开放系统深入人心，几乎所有厂商都宣称自己的产品是开放系统，确实每一种系统都能满足某种开放的特性，如可移植性、兼容性、伸缩性和互操作性等。只有Unix本质特征不受某些厂商的垄断和控制。

（7）Unix系统层次结构模型

从网络层次结构模型上看，Unix系统特别简单。其最低两层（物理层和数据链路层）允许使用常见的各类传输介质及其对应的介质控制协议。在网络层以上的各层采用的协议与TCP/IP协议结构中有关的各个协议相同。

（8）Unix系统的网络功能及特点

Unix系统在上层实现的主要功能为：

文件管理。包括文件的远程复制、异地文件的联合操作和文件保护等。

在网络上管理用户分布程序资源的执行。

提供网络内部点到点的文件传输。如邮件传送（E-mail）和文件传送（FTP）。

Unix系统还提供了一批TCP/IP协议下常用的命令。这些命令主要分为内核核心层命令和用户实用层两大部分。

Unix系统属于集中式处理的操作系统，也是一套多任务操作系统环境的局域网操作系统软件。它具有多任务、多用户、集中管理和安全保护性能好等许多显著的优点。

10.2.3　Linux 操作系统

1. Linux 网络操作系统简介

什么是Linux。简单地说，Linux是一个Unix风格的操作系统。Linux系统具有最新Unix的全部功能并符合Posix标准。它包括真正的多任务、虚拟内存、共享库函数、即时负载、优越的存储管理和TCP/IP，UUCP网络工具，其内核支持Ethernet，PPP，SLIP，NFS，X.25，IPX/SPX(Novell)，NCP(Novell)等。系统应用包括Telnet，rlogin，FTP，Mail，Gopher，talk，term，news(tin，trn，nn)等全套Unix工具包和X图形库，包括xterm，fvwm，xxgdb，mosaic，xv，gs，xman等全部的X-Win应用工具。

2. Linux 的特点

① 真正的多任务、多用户操作系统。Linux和其他Unix系统一样是真正的多任务、多用

户系统,它允许多个用户同时在一个系统上运行多个程序。

② X Windows 系统。X Windows 是 Unix 平台上的事实工业标准。Xfree86 则是 Linux 平台上的 X Windows 系统。X Windows 系统是功能强大的图形界面,可以在几种不同风格的窗口之间来回切换。

③ 强大的网络功能。Linux 就是依靠互联网才迅速发展起来的,Linux 具有强大的网络功能也是自然而然的事情,它可以轻松支持 TCP/IP 协议,能与 Unix,Novell 或 Windows 网络集成在一起,还可以通过拨号或专线连接到 Internet 上。

Linux 不仅能够作为网络工作站使用,作为各类网络服务器更是得心应手,功能强大而且稳定性高,主要应用有:文件服务器、打印服务器、数据库服务器、Web 服务器、邮件服务器、FTP 服务器、新闻服务器、代理服务器、路由服务、集群服务、网关、安全认证服务和 VPN 等。

④ Linux 支持多种硬件平台。从低端 PC 机到高端的超级并行计算机系统,都可以运行 Linux 系统。

⑤ Linux 符合 IEEE POSIX 标准。Linux 特别注重可移植性,使 Unix 下的许多应用程序可以很容易的移植到 Linux 下,相反也是这样。

⑥ 完整的开发平台。Linux 支持一系列的开发工具,几乎所有的主流程序设计语言都已移植到 Linux 上,并可免费得到,如 C,C++,Pascal,Java,FORTRAN,ADA 等。

⑦ Linux 内核中的源代码是自由开放的。Linux 上的大部分程序是自由软件。这些软件是在自由软件基金会的 GNU 计划下开发的。尽管如此,来自世界各地的商业公司、程序员甚至黑客也加入了 Linux 软件开发的行列。Linux 从操作系统核心到大多数应用程序,都可以从互联网上自由下载,不存在使用盗版软件的问题。

⑧ 置于 GPL 保护下,完全免费、可获得源代码,用户可以随意修改它。

⑨ 完全兼容的 POSIX1.0 标准,可用仿真器运行 DOS,Windows 应用程序。

⑩ 具有强大的网络功能,能够轻松提供 WWW,FTP,E-mail 等服务。

⑪ 系统由遍布全世界的开发人员共同开发,各使用者共同测试,因此对系统中的错误可以及时发现,修改速度极快。

⑫ 系统可靠,稳定,可用于关键任务。

⑬ 支持多种硬件平台,如:X86,680X0,SPARC 和 Alpha 等处埋器。

10.3　选择网络操作系统的原则

1. 安全性和可靠性

病毒早已是计算机应用中令人头痛的一件事了,而病毒一旦在网络上流行就很难将其消除干净。所以在选择网络操作系统时一定要考虑它的安全性。有的网络操作系统本身具有抵抗病毒的能力,许多常见病毒一般很难入侵这些操作系统,也就谈不上对它进行破坏。而部分操作系统的抗病毒能力本身就不强,这时从最低端的技术角度来说,选择的操作系统必须有大量的防杀病毒软件作为保障,这在一定程度上对网络的安全起到了保护作用。

对网络来说,可靠性的重要是不言而喻的。一个成熟的网络操作系统必须具有高度可靠性。目前的网络操作系统在可靠性方面存在一定的差距:一方面某些操作系统本身的可靠性就很强,也有一部分操作系统的可靠性则较弱;另一方面对同一种操作系统来说,高版本的可靠性一般要强于低版本的,新版本的推出即是对旧版本的改进,为用户着想,原有的缺点得以克服,系统中的缺陷得以修正。同时,新版本的不断推出,又是把对手抛在后面的杀手锏。

2. 可使用性

（1）易用性

用户购买网络操作系统的目的就是使用。易于使用是对 IT 产品的最起码要求。安装的简单性,对硬件平台不做过高的要求,升级安装以及跨平台迁移等,这些都应该比较容易实现;有优秀的安装向导,对用户自定义安装也要有详尽使用的指导。界面的友好性是对所有计算机产品的基本要求,自从 GUI（图形用户界面）风行以后,用户似乎就不耐烦非图形界面了。同时,图形界面的设计也是越来越讲究,让用户一看到按钮就知道其使用方法,便捷的联机帮助等都应在考虑之列。界面的一致性也很重要,用户在使用旧版本时已形成的习惯应得到尊重。业界的标准或事实上的标准也是厂商要遵守的规则。

（2）易维护性

易维护性对用户来说同样非常重要。它包括两个方面:一是用户一般通过简单的学习和培训就能够胜任网络的日常维护工作,而不需要一出问题就找厂家或代理商来处理;二是网络的维护成本要低,这也是对产品的一个重要要求。随着技术的发展和应用的提高,大量的网络维护工作需要远程进行,因此在选择网络操作系统时,能否进行远程维护是值得考虑的一个因素,也是衡量系统功能的一个指标。

（3）可管理性

可管理性则是系统以及第三方软件对管理的支持。强有力的网络管理功能能使第三方可以提供更多性能更好、功能更全的管理工具,方便用户使用。

3. 可集成性与可扩展性

（1）可集成性

可集成性就是对硬件及软件的兼容能力。硬件平台无关性对操作系统来说非常重要。在同一个网络中的用户可能有许多种不同的应用需求,因而需要具有不同的硬件及软件环境,而网络操作系统作为对这些不同环境的集成的管理,应该具有广泛的兼容性。同时,应尽可能多地管理各种软硬件资源,例如,系统可以对硬件自动检测并针对具体境况做相应配置。

网络操作系统离不开通信协议。在 IP 流行的今天,对 TCP/IP 的支持应当是一个基本的要求。TCP/IP 协议可以看做是现在的业界标准,对 TCP/IP 的支持程度自然是衡量网络操作系统的一个主要指标,谁能最大程度地支持各种不同的网络协议,谁就能最大程度地赢得客户。现在的系统应当是开放的系统,只有这样才能真正实现网络的强大功能,因为网络本身就要求系统必须是开放的。

（2）可扩展性

可扩展性就是对现有系统要有足够的扩充能力。用户最初配置系统时可能并不要太强的扩展能力,但是作为一项长期存在的基础设施,必须为今后的发展留下足够的空间。例如,对SMP(Symmertric Multi - Processing,对称多处理)的支持就是表明它可以在多个处理器的系统中运行,利用所有这些处理器来运行操作系统和应用程序代码。随着网络应用的扩大,网络处理能力也要随之增加、扩展。可扩展性保证在早期不做无谓投资,又能适应今天的发展,如今,可扩展能力应该是用户关注的指标之一,也是网络操作系统厂商宣传自己的一个卖点。

4. 应用与开发支持

（1）应用支持

说到底,用户购买软硬件搭建成网络。最终目的是为了使用。那么应用支持及开发支持自然是用户关心的主要问题。在系统上能够运行的软件越多,则该系统可使用性就越好。应用支持多方面还要决定于软硬件开发商的支持。其中“捆绑”几乎是目前非常热门的一个话题,也是完善和壮大一个系统时一种行之有效的方法。有大量的第 3 方支持的系统无疑会受到用户的青睐,无论用户有什么样的要求,总有厂商提供相应的产品,这样用户才能放心的使用。厂商总是希望有尽可能多的第 3 方加入进来,大家在这一系统上统一为用户提供“全面解决方案”,提供各种各样的应用程序。不过,能否吸引第 3 方的加入,还要看系统是否具有吸引他人的魅力。

（2）开发支持

开发支持与应用支持应该是两个重要的方面。良好的开发支持使第 3 方厂商愿意并能方便地进行应用开发。

有时用户的特殊要求还没有现成的产品,这时,如果使用的操作系统具有较强开发支持能力,那么不管是用户自己开发还是请他人开发都非常便利,这一点对部分用户来说显得相当重要。从另一个角度来看,开放的环境,方便的接口以及为用户周到的考虑最终将为厂商自己带来好处。

习题 10

1. 试述网络操作系统的类型。
2. 网络操作系统有哪些基本功能？
3. 比较目前流行的几种网络操作系统各自的特点。
4. 简述 Windows 2000 操作系统的主要特点。
5. 简述 Linux 操作系统的主要特点。
6. 如何选择网络操作系统？其原则是什么？

第 11 章　网络编程基础

本章学习目标

在学习了计算机网络基本原理之后,只有掌握网络编程,才能更深入地了解和运用计算机网络。基于 TCP/IP 协议栈的套接字网络通信编程技术,是网络编程的核心技术。通过本章的学习,读者应该掌握以下内容:

● 网络编程的基本概念;

● 网络通信的客户机/服务器模式;

● 套接字概念;

● 面向连接的与无连接的套接字编程。

11.1　网络编程相关的基本概念

11.1.1　网络编程与进程通信

1. 进程与线程的基本概念

进程是操作系统理论中最重要的概念之一。简单地说,进程是处于运行过程中的程序实例,是操作系统高度和分配资源的基本单位。

一个进程实体由程序代码、数据和进程控制块 3 部分构成。程序代码规定了进程所做的计算;数据是计算的对象;进程控制块是操作系统内核为了控制进程所建立的数据结构,是操作系统用来管理进程的内核对象,也是系统用来存放关于进程的统计信息的地方。系统给进程分配一个地址空间,用来装入进程的所有可执行模块或动态链接库模块的代码和数据。进程还包含分配的内存空间,如线程堆栈和堆分配空间。多个进程可以在操作系统的协调下,在内存中并发地执行。

各种计算机应用程序在运行时,都以进程的形式存在。网络应用程序也不例外。人们在 Windows 操作系统中,有时打开多个 IE 浏览器的窗口访问多个网站,有时运行 Foxmail 电子邮件程序查看自己的邮箱;有时运行迅雷下载文件。它们都会在 Windows 的桌面上打开一个窗口,每一个窗口中运行的网络应用程序,都是一个网络应用进程。网络编程就是要开发网络应用程序,了解进程的概念是非常必要的。

Windows 系统不但支持多进程,还支持多线程。在 Windows 系统中,进程是分配资源的单位,但不是执行和调度的单位。若要使进程完成某项操作,必须拥有一个在它的环境中运行的线程,该线程负责执行包含在进程的地址空间中的代码。实际上,单个进程可能包含若干个线程,所有这些线程都"同时"执行进程地址空间中的代码。为此,每个线程都有它自己的一组 CPU 寄存器和它自己的堆栈。每个进程至少拥有一个线程,来执行进程的地址空间中的代码。如果没有线程来执行进程的地址空间中的代码,那么进程就没有存在的理由了,系统就会自动撤销该进程和它的地址空间。若要使所有这些线程都能运行,操作系统就要为每个线程安排一定的 CPU 时间。它通过一种循环方式为线程提供时间片,造成一种假象,仿佛所有线程都是同时运行的一样。

当创建一个进程时,系统会自动创建它的第一个线程,称为主线程。然后该线程可以创建其他的线程,而这些线程又能创建更多的线程。

2. 网络应用进程在网络体系结构中的位置

从计算机网络体系结构的角度来看,网络应用进程处于网络层次结构的最上层。

从功能上,可以将网络应用程序分为两部分。一部分是专门负责网络通信的模块,它们与网络协议栈相连接,借助网络协议栈提供的服务完成网络上数据信息的交换;另一部分是面向用户或者进行其他处理的模块,它们接收用户的命令,或者对借助网络传输过来的数据进行加工。这两部分模块相互配合,来实现网络应用程序的功能。例如 IE 浏览器就分为两部分:用户界面部分接收用户输入的网址,把它转交给通信模块;通信模块按照网址与对方连接,按照 HTTP 和对方通信,接收服务器发回的网页,然后把它交给浏览器的用户界面部分。用户界面模块解释网页中的超文本标记,把页面显示给用户。服务器端的 Internet 信息服务软件,其实也分为两部分,通信模块负责与客户端进行通信,另一部分负责操作服务器端的文件系统或数据库。

要注意网络应用程序这两部分的关联。通信模块是网络分布式应用的基础,其他模块则是对网络交换的数据进行加工处理,从而满足用户的种种需求。网络应用程序最终要实现网络资源的共享,共享的基础就是必须能够通过网络轻松地传递各种信息。

由此可见,网络编程首先要解决网间过程通信的问题,然后才能在通信的基础上开发各种应用功能。

3. 实现网间进程通信必须解决的问题

进程通信的概念最初来源于单机系统。由于每个进程都在自己的地址范围内运行,为了保证两个相互通信的进程之间既不相互干扰,又能协调一致地工作,操作系统为进程通信提供了相应的设施。例如,Unix 系统中的管道(pipe)、命名管道(named pipe)和软中断信号(signal),但它们仅限于用在本机进程之间的通信上。

网间过程通信是指网络中不同主机中的应用进程之间的相互通信,当然,可以把同机进程间的通信看做是网间进程通信的特例。网间进程通信必须解决以下问题。

（1）网间进程的标识问题

在同一主机中，不同的进程可以用进程号（Process ID）唯一标识。但在网络环境下，各主机独立分配的进程号已经不是唯一地标识一个进程。例如，主机 A 中某进程的进程号是 5，在 B 机中也可以存在 5 号进程，进程号不再唯一了，因此在网络环境下，仅仅说"5 号进程"就没有意义了。

（2）与网络协议栈连接的问题

网间进程的通信实际是借助网络协议栈实现的。应用进程把数据交给下层的传输层协议实体，调用传输层提供的传输服务，传输层与其下层协议将数据层层向下递交，最后由物理层将数据变为信号，发送到网上，经过各种网络设备的寻径和存储转发，才能到达目的端主机，目的端的网络协议栈再将数据层层上传，最终将数据送交接收端的应用进程，这个过程是非常复杂的。但是对于网络编程来说，必须要有一种非常简单的方法，来与网络协议栈连接。这个问题是通过定义套接字网络编程接口来解决的。

（3）多重协议的识别问题

现行的网络体系结构有很多，如 TCP/IP，IPX/SPX 等，操作系统往往支持众多的网络协议。不同协议的工作方式不同，地址格式不同，因此网间进程通信还要解决多重协议的识别问题。

（4）不同的通信服务的问题

随着网络应用的不同，网间进程通信所要求的通信服务就会有不同的要求。例如文件传输服务，传输的文件可能很大，要求传输非常可靠，无差错，无乱序，无丢失；下载了一个程序，如果丢了几个字节，这个程序可能就不能用了。但对于网上聊天这样的应用，要求就不高。因此，要求网络应用程序能够有选择地使用网络协议栈提供的网络通信服务功能。通过前面的学习，可以知道在 TCP/IP 协议族中，在传输层有 TCP 和 UDP 两个协议，分别可满足以上两种不同的通信服务需求。深入了解它们的工程机制，对于网络编程是非常必要的。

11.1.2　三类网络编程

1. 基于 TCP/IP 协议栈的网络编程

基于 TCP/IP 协议栈的网络编程是最基本的网络编程方式，主要是使用各种编程语言，利用操作系统提供的套接字网络编程接口，直接开发各种网络应用程序。

这种编程方式由于直接利用网络协议栈提供的服务来实现网络应用，所以层次比较低，编程者有较大的自由度，在利用套接字实现了网络进程通信以后，可以随心所欲地编写各种网络应用程序。这种编程首先要深入了解 TCP/IP 的相关知识，要深入掌握网络编程接口，更重要的是要深入了解网络应用层协议，例如要想写出电子邮件程序，就必须深入了解 SMTP 和邮局协议 POP。

2. 基于 WWW 应用的网络编程

WWW 应用是 Internet 上最广泛的应用。WWW 已经深入应用到各行各业，无论是电子商务、电子政务、数字企业、数字校园，还是各种基于 WWW 的信息处理系统、信息发布系统和远程教育系统，都采用了网站的形式。这种巨大的需求催生了各种基于 WWW 应用的网络编程技术，首先出现了一大批所见即所得的网页制作工具，如 Dreamweaver，Frontpage，然后是一批动态服务器页面的制作技术，如 ASP，JSP 和 PHP 等。

3. 基于 .NET 框架的 Web Services 网络编程

针对目前巨大的网络编程需求，微软公司在 2000 年 7 月发布了一个全新的 .NET 开发框架，集成了微软公司 20 世纪 90 年代后期的许多技术，包括 COM＋组件服务、ASP Web 开发框架、XML 和 OOP 面向对象设计等。.NET 技术是"数字时代"的全新技术，它把整个 Internet 当做计算的舞台，为人们提供统一、有序和有结构的 XML Web 服务。.NET 框架几经修改与完善，发展到了目前的 3.5 版本，成为网络编程的重要平台之一。

本章中主要介绍的是基于 TCP/IP 协议栈的网络编程。

11.2　客户机/服务器交互模式

11.2.1　客户机/服务器模式特点

网络应用进程在通信时，普遍采用客户端/服务器（Client/Server）模式，简称 C/S 模式。客户和服务器都是指通信中所涉及的两个应用进程。客户-服务器方式所描述的是进程之间服务和被服务的关系。

在 C/S 模式下，客户向服务器发出服务请求，服务器接收到请求后，提供相应的服务。其工作方式可通过现实生活中的一个例子来说明。在一个酒店中，顾客向服务员点菜，服务员把点菜单通知厨师，厨师按点菜单做好菜后让服务员端给顾客，这就是一种 C/S 工作方式。如果把酒店看作一个系统，服务员就是客户端，厨师就是服务器，这种系统分工和协同工作的方式就是客户端/服务器的工作模式。

由此可见，工作在 C/S 模式下的系统被分成两大部分。

① 客户端部分：为每个用户所专有，负责执行前台功能。

② 服务器部分：由多个用户共享的信息与功能，招待后台服务。

C/S 模式的建立基于以下两点：一是建立网络的起因是网络中软硬件资源、运算能力和信息不均等，需要共享，从而造成拥有众多资源的主机提供服务，而资源较少的客户请求服务这一非对等作用。二是网间进程通信完全是异步的，相互通信的进程既不存在父子关系，又不共享内存缓冲区，因此需要一种机制为希望通信的进程建立联系，为二者的数据交换提供同步，这就是基于 C/S 的 TCP/IP。图 11－1 说明了基于 C/S 模式系统的分工。

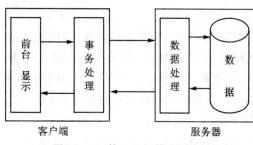

图 11-1　基于 C/S 模式系统结构

客户软件和服务器软件通常还具有以下一些主要特点。

（1）客户软件

① 在进行通信时临时成为客户，但它也可在本地进行其他的计算。

② 被用户调用并在用户的计算机上运行，在打算通信时主动向远地服务器发起通信。

③ 可与多个服务器进行通信。

④ 不需要特殊的硬件和很复杂的操作系统。

（2）服务器软件

① 是一种专门用来提供某种服务的程序，可同时处理多个远地或本地客户的请求。

② 在共享计算机上运行。当系统启动时即自动调用并一直不断地运行着。

③ 被动地等待并接受来自多个客户的通信请求。

④ 一般需要强大的硬件和高级的操作系统支持。

客户与服务的通信关系一旦建立，通信就可是双向的，客户和服务器都可发送和接收信息。图 11-2 给出客户和服务器进程的通信示意图。功能较强的计算机可同时运行多个服务器进程。

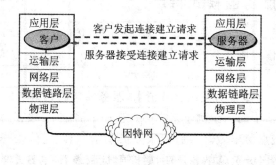

图 11-2　客户和服务器进程的通信示意图

C/S 模式在操作过程中采取"请求/响应"的工作模式，其一般通信过程如下。

① 在通信可以进行之前，服务器应先行启动，并通知它的下层协议栈做好接收客户机请求的准备，然后被动地等待客户机的通信请求。这种情况称为服务器处于监听状态。

② 一般先由客户机向服务器发送请求，服务器向客户机返回应答。客户机随时可以主动启动通信，向服务器发出连接请求，服务器接收这个请求，建立了它们之间的通信关系。

③ 客户机与服务器的通信关系一旦建立，客户机和服务器都可发送和接收信息。信息在客户机与服务器之间可以沿任一方向或两个方向传递。在某些情况下，客户机向服务器发送一系列请求，服务器相应地返回一系列应答。例如，一个数据库客户机程序可能允许用户同时

查询一个以上的记录。在另一些情况下,只要客户机向服务器发送一个请求,建立了客户机和服务器的通信关系,服务器就不断地向客户机发送数据。例如,一个地区气象服务器可能不间断地发送包含最新气温和气压的天气报告。要注意到服务器既能接收信息,又能发送信息。例如,大多数文件服务器都被设置成向客户机发送一组文件。就是说,客户机发出一个包含文件名的请求,而服务器通过发送这个文件来应答。然而,文件服务器也可被设置成向它输入文件,即允许客户机发送一个文件,服务器接收并存储于磁盘。所以,在 C/S 模式中,虽然通常安排成客户机发送一个或多个请求而服务器返回应答的方式,但其他的交互也是可能的。

11.2.2　服务器与客户机的一对多服务

功能较强的计算机可同时运行多个服务器进程,如图 11-3 所示。一套计算机系统如果允许同时运行多个应用程序,则称系统支持多个应用进程的并发执行,这样的操作系统称为多任务的操作系统。多任务的操作系统能把多个应用程序装入内存中,为它们创建进程、分配资源,让多个进程宏观上同时处于运行过程中,这种状态称为并发。

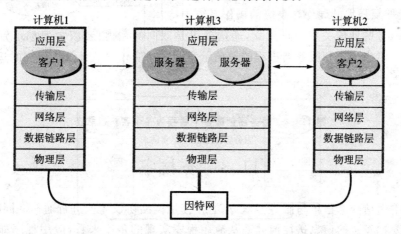

图 11-3　功能较强的计算机同时运行多个服务器进程

正因为这种并发进程的存在,才使得一台服务器可对外提供不同的服务。但客户机又是如何在这台服务器上找到自己要找的进程呢? 在 TCP/IP 网络中,是通过端口号来区别不同服务的,比如,如需服务器上提供的 Web 服务,则通过向 80 端口提出请求达到目的;如需文件下载服务,则向 21 端口发出请求。

如果一个应用进程又具有一个以上的控制线程,则称系统支持多个线程的并发执行。多个线程共享进程的资源。大多数并发服务器是动态操作的,在设计并发服务器时,可以让主服务器线程为每个到来的客户机请求创建一个新的子服务线程。一般服务器程序代码由两部分组成,每一部分代码负责监听并接收客户机请求,还负责为客户机请求创建新的服务线程;另一部分代码负责处理单个客户机请求,例如与客户机交换数据,提供具体的服务。

当一个并发服务器开始执行时,首先运行服务器程序的主线程,主线程运行服务器程序的第一部分代码,监听并等待客户机请求到达。当一个客户机请求到达时,主线程接收了这个请求,就立即创建一个新的子服务线程,并把处理这个请求的任务交给这个子线程。子服务器线程运行服务器程序的第二部分代码,为该请求提供服务。当完成服务时,子服务线程自动终止,并释放所占的资源。与此同时,主线程仍然保持运行,使服务器处于活动状态。这就是说,主线程在创建了处理请求的子服务线程后,继续保持监听状态,等待下一个请求到来。因此一个主线程在监听等待更多的客户机请求的同时,其他 N 个子服务线程分别与不同的客户机进行交互。图 11-4 为服务器创建多个线程来为多个客户机服务。

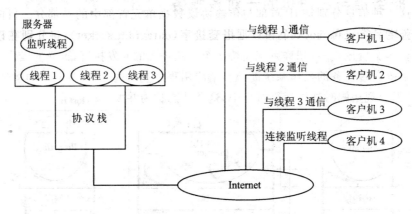

图 11-4 服务器创建多个线程为多个客户机服务

11.3 套接字

作为网络通信的客户机与服务器双方,必须使用网络协议才能进行通信。同时,在通信时还必须知道要把发送的信息送往何处。从应用程序实现的角度来看,应用程序如何方便地使用协议栈进行通信呢? 能否在应用程序与协议栈软件之间提供一个接口,从而解决这个问题呢? Unix 操作系统的开发者们最早遇到了这个问题,并提出和实现了套接字(socket)应用程序编程接口 Socket API(Socket Application Program Interface),解决了这个问题。

11.3.1 套接字概念

数据在 Internet 中是以有限大小的分组形式传输的。一个分组是一个数据报,包括首部和负载。首部包含目的地址和端口、源地址和端口以及用于保证可靠传输的各种其他管理信息。负载包含数据本身。但由于分组长度有限,通常必须将数据分解为多个分组,在目的地再重新组合。在传输过程中,有可能发生一个或多个分组丢失或被破坏的情况,此时就需要重传分组;或者分组乱序到达,则需要重新排序。这些工作将是非常繁重的。幸运的是,套接字出现时不必关心这些事情,只需要把网络看成一个流,就像对文件操作一样对这个流进行操作即可。

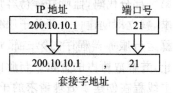

图 11-5　套接字的构成

套接字是网络协议传输层提供的接口。Socket 是两个程序之间进行双向数据传输的网络通信端点,由一个 IP 地址和一个端口号来标识,如图 11-5 所示。每个服务程序在提供服务时都要在一个端口进行,而想使用该服务的客户机也必须连接到该端口,如图 11-6 所示。在实际通信过程中,需要一对套接字地址:客户套接字地址和服务器套接字地址,客户套接字地址唯一定义了客户进程,而服务器套接字唯一地定义了服务器进程。这 4 种信息分别是 IP 首部与传输协议数据单元首部中的一部分。目前共有两种套接字:流套接字(stream socket)和数据报套接字(datagram socket),将分别在以下两小节中进行介绍。

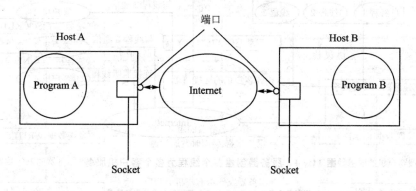

图 11-6　基于 Socket 的点对点通信

11.3.2　面向连接的套接字编程

网络进程间面向连接的通信方式基于 TCP,因而必须借助流套接字来编程,流套接字提供一个面向连接的、可靠的数据传输服务,保证数据无差错、无重复、按顺序发送,具有流量控制功能。数据被看做字节流,无长度限制。TCP 即是一种基于流套接字的通信协议。本章主要介绍流套接字,即基于 TCP/IP 协议的 C/S 模式下的 Socket 编程。其通信模式如图 11-7 所示。

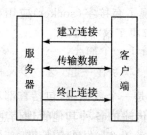

图 11-7　基于 TCP/IP 的
Socket 通信模式

在该种模式下,Socket 可以看成是在两个程序进行通信连接中的一个端点,一个程序将一段信息写入 Socket 中,该 Socket 将这段信息发送到另一个 Socket 中,使这段信息能传送到其他程序。每一个基于 TCP/IP 的程序都赋予了一个端口号(0~65 535),通过不同的端口号,区别服务器上运行的每一个应用程序和所提供的服务。值得注意的是,习惯上将低于 1 024 的端口号保留给系统服务使用。

在两个网络应用程序发送和接收信息时都需建立一个可靠的连接,流套接字依靠 TCP 来保证信息正确到达目的地。实际上,IP 分组有可能在网络中丢失或者在传送过程中发生错误。当任何一种情况发生时,作为接收方的 TCP 将请求发送方 TCP 重发这个 IP 分组。因此,两个流套接字之间建立的连接是可靠的连接。

应用程序分为服务器端和客户机端,双方是不对称的,需要分别编制。图 11-8 所示为服务器端和客户机端操作流式套接字的基本步骤。

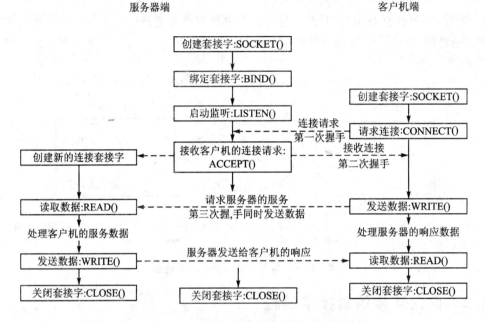

图 11-8 面向连接的流式套接字编程的基本步骤

下面以 Unix 面向连接的服务器端和客户机端的编程步骤为例,从概念上讲解每一步的意义,了解每一步所用的套接字编程接口函数的名字。

1. 服务器端

① SOCKET( ):服务器首先创建一个流式套接字,相当于准备了一个插座。

② BIND( ):将这个套接字与特定的地址(IP 地址+端口地址)联系在一起,这一步又称为套接字的绑定,相当于安装插座。

③ LISTEN( ):启动监听套接字做好准备,进入监听状态。规定监听套接字所能接受的最多的客户机端的连接请求数,这实际上也就规定了监听套接字请求缓冲区队列的长度,一旦客户机端的连接请求到来,就将该请求先接纳到请求缓冲区队列中等待。如果一段时间内到达的连接请求数大于这个请求缓冲区队列的长度,当队列已满时,则拒绝后来的请示。

④ ACCEPT( )：接受客户机端的连接请求。分两种情况。如果此时监听套接字的请求缓冲区队列中已经有客户机端的连接请求在等待,就从中取出一个连接请求,并接受它。具体过程是:服务器端立即创建一个新的套接字,称为响应套接字。系统赋予这个响应套接字一个服务器端的自由端口号,并通过响应套接字向客户机端发送连接应答,客户机端收到这个应答,按照 TCP 连接规范,向服务器端发送连接确认,并同时向服务器端发送数据,这就完成了TCP 的 3 次握手的连接过程,如图 11 - 8 所示。此后就由服务器端的这个响应套接字专门负责与该客户机端交换数据的工作。以上过程同时腾空了一个监听套接字的请求缓冲区单元,又可以接纳新的连接请求。另一种情况,是如果此时监听套接字的请求缓冲区队列中没有任何客户机端的连接请求在等待,则执行此命令就会使服务器端进程处于阻塞等待的状态,使它时刻准备接收来自客户机端的连接请求。

服务器端和客户端建立的 TCP 连接,最终是通过服务器端的响应套接字实现的,服务器端的监听套接字在接受并处理了客户机的连接请求后,就又重新回到监听状态,去接纳另一个客户机的连接请求。同样,如果服务器进程再次调用 ACCEPT 命令,又会为另一个客户建立另一个响应套接字,周而复始。服务器采用这种方法能同时为多个客户机服务。

⑤ READ( )：读取客户机端发送来的请求/命令数据,并按照应用层协议做相应的处理。

⑥ WRITE( )：向客户机端发送响应数据。

以上两步会反复多次,所交换的数据的结构和顺序是由应用层协议规定的,这一阶段称为客户机端与服务器端的会话期。

⑦ CLOSE( )：会话结束,关闭套接字。这里关闭的是为这个客户机服务的响应套接字,监听套接字是不关闭的。

2. 客户机端

① SOCKET( )：创建套接字,这时,客户机端的操作系统已将计算机默认的 IP 地址和一个自由端口号赋予了这个套接字,客户机端不必再经过绑定的步骤。

② CONNECT( )：客户机端向服务器端发出连接请求,它使用的目的端口号是服务器端用做监听的套接字使用的保留端口号,执行此命令后,客户机端进入阻塞的状态,等待服务器端的连接应答。一旦收到来自服务器端响应套接字的应答,客户机端就向服务器的响应套接字发送连接确认,这样,客户机端与服务器端的 TCP 就连接起来了。

③ WRITE( )：客户机端按照应用层协议向服务器端发送请求或命令数据。

④ READ( )：客户机端接收来自服务器端响应套接字发送来的数据。

以上两步反复进行,直到会话结束。

⑤ CLOSE( )：会话结束,关闭套接字。

11.3.3　无连接的套接字编程

无连接的套接字编程,使用数据报套接字。UDP 即是一种基于数据报套接字的通信协议。基于传输层的 UDP 协议不需要建立和释放连接,数据报独立传输,每个数据报都必须包含发送方和接收方的完整的网络地址,并保证数据传输是可靠的、有序的、无重复的。

无连接的套接字编程有两种模式,分别为对等模式与 C/S 模式。

1. 对等模式

对等模式的无连接套接字编程具有以下特点:

① 应用程序双方是对等的。双方在使用数据报套接字实现网络通信时,都要经过 4 个阶段,即创建套接字;绑定安装套接字;发送/接收数据,进行网络信息交换;关闭套接字。双方使用的系统调用都是对等的,如图 11-9 所示。

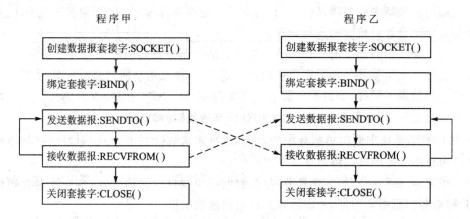

图 11-9 对等模式的无连接套接字编程模型

② 双方都必须确切地知道对方的网络地址,并在各自的进程中,将约定好的网络地址绑定到自己的套接字上。

③ 在每一次发送或者接收数据报时,所用的 sendto 和 recvfrom 系统调用中,都必须包括双方的网络地址信息。

④ 进程也会因为发送或接收数据而发生阻塞,图 11-9 所示为对等模式的无连接套接字编程模型。

2. C/S 模式

图 11-10 所示为 C/S 模式的无连接套接字编程模型。

C/S 模式的无连接套接字编程模型具有以下特点:

① 应用程序双方是不对等的,服务器要先行启动,处于被动的等待访问的状态;而客户机则可以随时主动地请求访问服务器。两者在进行网络通信时,服务器要经过创建套接字、绑定套接字、交换数据和关闭套接字 4 个阶段,而客户机端不需要进行套接字的绑定。

② 服务器进程将套接字绑定到众所周知的端口,或事先指定的端口,并且客户机端必须确切地知道服务器端套接字使用的网络地址。

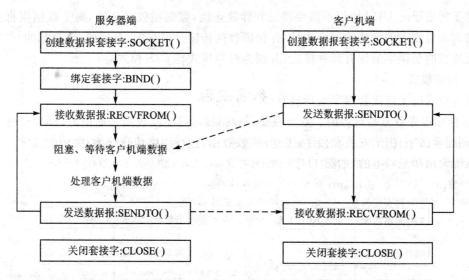

服务器端   客户机端

图 11-10　C/S 模式的无连接套接字编程模型

③ 客户机端套接字使用动态分配的自由端口,不需要进行绑定,服务器端事先也不必知道客户机端套接字使用的网络地址。

④ 客户机端必须首先发送数据报,并在数据报中携带双方的地址;服务器端收到数据报后,才能知道客户机端的地址,才能给客户机端回送数据报。

⑥ 服务器可以接收多个客户机端的数据。

习题 11

1. 什么是进程,什么是线程?
2. 实现网间进程通信必须解决哪些问题?
3. 简要说明三类网络编程。
4. 说明 C/S 模式的概念、工作过程和特点。
5. 说明服务器与客户机的一对多服务是如何实现的。
6. 什么是套接字? 它是如何构成的? 在通信中起到什么作用?
7. 描述面向连接的流式套接字编程的基本步骤。
8. 无连接的套接字编程有哪两种模式? 各自的特点是什么?

参考文献

［1］谢希仁.计算机网络［M］.4 版.大连：大连理工大学出版社,2004.

［2］FOROUZAN B A. TCP/IP 协议族［M］.2 版.谢希仁,译.北京：清华大学出版社,2003.

［3］TANENBAUM A S.计算机网络［M］.3 版.熊桂喜,译.北京：清华大学出版社,1998.

［4］吴功宜.计算机网络［M］.北京：清华大学出版社,2003.

［5］叶树华.网络编程实用教程［M］.北京：人民邮电出版社,2006.

［6］刘永华.计算机网络技术及应用［M］.2 版.北京：清华大学出版社,2006.